国家出版基金资助项目
现代数学中的著名定理纵横谈丛书
丛书主编　王梓坤

JACOBI THEOREM

Jacobi 定理

刘培杰数学工作室　编著

哈尔滨工业大学出版社
HARBIN INSTITUTE OF TECHNOLOGY PRESS

内容简介

本书通过一道日本数学奥林匹克试题研究讨论雅可比定理及其相关知识.

本书可供从事这一数学分支或相关学科的数学工作者、大学生以及数学爱好者研读.

图书在版编目(CIP)数据

Jacobi 定理/刘培杰数学工作室编著. —哈尔滨:哈尔滨工业大学出版社,2017.6
(现代数学中的著名定理纵横谈丛书)
ISBN 978-7-5603-6511-4

Ⅰ.①J… Ⅱ.①刘… Ⅲ.①雅可比方法
Ⅳ.①O241.6

中国版本图书馆 CIP 数据核字(2017)第 048319 号

策划编辑	刘培杰 张永芹
责任编辑	张永芹 聂兆慈
封面设计	孙茵艾
出版发行	哈尔滨工业大学出版社
社　　址	哈尔滨市南岗区复华四道街 10 号　邮编 150006
传　　真	0451-86414749
网　　址	http://hitpress.hit.edu.cn
印　　刷	黑龙江艺德印刷有限责任公司
开　　本	787mm×960mm　1/16　印张 23.25　字数 240 千字
版　　次	2017 年 6 月第 1 版　2017 年 6 月第 1 次印刷
书　　号	ISBN 978-7-5603-6511-4
定　　价	98.00 元

(如因印装质量问题影响阅读,我社负责调换)

◉ 代 序

读书的乐趣

你最喜爱什么——书籍.
你经常去哪里——书店.
你最大的乐趣是什么——读书.

这是友人提出的问题和我的回答.真的,我这一辈子算是和书籍,特别是好书结下了不解之缘.有人说,读书要费那么大的劲,又发不了财,读它做什么?我却至今不悔,不仅不悔,反而情趣越来越浓.想当年,我也曾爱打球,也曾爱下棋,对操琴也有兴趣,还登台伴奏过.但后来却都一一断交,"终身不复鼓琴".那原因便是怕花费时间,玩物丧志,误了我的大事——求学.这当然过激了一些.剩下来唯有读书一事,自幼至今,无日少废,谓之书痴也可,谓之书橱也可,管它呢,人各有志,不可相强.我的一生大志,便是教书,而当教师,不多读书是不行的.

读好书是一种乐趣,一种情操;一种向全世界古往今来的伟人和名人求教的方法,一种和他们展开讨论的方式;一封出席各种活动、体验各种生活、结识各种人物的邀请信;一张迈进科学官殿和未知世界的入场券;一股改造自己、丰富自己的强大力量.书籍是全人类有史以来共同创造的财富,是永不枯竭的智慧的源泉.失意时读书,可以使人重整旗鼓;得意时读书,可以使人头脑清醒;疑难时读书,可以得到解答或启示;年轻人读书,可明奋进之道;年老人读书,能知健神之理.浩浩乎!洋洋乎!如临大海,或波涛汹涌,或清风微拂,取之不尽,用之不竭.吾于读书,无疑义矣,三日不读,则头脑麻木,心摇摇无主.

潜能需要激发

我和书籍结缘,开始于一次非常偶然的机会.大概是八九岁吧,家里穷得揭不开锅,我每天从早到晚都要去田园里帮工.一天,偶然从旧木柜阴湿的角落里,找到一本蜡光纸的小书,自然很破了.屋内光线暗淡,又是黄昏时分,只好拿到大门外去看.封面已经脱落,扉页上写的是《薛仁贵征东》.管它呢,且往下看.第一回的标题已忘记,只是那首开卷诗不知为什么至今仍记忆犹新:

日出遥遥一点红,飘飘四海影无踪.

三岁孩童千两价,保主跨海去征东.

第一句指山东,二、三两句分别点出薛仁贵(雪、人贵).那时识字很少,半看半猜,居然引起了我极大的兴趣,同时也教我认识了许多生字.这是我有生以来独立看的第一本书.尝到甜头以后,我便千方百计去找书,向小朋友借,到亲友家找,居然断断续续看了《薛丁山征西》《彭公案》《二度梅》等,樊梨花便成了我心中的女英雄.我真入迷了.从此,放牛也罢,车水也罢,我总要带一本书,还练出了边走田间小路边读书的本领,读得津津有味,不知人间别有他事.

当我们安静下来回想往事时,往往会发现一些偶然的小事却影响了自己的一生.如果不是找到那本《薛仁贵征东》,我的好学心也许激发不起来.我这一生,也许会走另一条路.人的潜能,好比一座汽油库,星星之火,可以使它雷声隆隆、光照天地;但若少了这粒火星,它便会成为一潭死水,永归沉寂.

抄,总抄得起

好不容易上了中学,做完功课还有点时间,便常光顾图书馆.好书借了实在舍不得还,但买不到也买不起,便下决心动手抄书.抄,总抄得起.我抄过林语堂写的《高级英文法》,抄过英文的《英文典大全》,还抄过《孙子兵法》,这本书实在爱得狠了,竟一口气抄了两份.人们虽知抄书之苦,未知抄书之益,抄完毫末俱见,一览无余,胜读十遍.

始于精于一,返于精于博

关于康有为的教学法,他的弟子梁启超说:"康先生之教,专标专精、涉猎二条,无专精则不能成,无涉猎则不能通也."可见康有为强烈要求学生把专精和广博(即"涉猎")相结合.

在先后次序上,我认为要从精于一开始.首先应集中精力学好专业,并在专业的科研中做出成绩,然后逐步扩大领域,力求多方面的精.年轻时,我曾精读杜布(J. L. Doob)的《随机过程论》,哈尔莫斯(P. R. Halmos)的《测度论》等世界数学名著,使我终身受益.简言之,即"始于精于一,返于精于博".正如中国革命一样,必须先有一块根据地,站稳后再开创几块,最后连成一片.

丰富我文采,澡雪我精神

辛苦了一周,人相当疲劳了,每到星期六,我便到旧书店走走,这已成为生活中的一部分,多年如此.一次,偶然看到一套《纲鉴易知录》,编者之一便是选编《古文观止》的吴楚材.这部书提纲挈领地讲中国历史,上自盘古氏,直到明末,记事简明,文字古雅,又富于故事性,便把这部书从头到尾读了一遍.从此启发了我读史书的兴趣.

我爱读中国的古典小说,例如《三国演义》和《东周列国志》.我常对人说,这两部书简直是世界上政治阴谋诡计大全.即以近年来极时髦的人质问题(伊朗人质、劫机人质等),这些书中早就有了,秦始皇的父亲便是受害者,堪称"人质之父".

《庄子》超尘绝俗,不屑于名利.其中"秋水""解牛"诸篇,诚绝唱也.《论语》束身严谨,勇于面世,"己所不欲,勿施于人",有长者之风.司马迁的《报任少卿书》,读之我心两伤,既伤少卿,又伤司马;我不知道少卿是否收到这封信,希望有人做点研究.我也爱读鲁迅的杂文,果戈理、梅里美的小说.我非常敬重文天祥、秋瑾的人品,常记他们的诗句:"人生自古谁无死,留取丹心照汗青""休言女子非英物,夜夜龙泉壁上鸣".唐诗、宋词、《西厢记》《牡丹亭》,丰富我文采,澡雪我精神,其中精粹,实是人间神品.

读了邓拓的《燕山夜话》,既叹服其广博,也使我动了写《科学发现纵横谈》的心.不料这本小册子竟给我招来了上千封鼓励信.以后人们便写出了许许多多的"纵横谈".

从学生时代起,我就喜读方法论方面的论著.我想,做什么事情都要讲究方法,追求效率、效果和效益,方法好能事半而功倍.我很留心一些著名科学家、文学家写的心得体会和经验.我曾惊讶为什么巴尔扎克在 51 年短短的一生中能写出上百本书,并从他的传记中去寻找答案.文史哲和科学的海洋无边无际,先哲们的明智之光沐浴着人们的心灵,我衷心感谢他们的恩惠.

读书的另一面

以上我谈了读书的好处,现在要回过头来说说事情的另一面.

读书要选择.世上有各种各样的书:有的不值一看,有的只值看 20 分钟,有的可看 5 年,有的可保存一辈子,有的将永远不朽.即使是不朽的超级名著,由于我们的精力与时间有限,也必须加以选择.决不要看坏书,对一般书,要学会速读.

读书要多思考.应该想想,作者说得对吗?完全吗?适合今天的情况吗?从书本中迅速获得效果的好办法是有的放矢地读书,带着问题去读,或偏重某一方面去读.这时我们的思维处于主动寻找的地位,就像猎人追找猎物一样主动,很快就能找到答案,或者发现书中的问题.

有的书浏览即止,有的要读出声来,有的要心头记住,有的要笔头记录.对重要的专业书或名著,要勤做笔记,"不动笔墨不读书".动脑加动手,手脑并用,既可加深理解,又可避忘备查,特别是自己的灵感,更要及时抓住.清代章学诚在《文史通义》中说:"札记之功必不可少,如不札记,则无穷妙绪如雨珠落大海矣."

许多大事业、大作品,都是长期积累和短期突击相结合的产物.涓涓不息,将成江河;无此涓涓,何来江河?

爱好读书是许多伟人的共同特性,不仅学者专家如此,一些大政治家、大军事家也如此.曹操、康熙、拿破仑、毛泽东都是手不释卷,嗜书如命的人.他们的巨大成就与毕生刻苦自学密切相关.

王梓坤

目录

绪论 椭圆曲线及其在密码学中的应用 //1

1. 引言 //1
2. 牛顿对曲线的分类 //2
3. 椭圆曲线与椭圆积分 //5
4. 椭圆面积的两种求法 //9
5. 阿贝尔,雅可比,艾森斯坦和黎曼 //15
6. 椭圆曲线的加法 //17
7. 椭圆曲线密码体制 //21
8. 北大数学学院学生眼中的 Jacobi //24
9. E. T. 贝尔笔下的 Jacobi //29

第 1 章 Jacobi 定理 //47

1. 单值解析函数的周期 //47
2. Jacobi 定理的证明 //49
3. 西塔函数 //52
4. 刘维尔定理 //54
5. 维尔斯特拉斯函数 $\wp(u)$ //58
6. 函数 $\wp(u)$ 的微分方程 //62
7. 胡作玄论 Jacobi 椭圆函数与代数函数论 //65

第2章 模函数 //89

1. 不变式 //89
2. 模形式 //93
3. 函数 $J(\tau)$ 的基本领域 //98
4. 模函数 $J(\tau)$ //106
5. 第一种椭圆积分的反形 //115
6. "代数真理"对"几何幻想":维尔斯特拉斯对黎曼的回应 //117

第3章 维尔斯特拉斯函数 //135

1. 维尔斯特拉斯函数 $\zeta(u)$ //135
2. 维尔斯特拉斯函数 $\sigma(u)$ //137
3. 用函数 $\sigma(u)$ 或用函数 $\zeta(u)$ 表示任意的椭圆函数 //139
4. 维尔斯特拉斯函数的加法定理 //142
5. 用函数 $\wp$ 及 $\wp'$ 表示各椭圆函数 //145
6. 椭圆积分 //148
7. Jacobi 的 θ 函数是次超越函数 //153

第4章 西塔函数 //169

1. 西塔函数的无穷乘积表示 //169
2. 西格玛函数与西塔函数的关系 //173
3. 函数 $\zeta(u)$ 及 $\wp(u)$ 的单级数展开式 //176
4. 量 e_1, e_2, e_3 用西塔函数零值的表示式表示 //177
5. 西塔函数的变换 //179
6. Jacobi 八平方定理的简证 //186

第5章 Jacobi 函数 //191

    1. Jacobi 及黎曼型的第一种椭圆积分 //191

    2. Jacobi 函数 //194

    3. Jacobi 函数的微分法 //198

    4. Jacobi 函数 $Z(w)$ //200

    5. 欧拉定理 //202

    6. Jacobi 定理的第二种及第三种标准椭圆积分 //205

    7. 第一种完全椭圆积分 //208

    8. 第二种完全椭圆积分 //217

    9. 椭圆函数的变态 //221

    10. 单摆 //224

    11. 椭圆函数的性质及其在偏微分方程中的应用 //228

第6章 椭圆函数的变换 //236

    1. 椭圆函数变换的问题 //236

    2. 一般问题的简化 //239

    3. 第一个主要的一级变换 //244

    4. 第二个主要的一级变换 //246

    5. 朗道变换 //248

    6. 高斯变换 //250

    7. 主要的 n 级变换 //252

    8. 椭圆积分的一个性质 //255

第7章 关于椭圆积分的补充知识 //259

    1. 第一种椭圆积分的一般反演公式 //259

2. 具有实不变式的函数 $\wp(u)$ //267

3. 在实数情形下将椭圆积分化为 Jacobi 标准型 //270

4. 完全椭圆积分作为超几何函数 //274

5. 按给定的模数 k 计算 h //281

6. 算术 – 几何平均值 //283

附录 I 椭圆曲线的 L – 级数，Birch-Swinnerton-Dyer 猜想和高斯类数问题 //286

1. **Q** 上椭圆曲线 //286

2. BSD(Birch 与 Swinnerton-Dyer)猜想 //289

3. Heegner 点 //291

4. 应用于高斯类数问题 //295

5. 利用 Jacobi 椭圆函数法解偏微分方程 //301

6. 非线性演化方程的双周期解 //323

附录 II 什么是椭圆亏格？ //348

1. 亏格 //348

2. 希策布鲁赫的公式 //350

3. 严格乘性 //351

4. 椭圆亏格 //352

5. 模性 //353

6. 回路空间 //353

参考文献 //355

编辑手记 //358

椭圆曲线及其在密码学中的应用

1. 引　言

日本数学奥林匹克与日本制造一样缺乏原创性,但善于模仿且能推陈出新.与我国的CMO相比虽技巧性稍逊一筹,但能紧跟世界数学主流,且命题者颇具数学鉴赏力,知道哪些是"好数学",哪些是包装精美的学术垃圾.随着时间的推移,我们越来越能体会到其眼光的独到以及将尖端理论通俗化的非凡能力.例如1992年日本数学奥林匹克预赛题第3题为:

试题　坐标平面上,设方程
$$y^2 = x^3 + 2\,691x - 8\,019$$
所确定的曲线为E,联结该曲线上的两点$(3,9)$和$(4,53)$的直线交曲线E于另一点,求该点的坐标.

解　由两点式易得所给直线的方程为$y = 44x - 123$.将它代入曲线方程并整理得

Jacobi 定理

$$x^3 - 1\,936x^2 + (2 \times 44 \times 123 + 2\,691)x - (123^2 + 8\,019) = 0$$

由韦达定理得

$$x + 3 + 4 = 1\,936$$

所以所求点 x 的横坐标为

$$x = 1\,936 - (3 + 4) = 1\,929$$

这道貌似简单的试题实际上是一道具有深刻背景的椭圆曲线特例.

2. 牛顿对曲线的分类

笛卡儿(Descartes)早就讨论过一些高次方程及其代表的曲线. 次数高于 2 的曲线的研究变成众所周知的高次平面曲线理论,尽管它是坐标几何的组成部分. 18 世纪所研究的曲线都是代数曲线,即它们的方程由 $f(x,y) = 0$ 给出,其中 f 是 x 和 y 的多项式. 曲线的次数或阶数就是项的最高次数.

牛顿(Newton)第一个对高次平面曲线进行了广泛的研究. 笛卡儿按照曲线方程的次数来对曲线进行分类的计划深深地打动了牛顿,于是牛顿用适合于各次曲线的方法系统地研究了各次曲线,他从研究三次曲线着手. 这个工作出现在他的《三次曲线枚举》(*Enumeratio Linearum Tertii Ordinis*)中,这是作为他的《光学》(*Opticks*)英文版的附录在 1704 年出版的. 但实际上大约在 1676 年就做出来了,虽然在 La Hire 和

Wallis 的著作中使用了负 x 值,但牛顿不仅用了两个坐标轴和负 x 负 y 值,而且还在所有四个象限中作图.

牛顿证明了怎样能够把一般的三次方程
$$ax^3 + bx^2y + cxy^2 + dy^3 + ex^2 + fxy + gy^2 + hx + iy + j = 0$$
所代表的一切曲线通过坐标轴的变换化为下列四种形式之一:

(1) $xy^2 + ey = ax^3 + bx^2 + cx + d.$

(2) $xy = ax^3 + bx^2 + cx + d.$

(3) $y^2 = ax^3 + bx^2 + cx + d.$

(4) $y = ax^3 + bx^2 + cx + d.$

牛顿把第三类曲线叫作发散抛物线(diverging parabolas),它包括如图 1 所示的五种曲线. 这五种曲线是根据右边三次式的根的性质来区分的:全部是相异实根;两个根是复根;都是实根但有两个相等,而且复根大于或小于单根;三个根都相等. 牛顿断言,光从一点出发对这五种曲线之一作射影,然后取射影的交线就能分别得到每一个三次曲线.

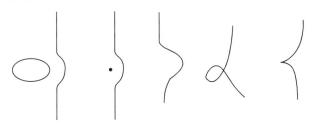

图 1

牛顿对他在《三次曲线枚举》中的许多断言都没有给出证明. 斯特林(Stirling)在《三次曲线》中证明了

或用别的方法重新证明了牛顿的大多数断言,但是没有证明射影定理,射影定理是由法国数学家克莱罗(Clairaut Alexis-Claude, 1715—1763)和弗朗塞兄弟(Francois Nicole, 1683—1758)证明的. 其实牛顿识别了 72 种三次曲线. 英国数学家斯特林加上了四种,修道院院长 Jean-Paul de Gua de Malves 在他 1740 年题为《利用笛卡儿的分析而不借助于微积分去进行发现……》(*Usage de Vanalyse de Descartes pourdécouvrir sans le Secours du calcul differential…*)的书里又加了两种.

牛顿关于三次曲线的工作激发了关于高次平面曲线的许多其他研究工作. 按照这个或那个原则对三次和四次曲线进行分类的课题继续使 18 和 19 世纪的数学家们感兴趣. 随着分类方法的不同,所找到的分类数目也不同.

椭圆曲线是三次的曲线,不过它们是在一个适当的坐标系内的三次曲线. 任一形如

$$y^2 = (x-\alpha)(x-\beta)(x-\gamma)(x-\delta)$$

的四次曲线可以写成

$$\left(\frac{y}{x-\alpha}\right)^2 = \left(1-\frac{\beta-\alpha}{x-\alpha}\right)\left(1-\frac{\gamma-\alpha}{x-\alpha}\right)\left(1-\frac{\delta-\alpha}{x-\alpha}\right)$$

因此它在坐标

$$X = \frac{1}{x-\alpha}, Y = \frac{y}{(x-\alpha)^2}$$

之下是三次的,特别地,$y^2 = 1-x^4$ 在坐标 $X = \frac{1}{x-\alpha}$, $Y = \frac{y}{(x-\alpha)^2}$ 之下化为三次的:$Y^2 = 4X^3 - 6X^2 + 4X - 1$.

这一变换在数论中尤为重要,因为它使得位于一条曲线上的有理点(x,y)对应于另一条上的有理点(X,Y),这样的坐标变换称为双有理的.

牛顿发现了一个惊人的事实:所有关于x,y的三次方程皆可通过双有理坐标变换化为如下形式的方程

$$y^2 = x^3 + ax + b$$

1995年证明了费马(Fermat)大定理的安德鲁·怀尔斯(Andrew Wiles,1953—)就是椭圆曲线这一领域的专家.1975年安德鲁·怀尔斯开始了他在剑桥大学的研究生生活.怀尔斯的导师是澳大利亚人约翰·科茨(John Coates),他是伊曼纽尔学院的教授,来自澳大利亚新南威尔士州的波森拉什.他决定让怀尔斯研究椭圆曲线,这个决定后来证明是怀尔斯职业生涯的一个转折点,为他提供了攻克费马大定理的新方法所需要的工具.研究数论中的椭圆曲线方程的任务(像研究费马大定理一样)是当它们有整数解时把它算出来,并且如果有解,要算出有多少个解,如$y^2 = x^3 - 2$只有一组整数解$5^2 = 3^3 - 2$.

3. 椭圆曲线与椭圆积分

"椭圆曲线"这个名称有点使人误解,因为在正常意义上它们既不是椭圆又不弯曲,它们只是如下形式的任何方程

$$y^2 = x^3 + ax^2 + bx + c \quad (a,b,c \in \mathbf{Z})$$

Jacobi 定理

它们之所以有这个名称是因为在过去它们被用来度量椭圆的周长和行星轨道的长度.

有一个美国大学的数学竞赛试题说明了这点：

试题 半轴为 a 与 b 的椭圆,它的周长有两个显然的近似值,即 $\pi(a+b)$ 与 $2\pi(ab)^{\frac{1}{2}}$. 当比值 $\dfrac{b}{a}$ 很接近 1 时,哪一个比较接近真实值?

解 椭圆参数表示为 $x = a\cos t, y = b\sin t$. 由椭圆的长度公式知长度

$$L = \int_0^{2\pi} \sqrt{\left(\frac{\mathrm{d}x}{\mathrm{d}t}\right)^2 + \left(\frac{\mathrm{d}y}{\mathrm{d}t}\right)^2}\,\mathrm{d}t = \int_0^{2\pi}\sqrt{a^2\sin^2 t + b^2\cos^2 t}\,\mathrm{d}t$$

为周知的椭圆积分. 当 $\dfrac{b}{a}$ 接近 1 时考虑 L, 置 $b = (1+\lambda)a$ 且考虑

$$L(\lambda) = a\int_0^{2\pi}\sqrt{1+(2\lambda+\lambda^2)\cos^2 t}\,\mathrm{d}t$$

显然为 λ 的一个解析函数. 求它的幂级数至二次项

$$\begin{aligned}L(\lambda) &= a\int_0^{2\pi}\left(1 + \frac{1}{2}(2\lambda+\lambda^2)\cos^2 t - \frac{1}{8}(2\lambda+\lambda^2)^2\cos^2 t + \cdots\right)\mathrm{d}t \\ &= 2\pi a\left(1 + \frac{1}{4}(2\lambda+\lambda^2) - \frac{3}{64}(2\lambda+\lambda^2)^2 + \cdots\right) \\ &= 2\pi a\left(1 + \frac{1}{2}\lambda + \frac{1}{16}\lambda^2 + \cdots\right)\end{aligned}$$

后者表示式是由 $(1+z)^{\frac{1}{2}}$ 的二项式展开而得的,后来略去 λ 的三次以上的所有的项.

因为对于较小的 λ 的值(事实上是当 $|2\lambda|+\lambda^2 < 1$)级数绝对收敛. 上面的运算合理.

题中提出的周长近似式是

$$\pi(a+b) = 2\pi a\left(1 + \frac{1}{2}\lambda\right)$$

与

$$2\pi\sqrt{ab} = 2\pi a\sqrt{1+\lambda} = 2\pi a\left(1 + \frac{1}{2}\lambda - \frac{1}{8}\lambda^2 + \cdots\right)$$

因为三个函数有相同的常数项与一次项,所以它们的差别是对于较小的 λ 的二次项,有

$$L(\lambda) > 2\pi a\left(1 + \frac{1}{2}\lambda\right) > 2\pi a\left(1 + \frac{1}{2}\lambda - \frac{1}{8}\lambda^2 + \cdots\right)$$

所以椭圆周长 $\pi(a+b)$ 比 $\pi\sqrt{ab}$ 长,几乎长三倍. 事实上

$$L(\lambda) - 2\pi a\left(1 + \frac{1}{2}\lambda\right) \sim \frac{1}{16}\lambda^2$$

而

$$L(\lambda) - 2\pi a\sqrt{1+\lambda} \sim \frac{3}{16}\lambda^2$$

在一定意义上说,椭圆积分是不能表为初等函数的积分的最简单者,椭圆函数则以某些椭圆积分的反函数形式出现.

设 R 为 x 与 y 的有理函数. 令 $I = \int R(x,y)\,\mathrm{d}x$. 如果 y^2 为 x 的二次或更低次的多项式,则 I 可用初等函数表示. 如果 y^2 为 x 的三次或四次多项式,则 I 一般不能用初等函数表示,并叫作椭圆积分(Elliptic integral)

在椭圆积分中一个重要的贡献是以德国数学家维尔斯特拉斯(Weierstrass,1815—1897)名字命名的:用

Jacobi 定理

一个适当的变换

$$x' = \frac{ax+b}{cx+d}, ad - bc \neq 0$$

可把椭圆积分 I 化为一个这样的椭圆积分,其中多项式 y^2 具有规范形式、勒让德(Legendre)规范形式和维尔斯特拉斯典则形式. 其维尔斯特拉斯典则形式为 $y^2 = 4x^3 - g_2 x - g_3$. 这里 g_2, g_3 为不变量,是实数或复数. I 恒可表示为有理函数的积分与第一、第二、第三种椭圆积分的线性组合. 在维尔斯特拉斯典则形式中可表示为

$$\int \frac{\mathrm{d}x}{y}, \int \frac{x \mathrm{d}x}{y}, \int \frac{\mathrm{d}x}{(x-c)y}$$

其中 $y = \sqrt{4x^3 - g_2 x - g_3}$.

维尔斯特拉斯生于德国西部威斯特伐利里(Westphalia)的小村落奥斯腾费尔德(Ostenfelde),曾从师以研究椭圆函数著称的古德曼(C. Gudermann).

椭圆积分应用很广. 在几何中,椭圆函数或椭圆积分出现于下列问题的求解之中:决定椭圆、双曲线或双纽线的弧长、求椭球的面积、求旋转二次曲面上的测地线、求平面三次曲线或更一般的一个亏格 1 的曲线的参数表示、求保形问题等. 在分析中,它们可用于微分方程(拉梅方程、扩散方程等);在数论中则应用于包括费马大定理等各种问题中;在物理科学里,椭圆函数及椭圆积分出现在位势理论中,或者通过保形表示或者通过椭球的位势,出现在弹性理论、刚体运动、热传导或扩散论的格林函数以及其他一些问题中.

4. 椭圆面积的两种求法

要想更好地了解椭圆积分、椭圆曲线、椭圆函数,我们要从最简单的椭圆面积讲起. 椭圆的面积公式 $S = \pi ab$(a 为长半轴,b 为短半轴)可由多种方法得到. 在指导教师朱应声的指导下得到其中两种.

方法一

解析几何练习册中有这样一道题:

由圆

$$x^2 + y^2 = 4 \qquad (*)$$

上任意一点向 x 轴作垂线,求垂线夹在圆周和 x 轴间的线段中点 P 的轨迹.

解 如图 2,由 $x' = x, y' = \dfrac{1}{2}y$,得 $x = x', y = 2y'$,代入 $(*)$ 得 $x'^2 + 4y'^2 = 4$,即 $\dfrac{x'^2}{2^2} + \dfrac{y'^2}{1^2} = 1$.

显然,点 P 的轨迹是一个椭圆.

将这道题一般化,由圆 $x^2 + y^2 = a^2$ 上任意一点 M 向 x 轴作垂线,使 $|PN|:|MN| = \lambda(0 < \lambda \leq 1)$,如图 3,求点 P 的轨迹方程.

可用同样方法求解

$$x'^2 + \left(\dfrac{y'}{\lambda}\right)^2 = a^2, \dfrac{x'^2}{a^2} + \dfrac{y'^2}{(\lambda a)^2} = 1$$

令 $\lambda a = b$,得 $\dfrac{x'^2}{a^2} + \dfrac{y'^2}{b^2} = 1$,点 P 的轨迹是椭圆.

Jacobi 定理

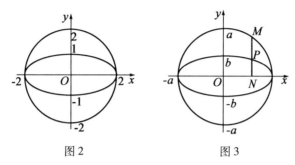

图 2 图 3

由此想到用圆面积公式来推导椭圆面积公式.

由《立体几何》中的祖暅定理得出推论:夹在两条平行线间的两个平面图形,被平行于这两条平行线的任意直线所截,如果截得的两条线段比总为 $m:n$,则此两个平面图形的面积之比亦为 $m:n$.

设点 P 的坐标为 (x,y),$\angle MOA = \theta$(参数),$OM = a$,$OQ = b(a > b)$. 如图 4,则

$$x = a\cos\theta, y = b\sin\theta$$

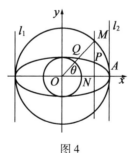

图 4

由于椭圆与大圆都夹在两平行直线 l_1,l_2 之间,且 $MN /\!/ l_1 /\!/ l_2$,则两图形被平行于 l_1 的线段所截线段

$$MN = a\sin\theta, PN = b\sin\theta, MN:PN = a:b$$

由此得 $\frac{1}{2}S_{椭圆} : \frac{1}{2}S_{大圆} = PN : MN = \frac{b}{a}$,则 $S_{椭圆} = \frac{b}{a}S_{大圆} = \frac{b}{a}\pi a^2 = \pi ab$.

方法二

椭圆方程为 $\frac{x^2}{a^2} + \frac{y^2}{b^2} = 1$. 现将其长轴 n 等分,如图 5 所示. 则椭圆面积可看作 n 个以 $\frac{2a}{n}$ 为底,$2y_i$ 为高的矩形面积之和($n \to \infty$),即

$$S_n = S_1 + S_2 + S_3 + \cdots + S_n$$
$$= \frac{2a}{n}2y_1 + \frac{2a}{n}2y_2 + \cdots + \frac{2a}{n}2y_n$$
$$= \frac{2a}{n}(2y_1 + 2y_2 + \cdots + 2y_n) \qquad (*)$$

$$S_{椭圆} = \lim_{n \to \infty} S_n$$

由椭圆方程 $\frac{x^2}{a^2} + \frac{y^2}{b^2} = 1$,得

$$y = \pm \frac{b}{a}\sqrt{a^2 - x^2},则 2y_i = \frac{2b}{a}\sqrt{a^2 - x_i^2}\ (y_i \geq 0)$$

$$S_n = \frac{2a}{n} \cdot \frac{2b}{a}\sqrt{a^2 - x_1^2} + \frac{2a}{n} \cdot \frac{2b}{a}\sqrt{a^2 - x_2^2} + \cdots + \frac{2a}{n} \cdot \frac{2b}{a}\sqrt{a^2 - x_n^2}$$

$$= \frac{b}{a}\left[\frac{4a}{n}(\sqrt{a^2 - x_1^2} + \sqrt{a^2 - x_2^2} + \cdots + \sqrt{a^2 - x_n^2})\right]$$

同样,将圆($x^2 + y^2 = a^2$)的直径 n 等分,如图 6. 圆面积可近似地看作是 n 个以 $\frac{2a}{n}$ 为底,$2y_i{'}$ 为高的矩形

Jacobi 定理

面积之和,即

$$S_n' = \frac{2a}{n}(2y_1' + 2y_2' + \cdots + 2y_n')$$

$$= \frac{4a}{n}(\sqrt{a^2 - x_1^2} + \sqrt{a^2 - x_2^2} + \cdots + \sqrt{a^2 - x_n^2})$$

（＊＊）

$$S_{圆} = \lim_{n \to \infty} S_n' = \pi a^2$$

则可得圆面积公式

$$\frac{4a}{n}(\sqrt{a^2 - x_1^2} + \sqrt{a^2 - x_2^2} + \cdots + \sqrt{a^2 - x_n^2})$$
$$= \pi a^2 \quad (n \to \infty)$$

故

$$S_{椭圆} = \lim_{n \to \infty} S_n$$

$$= \lim_{n \to \infty} \frac{b}{a}\left[\frac{4a}{n}(\sqrt{a^2 - x_1^2} + \sqrt{a^2 - x_2^2} + \cdots + \sqrt{a^2 - x_n^2})\right]$$

$$= \frac{b}{a}\pi a^2 = \pi ab$$

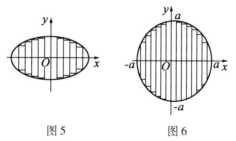

图 5　　　　图 6

椭圆面积是在圆面积的基础上得到的. 圆面积是小学生就知道的. 而上面介绍的两种椭圆面积的求法也是由初中生在老师的指导下给出的. 高中生或大学低年级学生用定积分的方法可以很轻松地求出,但接下来的问题就不是那么简单了. 面积被求出来后自然会问:椭圆的周长怎么来求. 如果还用定积分法,可以积出原函数吗? 这个问题在大学数学中也是需要专门进行详细说明的. 椭圆函数源于椭圆积分. 而后者是理工科必备技巧. 美国圣何塞州立大学的数学和计算机系有一位黑人数学教授,他对数值计算以及特殊函数感兴趣. 在助手弗里德曼(Morris D. Friedman)的协助下,1954 年由德国 Springer-Verlag 出版《给工程师和科学家的椭圆积分手册》(*Handbook of Elliptic Integrals for Engineers and Scientists*).

从数学史上看,椭圆函数来源于椭圆积分,是通过椭圆积分反演得到的. 正如三角函数(圆函数)$\sin u$ 是由积分

$$\arcsin u = \int_0^u \frac{\mathrm{d}u}{\sqrt{1-u^2}}$$

反演得到的. 椭圆函数是椭圆积分

$$\int_a^x R(x,y)\mathrm{d}x$$

的反演,其中 $R(x,y)$ 是 x,y 的有理函数. 会求椭圆积分是一项基本功. 在纪念钱学森先生的文集中,他的一位学生张德良回忆说:"钱学森先生能够把椭圆的积分都很快地写出来."他就告诉我们说:"你们学习时,不光是要把基本概念记住,另外就是有一些基本的东西要能够记住. 其实,说老实话,当时我们真的连有些普通积分都记不住,他能把椭圆积分记住,那真是很不容易的,那个积分非常难,我印象最深的就是这两件事

Jacobi 定理

情. 现在有时候给学生讲课,我还经常告诉他们这件事情,就是有些东西,第一,基本的东西要记住,第二呢,基本概念不能错."

在 $\int_0^n R(x,y)\mathrm{d}x$ 中,要求 y^2 是 x 的三次或四次多项式(无重因子)$P(x)$. 它的特殊情形是

$$\int_0^t \frac{\mathrm{d}t}{\sqrt{1-t^2}\sqrt{1-k^2t^2}} \quad (0 \leqslant t \leqslant 1)$$

这种积分出现在求椭圆弧长的问题中,所以才称其为椭圆积分. 但实际上它不局限于求椭圆弧长的问题,求双曲线及双纽线等的弧长同样也遇到椭圆积分. 在阿贝尔(Abel)首先把椭圆积分反演得出椭圆函数之前一般也把椭圆积分称为椭圆函数或椭圆超越函数. 这不过是历史的插曲. 笔者曾在一本工程师的文集中看到这样一段:1958 年刘先志在《力学学报》上发表了《上端固定缠绕在轮盘上的缆索的质量对于轮盘的铅垂下降运动及缆索张力的影响》. 这曾被洛伦兹(Lorenz)提出过,仅给出不考虑缆索质量的解. 当考虑缆索质量时,问题的难度陡增,洛伦兹止步于轮盘与其所负部分缆索的下降运动微分方程,但对建立的非线性二阶常微分方程无法完成积分,长期以来没有完整的解析解. 刘先志对该问题进行了深入的分析和思考,他在检验该非线性二阶常微分方程第二次积分存在性的基础上,利用变量变换关系,进行该方程的第二次积分,出现了第一、二、三类椭圆积分,最终求得解析解,得出了考虑缆索质量时轮盘的铅垂下降运动规律以及

缆索质量对缆索张力的影响. 这就突破了前人长期以来没有解决的理论问题,具有重要的理论意义.

所谓第一、二、三类椭圆积分是法国数学家勒让德提出来的. 他分别于 1825,1826,1828 年出版了三卷《椭圆函数论》,其中,他对椭圆积分进行了系统研究,特别是他证明了一般椭圆积分

$$\int \frac{Q(x)}{\sqrt{P(x)}} dx$$

(其中 $Q(x)$ 是 x 的任意有理函数,$P(x)$ 是一般四次多项式)可以化为三种类型(见后几章).

5. 阿贝尔,雅可比,艾森斯坦和黎曼

在 19 世纪 20 年代,阿贝尔和雅可比(Jacobi)终于发现了对付椭圆积分的方法. 那就是研究它们的反演. 比如说,要研究积分

$$u = g^{-1}(x) = \int_0^x \frac{dt}{\sqrt{t^3 + at + b}}$$

我们转而研究它的反函数 $x = g(u)$,这样一来可将问题大大简化,就如同我们研究函数 $x = \sin u$ 来代替研究 $\sin^{-1} x = \int_0^x \frac{dt}{\sqrt{1-t^2}}$,特别这时我们面对的已不是多值积分,而是一个周期函数 $x = g(u)$.

$\sin u$ 和 $g(u)$ 之间的差异在于:只有当允许变量取复数值时,才能真正看出 $g(u)$ 的周期性,而且 $g(u)$

Jacobi 定理

有两个周期,即存在非零的 $w_1, w_2 \in \mathbf{C}, \dfrac{w_1}{w_2} \notin \mathbf{R}$,使得

$$g(u) = g(u+w_1) = g(u+w_2)$$

有许多方法可让这两个周期显露出来,一种方法是德国数学家艾森斯坦(Eisenstein Ferdinand Gotthold Max,1823—1852)最早提出的,今天还在普遍使用,要点是先写出显然具有周期 w_1, w_2 的一个函数

$$g(u) = \sum_{m,n \in \mathbf{Z}} \frac{1}{(u+mw_1+nw_2)^2}$$

然后通过无穷级数的巧妙演算导出其性质. 最终你会发现 $g^{-1}(x)$ 正是我们开始时考虑的那类积分.

另一种方法是研究 t 在复平面上变化时被积函数 $\dfrac{1}{\sqrt{t^3+at+b}}$ 的行为,按照黎曼(Riemann Georg Friedrich Bernhard,1826—1866)的观点,视双值"函数" $\dfrac{1}{\sqrt{t^3+at+b}}$ 为 $\mathbf{C}$ 上的双叶曲面,你将发现两个独立的闭积分路径,其上的积分值为 w_1 和 w_2,这种方法更深刻,但要严格化也更困难.

因为 $g(u) = x$,根据基本的微积分知识可知

$$g'(u) = \frac{\mathrm{d}x}{\mathrm{d}u} = \frac{1}{\dfrac{\mathrm{d}u}{\mathrm{d}x}} = \frac{1}{\dfrac{1}{\sqrt{x^3+ax+b}}} = \sqrt{x^3+ax+b} = y$$

所以 $x = g(u), y = g'(u)$ 给出了曲线 $y^2 = x^3+ax+b$ 的参数化.

椭圆 $\dfrac{x^2}{a^2} + \dfrac{y^2}{b^2} = 1$ 的弧长的计算可化到椭圆积分.

绪论　椭圆曲线及其在密码学中的应用

实际上,对应于横坐标自 0 变到 x 的那一段弧,等于

$$l(x) = \int_0^x \sqrt{1+y'^2}\,\mathrm{d}x = a\int_0^{\frac{x}{a}} \sqrt{\frac{1-k^2t^2}{1-t^2}}\,\mathrm{d}t$$

其中 $t = \dfrac{x}{a}, k^2 = \dfrac{a^2-b^2}{a^2}$,这是勒让德形式的第二种椭圆积分. 椭圆的全长可用完全椭圆积分来表示 $l = 4a \cdot \int \sqrt{\dfrac{1-k^2t^2}{1-t^2}}\,\mathrm{d}t = 4aE(k)$,这就是我们称其为椭圆积分而称它们的反函数为椭圆函数的根据.

6. 椭圆曲线的加法

实数域中加法规则的几何描述如图 7 所示.

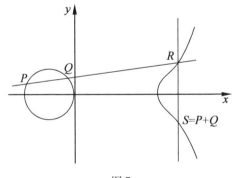

图 7

要对点 $P(x_1,y_1)$ 和 $Q(x_2,y_2)$ 做加法,首先过 P 和 Q 画直线(如果 $P=Q$ 就过点 P 画曲线的切线)与椭圆曲线相交于点 $R(x_3,-y_3)$,再过无穷远点和点 R

画直线(即过点 R 作 x 轴的垂线)与椭圆曲线相交于点 $S(x_3,y_3)$,则点 S 就是 P 和 Q 的和,即 $S=P+Q$.

讨论:

情形一:$x_1 \neq x_2$.

设通过点 $P(x_1,y_1)$ 和 $Q(x_2,y_2)$ 的直线为 L,情形一实际上是点 $P(x_1,y_1)$ 与自己相加,即倍点运算. 这时定义直线 $L: y=\lambda x + \gamma$ 是椭圆曲线 $y^2 = x^3 + ax + b$ 在点 $P(x_1,y_1)$ 的切线,根据微积分理论可知,直线的斜率等于曲线的一阶导数,即

$$\lambda = \frac{\mathrm{d}y}{\mathrm{d}x}$$

而对该椭圆曲线进行微分的结果是

$$2y \cdot \frac{\mathrm{d}y}{\mathrm{d}x} = 3x^2 + a$$

联合上面两式,并将点 $P(x_1,y_1)$ 代入有

$$\lambda = \frac{3x_1^2 + a}{2y_1}$$

再按照与情形一相同的分析方法,容易得出如下结论:

对于 $x_1 = x_2$,且 $y_1 = y_2$ 有

$$P(x_1,y_1) + P(x_1,y_1) = 2P(x_1,y_1) = S(x_3,y_3)$$

其中,$x_3 = \lambda^2 - 2x_1, y_3 = \lambda(x_1 - x_3) - y_1, \lambda = \frac{3x_1^2 + a}{2y_1}$,即

对于情形一和情形三,它们的坐标计算公式为 $y = \lambda x + v$,则直线的斜率为

$$\lambda = \frac{y_2 - y_1}{x_2 - x_1}$$

将直线方程代入椭圆曲线方程 $y^2 = x^3 + ax + b$ 有

绪论　椭圆曲线及其在密码学中的应用

$$(\lambda x + v)^2 = x^3 + ax + b$$

整理得

$$x^3 - \lambda^2 x^2 + (a - 2\lambda v)x + b = 0$$

该方程的三个根是椭圆曲线与直线相交的三个点的 x 坐标值. 而点 $P(x_1, y_1)$ 和 $Q(x_2, y_2)$ 分别对应的 x_1 和 x_2 是该方程的两个根. 这是实数域上的三次方程, 具有两个实数根, 则第三个根也应该是实数, 记为 x_3. 三根之和是二次项系数的相反数, 即

$$x_1 + x_2 + x_3 = -(-\lambda^2)$$

因此有 $x_3 = \lambda^2 - x_1 - x_2$.

x_3 是第三点 R 的 x 坐标, 设其 y 坐标为 $-y_3$, 则点 S 和 y 坐标就是 y_3. 由于点 $P(x_1, y_1)$ 和 $R(x_3, -y_3)$ 均在该直线上, 其斜率可表示为

$$\lambda = \frac{-y_3 - y_1}{x_3 - x_1}$$

即

$$y_3 = \lambda(x_1 - x_3) - y_1$$

所以, 对于 $x_1 \neq x_2$, 有

$$P(x_1, y_1) + Q(x_2, y_2) = S(x_3, y_3)$$

其中 $x_3 = \lambda^2 - x_1 - x_2, y_3 = \lambda(x_1 - x_3) - y_1, \lambda = \dfrac{y_2 - y_1}{x_2 - x_1}.$

情形二: $x_1 = x_2$, 且 $y_1 = -y_2$.

此时, 定义 $(x, y) + (x, -y) = 0$, (x, y) 是椭圆曲线上的点, 则 (x, y) 和 $(x, -y)$ 是关于椭圆曲线加法运算互逆的.

情形三: $x_1 = x_2$, 且 $y_1 = y_2$.

19

Jacobi 定理

设 $y_1 \neq 0$,否则就是情形二. 此时相对于本质上是一致的,只是斜率的计算方法不同.

利用上述推导的公式我们可以对开始提到的日本竞赛题给出一个公式法解答:

因为 $x_1 = 3, y_1 = 9, x_2 = 4, y_2 = 53$,且 $x_1 \neq x_2$ 是属于情形一的,所以

$$\lambda = \frac{y_2 - y_1}{x_2 - x_1} = \frac{53 - 9}{4 - 3} = 44$$

故 $x_3 = \lambda^2 - x_1 - x_2 = 44^2 - 3 - 4 = 1\,929$.

椭圆曲线上的加法运算从 P 和 Q 两点开始,通过这两点的直线在第三点与曲线相交,该点的 x 轴对称点即为 P 和 Q 之和. 对密码学家来说,对椭圆曲线加法运算真正感兴趣的是一个点与其自身相加的过程. 也就是说,给定点 P,找出 $P + P$(即 $2P$). 点 P 还可以自加 k 次,得到一点 W,且 $W = kP$.

公钥加密法是一种现代加密法,该算法是由 Diffie, Hellmann 于 1976 年提出的. 在这之前所有经典和现代加密法中,一个主要的问题是密钥. 它们都只有一个密钥. 这个密钥既用来加密,也用来解密. 这看上去很实用也很方便. 但问题是,每个有权访问密文的人都必须具有该密钥. 密钥的发布成了这些加密法的一个弱点. 因为如果一个粗心的用户泄漏了密钥,那么就等于泄漏了所有密文. 这个问题被 Diffie, Hellmann 所解决,他们这种加密法有两个不同的密钥:一个用来加密,另一个用来解密. 加密密钥可以是公开的,每个人都可以使用它来加密,只有解密密钥是保密的,这也称为不对称密

钥加密法.

实现公钥有多种方法和算法. 大多数都是基于求解难题的. 也就是说,是很难解决的问题. 人们往往把大数字的因子分解或找出一个数的对数之类的问题作为公钥系统的基础. 但是,要谨记的是,有时候并不能证明这些问题就真的是不可解的. 这些问题只是看上去是不可解的,因为经历了多年后仍未能找到一个简单的解决办法. 一旦找到了一个解决办法,那么基于这个问题的加密算法就不再安全或有用了.

现在最常见的公钥加密法之一是 RSA 体制(以其发明者 Rivest, Shamir 和 Adleman 命名的). 在椭圆曲线中也存在着这样一个类似的难以分解的问题. 描述如下:给定两点 P 和 W,其中 $W = kP$,求 k 的值,这称为椭圆曲线离散对数问题(elliptic curre discrete logarithm problem). 用椭圆曲线加密可使用较小密钥而提供比 RSA 体制更高的安全级别.

7. 椭圆曲线密码体制

椭圆曲线理论是代数几何、数论等多个数学分支的一个交叉点. 一直被人们认为是纯理论学科,对它的研究已有上百年的历史了. 而椭圆曲线密码体系,即基于椭圆曲线离散对数问题的各种公钥密码体制,最早于 1985 年由 Miller 和 Koblitz 分别独立提出,它是利用有限域上的椭圆曲线有限群代替基于离散对数问题密

Jacobi 定理

码体制中的有限循环群所得到的一类密码体制.

在该密码体制提出的当初,人们只能把它作为一种理论上的选择,并未引起太多的注意,这主要有两个方面的原因,一方面来自它本身,另一方面来自它外部. 对来自它本身的原因有两点,一是因为当时还没有实际有效的计算椭圆曲线有理点个数的算法,人们在选取曲线时遇到了难以克服的障碍;二是因为椭圆曲线上点的加法过于复杂,使得实现椭圆曲线密码时速度较慢. 对于来自外部的原因我们可以这样理解,在椭圆曲线密码提出之时,RSA 算法提出已有数年,并且其技术已逐渐成熟,就当时的大数分解能力而言,使用不太大的模数,RSA 算法就已很安全,这样一来,与 RSA 算法相比,椭圆曲线密码无任何优势可言. 早在椭圆曲线密码提出以前,Schoof 在研究椭圆曲线理论时就已发现了一种有限域上计算椭圆曲线有理点个数的算法,只是在他发现这一算法还可以用来构造一种求解有限域上的平方根的算法时,才将它发表. 从理论上看,Schoof 算法已经是多项式时间的算法了,只是实际实现很复杂,不便于应用. 从 1989 年到 1992 年间,Atikin 和 Elkies 对其做出了重大的改进,后来在 Covergnes,Morain,Lercier 等人的完善下,到 1995 年人们已能很容易地计算出满足密码要求的任意椭圆曲线有理点的个数了. 椭圆曲线上有限群阶的计算,以及进一步的椭圆曲线的选取问题已经不再是椭圆曲线密码实用化的主要障碍了.

自从 1978 年 RSA 体制提出以后,人们对大数分解的问题产生了空前的兴趣,对有限域上离散对数的研究,类似于大数分解问题的研究,它们在本质上具有某种共性,随着计算机应用技术的不断提高,经过人们的不懈努力后,目前人们对这两类问题的求解能力已有大幅度的提高.

椭圆曲线密码理论是以有限域上的椭圆曲线的理论为基础的,其理论的迅速发展有力地推动了椭圆曲线的发展及一门新的学科——计算数论的发展.此外,它更重要的价值在于应用,一方面,在当今快速发展的电子信息时代,其应用会迅速扩展到银行结算、电子商务、通讯领域等.目前,国外已有大量的厂商已经使用或者计划使用椭圆曲线密码体制.加拿大的 Certicom 公司把公司的整个赌注都投在椭圆曲线密码体制上,它联合了 HP,NEC 等十多家著名的大公司开发了标准 SEC,其 SEC1.0 版已于 2000 年 9 月发布.著名的 Motorala 则将 ECC(Elliptic Curve Cryptosystem)用于它的 Cipher Net,以此把安全性加入应用软件.SET(安全电子商务交易)的创立者 Visa 和 Mastercard 都已计划使用 ECC.总之,它已具有无限的商业价值,另一方面,也具有重大的军事价值.

总之,本章开始提到的那道竞赛题是我们了解椭圆曲线这一新领域的一个窗口.

日本数学家浪川章彦在访问俄罗斯著名数学家马宁(Yu. I. Manin)时问:"您认为 21 世纪的数学将会是什么样子的?"

马宁回答说:"这可是个难以回答的问题……但不管怎样,今后 10 年到 20 年的整体倾向是重新回到古典数学……"

Jacobi 定理

要是在40年代,假如著名数学家这样写道:"椭圆函数论是古老的理论,现在几乎都已忘记,谁也没有兴趣去研究",这并不奇怪,但却整个儿错了,现在恐怕半数的数学家与物理学家,从数论开始到量子论为止,由于各种各样的原因而考察椭圆函数. 19 世纪、18 世纪、17 世纪创造的本质上好的数学,现在还是好的数学,在 21 世纪大概还是好的数学,我想我们掌握着具有永恒价值的东西.

8. 北大数学学院学生眼中的 Jacobi

卡尔·雅可比(Carl Gustav Jacob Jacobi,1804—1851),德国数学家. 1804 年 12 月 10 日生于普鲁士的波茨坦;1851 年 2 月 18 日卒于柏林,是数学史上最勤奋的学者之一,与欧拉(Euler)一样也是多产的数学家. Jacobi 善于处理各种繁复的代数问题,在纯粹数学和应用数学上都有非凡的贡献,他所理解的数学有一种强烈的柏拉图式的格调,其数学成就对后人影响颇为深远. 在他逝世后,迪利克雷(Dirichlet)称他为拉格朗日(Lagrange)以来德国科学院成员中最卓越的数学家.

1825 年,23 岁的阿贝尔站在人来人往的柏林街头,不知向左还是向右,茫然无措;与此同时,在柏林大学里,21 岁的 Jacobi 正在庆祝他刚刚获得的博士学位. 他们都对椭圆函数做出了卓越的贡献,Jacobi 本该与阿贝尔惺惺相惜,可两人的命运就像是椭圆的长半

绪论 椭圆曲线及其在密码学中的应用

轴与短半轴,你,在这一头,而我,在另一头. 虽然在椭圆的中心相交,但与那个像焰火一样短暂而炫丽的天才不同,Jacobi 的人生注定是更加平坦,也更加"平常"的. Jacobi 出生于一个富裕的犹太人家庭,自幼聪明. 上大学前,他的希腊语、拉丁语和历史的成绩都很优异;尤其在数学方面,他掌握的知识远远超过学校所教授的内容. 他还自学了欧拉的《无穷小分析引论》,并试图解五次代数方程. 1821 年 4 月 Jacobi 进入柏林大学,要不是数学强烈吸引着他,他很可能在语言上取得很高成就.

1823 年之前,Jacobi 在完全不知道阿贝尔的情况下,开始了对椭圆函数的独立研究(一说 1827 年从陀螺的旋转问题入手才开始). 两人都被公认为是椭圆函数论独立的奠基人. 这可以说是 Jacobi 一生中最绚丽的成就之一,当勒让德理解了这个简洁而有力的发现时,给予了高度的评价. 这让年轻的 Jacobi 如虎添翼,却只能成为阿贝尔的墓志铭.

什么是椭圆函数?

我们都知道椭圆的面积 $S = \pi ab$,但是椭圆的周长就没那么简单了. 椭圆函数是在求椭圆弧长时出现的椭圆积分的逆函数. 它在复平面上有双周期性.

什么是双周期性?

想象一个铺满了整个平面直角坐标系的蛋糕,我们想把它切成若干小块,每人一块,我们可以切一个给定大小的正方形,四个顶点分别为原点 $(0,0)$,$(1,0)$,$(0,i)$,$(1,i)$,然后我们在这个正方形的上、下、左、右

25

Jacobi 定理

再切四个一模一样的正方形,使得它们分别与第一个正方形共用一条边,一直这么切下去. 所谓的双周期性就是每一小块蛋糕都是一样的.

这些正方形的顶点位置并不重要,你可以从任意位置开始切. 双周期并不一定是一个实数,一个虚数,也不一定有一样的模长,更为一般的情形是两个复周期,然后划分整个平面的不是正方形,而是平行四边形.

椭圆函数之所以重要,是因为它的出现引出了 19 世纪数学的核心研究之一——单复变函数. 勤奋! 高产! 在挪威首都奥斯陆伫立着阿贝尔的雕像,脚下是两只被驯服的怪兽——椭圆函数和五次方程. 阿贝尔对一元五次方程求根有着卓越的贡献,现在随便翻开一本抽象代数教材,阿贝尔群(交换群)都是必不可少的内容.

在阿贝尔解决五次方程求解问题的同时, Jacobi 也在柏林尝试着同样的问题,但是却以失败告终. 这是由于他的天赋不是像阿贝尔一样具有严谨的想象力,而是处理复杂和烦琐的运算,仿佛是欧拉转世. 他甚至与欧拉和拉玛努金(Srinivasa Ramanujan)并称为史上三大最具运算能力的人. (我虽然证不出来,但是我能算啊!)所以他在力学和数学物理等应用领域里都有着不俗的贡献.

Jacobi 非常勤奋,勤奋所以能干,不仅指他写的若干著作,还包括七个孩子.

1826 年 5 月, Jacobi 到柯尼斯堡大学任教,在之后的 18 年间, Jacobi 不知疲倦地工作着,每天至少工作十几个小时.

在科学研究和教学上都做出惊人的成绩. 他引入并研究了 θ 函数和其他一些超越函数. 这些工作使勒让德在这一邻域的工作黯然失色. 但无私的勒让德赞扬和支持他和阿贝尔的工作. 他对阿贝尔函数也做了研究, 还发现了超椭圆函数. 德国第一条铁路的修建者克列尔拥有铁路给他的丰厚利益, 天资不足的他创办了世界上第一本纯数学的期刊, 并邀请阿贝尔撰稿. 阿贝尔去世以后, 高产的 Jacobi 接过了撰稿人的大旗, Jacobi 在椭圆函数理论、数学分析、数论、几何学、力学方面的主要论文都发表在克列尔的《纯粹和应用数学》杂志上, 据说在很长一段时间内, 平均每本期刊上有三篇 Jacobi 的文章. 让人望尘莫及, 这也使得他很快获得国际声誉.

阿贝尔曾经说过:"我们要向大师学习, 而不是向学习大师的人学习", 在学习数学的方法上, Jacobi 和阿贝尔惊人的一致. 阿贝尔选择这种方式多少还是因为当时挪威教育资源匮乏, 而 Jacobi 更直接:"大学里那些课程都是废话."大学的课程是废话? 不知道辛辛苦苦刷 G 点的各位同胞们听到这样的话会作何感想. 数学家并不都是好老师, 虽然不够恰切, 但是陶平生爷爷应该就有说服力了.

Jacobi 绝对是一个好老师. 他博士还没毕业就已经是柏林大学的讲师了, 1825 年获得柏林大学理学博士学位之后留校任教. 他善于将自己的观点和最新的研究贯穿在数学之中, 启发学习, 独立思考, 独立研究.

Jacobi 定理

Jacobi 认为应该把学生直接扔到冰水里,由她们自己学会游泳(或者淹死).(这种做法在当今的中国是不多见的.)这种新颖的教学方式受到了学生的欢迎(应该是会游泳的学生的欢迎,因为我们这些不会游泳的人淹死了也就不能抗议了),也得到了教育界的认可.这让人不由得想到了第二次世界大战之后普林学院的崛起.

高斯(Gauss)其实并不怎么夸人,Jacobi 在 23 岁时被升为副教授,主要是因为他的一些数论的成果赢得了高斯的称赞,于是教育部马上关注和提拔了这个年轻人,因为他们虽然不怎么明白数学,但还是明白高斯是不会轻易称赞别人的.

此后高斯一直对 Jacobi 非常关注,当他的家族破产的时候,高斯还担心他的经济状况.

当然,如果高斯能够把他对 Jacobi 的关注分一点点给阿贝尔,19 世纪的数学史就将被改写,我们今天的科技水平还不知道要前进多少年,高斯把阿贝尔当成了民众中的一员,也无法衡量是谁的损失.

阿贝尔的日子一直不好过,论文被可惜弄丢,染上肺结核和重度营养不良,最终英年早逝.相比之下,Jacobi 大部分时间过着一个勤奋而正常的数学家该有的生活.家族的破产并没有影响他,大学教授的收入已经足够维持他所需要的生活.他曾经涉足过政治,但数学家的单纯与真诚和政治显然是背道而驰,这次不成功的冒险(法国大革命之后反对保皇党)差点使他失去了普鲁士国王的资助.

47 岁的 Jacobi 死于天花而不是像大家预料的那样死于过度劳累,傅里叶(Fourier)指责他和阿贝尔两人把精力花费在椭圆函数这样的纯数学而不是向大众解释自然科学现象,他回答说:"科学唯一的目的是对人类思想的荣耀."这与欧仁·笛厄多内的《当代数学为人类心智的荣耀》不谋而合. 我想,这也很好地解释了他心中柏拉图式的数学和他一生的追求.

然而,当阿贝尔变成民族英雄被国家记住的时候,Jacobi 得到了高斯的关注,享受了国王的津贴. 因此,他的星光却也只能被高斯和希尔伯特(Hilbert)的日月光芒所掩盖. 也说不清是幸运还是不幸.

很多人都在想象说如果阿贝尔去柏林大学跟 Jacobi 双剑合璧有多好. 然而这不是假命题,而是空命题. 斯人已作西归鹤,后人断肠牢骚多.

现代数学许多定理、公式和函数恒等式、方程、积分、曲线、矩阵、根式、行列式,以及许多数学符号都冠以 Jacobi 的名字,可见 Jacobi 的成就对后人影响之深. 1881~1891 年普鲁士科学院陆续出版了七卷《Jacobi 全集》和增补集,这是 Jacobi 留给世界数学界的珍贵遗产.

9. E. T. 贝尔笔下的 Jacobi

现代分析代替计算思想是日益显著的倾向;然而还是有一些数学分支,在其中计算保持着它的权利.

——P. G. 迪利克雷

Jacobi 定理

贝尔是著名的美国数学史学家.他曾集中评述过 30 位历史上最伟大的数学家,Jacobi 也侧身其中.

Jacobi 这个名字经常在科学中出现,但并不总是意味着同一个人.在 19 世纪 40 年代,一个十足声名狼藉的雅可比——M. H. Jacobi 有一个相对来说默默无闻的兄弟 C. G. J. 雅可比,那时后者的名气只及 M. H. 雅可比名气的十分之一.今天这种情形反过来了, C. G. J. 雅可比是不朽的——或者几乎是不朽的,而 M. H. Jacobi 很快就默默无闻了. M. H. Jacobi 是作为流行的电镀法骗术的创始人而闻名的;C. G. J. Jacobi 的名气是建立在数学上的.在这位数学家生前,人们总是把他误认为是他的更出名的兄弟——或者更糟,因为他与真正行骗的骗子有这种偶然的亲戚关系而向他祝贺.最后,C. G. J. Jacobi 再也不能忍受了."对不起,美丽的夫人,"他反驳一个为了他有如此出众的兄弟而恭维他的,M. H. 雅可比的热情赞美者,"但是我就是我的兄弟."在其他场合,C. G. J. Jacobi 会脱口而出, "我不是他的兄弟,他是我的兄弟."那就是如今名气留给亲属的地方.

卡尔·古斯塔夫·雅可布·雅可比 1804 年 12 月 10 日出生在德意志普鲁士的波茨坦,他是富有的银行家西蒙·雅可比(Simon Jacobi)及其妻子[娘家姓勒曼(Lehmann)]的第二个儿子.这一家共有 4 个孩子,3 个男孩分别叫莫里茨(Moriz)、卡尔(Carl)和爱德华(Eduard),一个女孩叫特雷泽(Therese).卡尔的第一位老师是他的一位舅舅,他教给这孩子古典文学和数

学,为他在1816年12岁时进入波茨坦中学做准备.从一开始,Jacobi就显示出"多才多艺的头脑",在他离开该校时,中学校长就曾宣称他有这样一个头脑.他在1821年离开中学,进了柏林大学.Jacobi像高斯一样,要不是数学更有力地吸引了他,他可以很容易地在哲学上博得很高的名声.他的教师海因里希·鲍尔(Heinrich Bauer)看出这孩子很有数学天赋,在长时间争论之后,让他自己学习,因为Jacobi反对靠死记硬背和规则条例学习数学.

青年Jacobi在数学方面的发展,在某些方面很奇怪地与比他更著名的对手阿贝尔相同.Jacobi也学习大师们的著作;欧拉和拉格朗日的著作教给他代数和分析,并把数论介绍给他.这段最早的自我教育,必然给Jacobi第一项杰出的工作——关于椭圆函数——以明确的方向,因为足智多谋的大师欧拉发现Jacobi是他最好的继承人.就代数中复杂的纯粹运算能力而言,除了我们这个世纪的印度数学天才拉马努金以外,没有人能与欧拉和Jacobi匹敌.阿贝尔愿意的时候也能像大师一样掌握公式,但是他的天赋和Jacobi相比,哲学成分较多,形式的成分较少.阿贝尔在坚持严格性这一点上,天生比Jacobi更接近于高斯——不是Jacobi的工作缺乏严格性,它并不缺乏,而是他的灵感看来是形式主义的,而不是严格主义的.

阿贝尔比Jacobi大两岁.Jacobi不知道阿贝尔在1820年解决了一般五次方程问题,他在同一年试图得出一个解答,把一般五次方程简化为$x^5 - 10q^2 x = p$的

Jacobi 定理

形式,并且指出这个方程的解可以由某个十次方程的解推出来.虽然这个尝试失败了,但是 Jacobi 从其中学到了许多代数知识,他认为这是他的数学教育中相当重要的一步.但是他似乎没有像阿贝尔那样想到,一般五次方程可能是不能用代数方法解的.这种失察,或者说是缺乏想象力,或者,不管我们叫它什么,是 Jacobi 与阿贝尔之间的典型差别. Jacobi 具有非常聪慧的头脑,在他宽宏大量的天性中,一点猜疑或嫉妒都没有.他本人在谈到阿贝尔的一篇杰作时说:"它高于我的赞扬,就像它高于我自己的工作."

　　从 1821 年 4 月一直到 1825 年 5 月,是 Jacobi 在柏林上大学的时期.在头两年中,他把时间平均地用在哲学、语言学和数学上.在语言学的研究班上,Jacobi 引起了 P. A. 伯克(P. A. Boeckh)的注意和称赞,伯克是一位有名望的古典文学学者,他出版了(除其他著作以外)品达(Pindar)①的著作的一个很好的版本.对于数学来说,幸运的是伯克没有使他这个最有希望的学生转变到以古典文学作为他毕生的兴趣.在数学方面,大学不能为一个雄心勃勃的学生提供很多东西,Jacobi 继续自学大师们的著作.他把大学的数学讲座简单而恰如其分地说成是废话. Jacobi 通常是直率和切中要害的,尽管在试图把某个有资格的数学界朋友捧到合适的位置上时,他知道怎样像任何奉承者那样

---

① 品达(约公元前 518—约公元前 438)古希腊抒情诗人.——译者注

绪论　椭圆曲线及其在密码学中的应用

去奉承.

当 Jacobi 正在勤勉地使自己成为数学家的时候,阿贝尔已经在将使 Jacobi 成名的同一条路上开了个好头. 阿贝尔在 1823 年 8 月 4 日写信给霍尔姆波埃,说他正忙于研究椭圆函数,"这项小小的工作,你会想起来,是涉及椭圆超越函数的反函数的,我证明了一点似乎是不可能的东西;我请求德根(Degen)尽快把它从头到尾浏览一遍,但是他找不出错误的结论,也不知道错在哪里;天知道我怎样才能让自己解脱."一个奇怪的巧合是,Jacobi 最后下决心要全力从事数学的时候,几乎就是阿贝尔写这封信的时候. 20 来岁的年轻人(阿贝尔 21 岁,Jacobi 19 岁),年龄上 2 年的差距抵得上成年人 20 年的差距. 阿贝尔开了一个极好的头,但是 Jacobi 很快就赶了上来,他并不知道他在这方面有一个竞争者. Jacobi 第一项伟大的工作是在阿贝尔的椭圆函数的领域内. 在注意这项工作以前,我们先概述他繁忙的一生.

Jacobi 既已决定把他的全部力量投入数学中,就写信给他的舅舅勒曼,讲述他估计要承担的工作量. "如果要深入洞察由欧拉、拉格朗日和拉普拉斯的工作所堆成的大山的本质,而不仅只是在它的表面搜索一番,那就要求最惊人的力量和最艰苦的思考. 要制服这个庞然大物而不怕被它撞毁,要求极度紧张,既不允许休息,也不得安宁,直到你站在它的顶端,俯瞰全部工作,只有当你理解了它的精神,这时才有可能正确而平静地完成它的全部细节."

Jacobi 定理

Jacobi 这样宣布了甘心服苦役以后,立刻成了数学史上的一个最拼命的工作者. 在写给一个抱怨科学研究既艰苦而又可能损害健康的胆怯的朋友的信中,Jacobi 驳斥说:"当然是这样!有时候过度的工作确实危及了我的健康,但那又怎么样呢?只有卷心菜没有神经,没有焦虑."

可它们从它们完美的健康中得到了什么呢?

1825 年 8 月,Jacobi 以关于部分分式及类似题材的论文,获得了他的哲学博士学位. 没有必要解释这篇论文的性质——它没有多大意思,现在只是代数或积分学的中等课程中的一个细节. 虽然 Jacobi 论述了他的问题的一般情形,在运用公式方面独出心裁,但是不能说这篇论文展示了任何明显的独创性,或者对作者非凡的天赋有任何明确的提示. Jacobi 在通过博士学位考试的同时,完成了他担任教师的职业训练.

取得学位以后,Jacobi 在柏林大学讲授微积分学对曲面和空间曲线(简单说来,就是几个曲面相交出来的曲线)的应用. 最初几讲就明显地表明 Jacobi 是一个天生的教师. 后来,当他开始以惊人的速度发展自己的思想时,他成了当时最鼓舞人心的数学教师.

Jacobi 似乎是第一个这样做的数学教师:他讲授自己的"最新发现",让学生们看见新学科在他们面前创造出来,以此来训练学生进行研究工作. 很多学生一直要到"掌握了其他人做过的与他们的问题有关的一切,才肯试着独立工作. 结果只有极少数人养成了独立工作的习惯. Jacobi 反对这种拖拉的治学方法. 为了对

一个总是要等到再学些东西才肯做工作的、虽有天赋但无自信的学生讲清道理,Jacobi 打了下面这个比喻:"要是你的父亲坚持要先认识世界上所有的姑娘,然后再跟一个姑娘结婚,那他就永远不会结婚,你现在也就不会在这里了."

Jacobi 整个一生,除了下面要讲到的一个可怕的插曲,以及他有时去参加英国和欧洲大陆举行的科学会议,或者在过分紧张的工作之后不得不为恢复健康而休假以外,都用在教书和研究工作上了.他一生的年表不是特别吸引人的——一个专业科学家的年表,除了对他自己,很难使人感兴趣.

Jacobi 作为教师的才能,使他在获得柏林大学讲师职位仅仅半年以后,又于 1826 年获得柯尼斯堡大学讲师的职位.一年以后,Jacobi 发表的一些关于数论的研究成果,博得了高斯的称赞.由于高斯不是一个容易被惊动的人,教育部立即注意到了这件事,并把 Jacobi 提升到他的许多同事之上,晋升为副教授——对一个 23 岁的年轻人来说,已相当可观了.那些被他超过的人,自然对这种提升感到不快;但是两年以后(1829 年),当 Jacobi 发表他的第一篇杰作《椭圆函数理论的新基础》(*Fundamenta Nova Theoriae Functionum Ellipticarum*)时,首先说提升他是最公正不过的,并向这位才气焕发的年轻同事祝贺的也正是这些人.

1832 年,Jacobi 的父亲去世了.直到这时为止,他无须为生计而工作.他的好光景又继续了大约 8 年,1840 年家庭破产了.Jacobi 在 36 岁时一无所有了,并且还必须供养他的母亲,因为她也破产了.

　　高斯一直在注视着 Jacobi 惊人的活动,不仅是出于单纯科学上的兴趣,而且因为 Jacobi 的许多发现与他自己年轻时的部分发现是一致的,那些发现他从来没有发表过.据说他还亲自会见过这个年轻人:Jacobi 于 1839 年 9 月在马里安温泉度假后,返回柯尼斯堡途中拜访过高斯(关于这次访问没有记载保存下来).看来高斯似乎担心 Jacobi 的经济崩溃会对他的数学产生灾难性的影响,但是贝塞尔(Bessel)使他安心了:"幸运的是,这样一个天才是不会被摧毁的,不过我很希望他有金钱保证的安全感."

　　失去财产,对 Jacobi 的数学没有一点影响.他从来没有提过他的不幸,而是像以往一样,继续勤勉地工作. 1842 年 Jacobi 和贝塞尔参加了在曼彻斯特举行的英国协会的会议,在那里,德国的 Jacobi 同爱尔兰的哈密尔顿(Hamilton)会晤了.继续哈密顿关于动力学的工作,并且在某种意义上完成这个爱尔兰人因为喜爱神怪(当我们讲到它的时候就知道它是什么了)而抛弃了的事业,将是 Jacobi 最大的光荣.

　　在他职业生涯的这个时刻,Jacobi 突然想要变成一个比仅仅是数学家更有光彩的人物.为了在讲到他的科学生涯时不至于中断,我们在这里讲述这个优秀数学家在政治上唯一一次不成功的冒险.

　　在 1842 年旅行后回来的第二年,Jacobi 由于工作过度而彻底垮了. 19 世纪 40 年代,德意志的科学发展处于一些小邦仁慈的君主和国王的掌握之中,这些小

邦后来联合成德意志帝国. Jacobi 的守护神是普鲁士国王,他似乎很重视 Jacobi 的研究给王国带来的荣誉. 因此,当 Jacobi 病倒时,仁慈的国王便催促他去气候暖和的意大利度假,愿意休息多长时间就休息多长时间. Jacobi 在罗马和那不勒斯跟博查特(Borchardt,我们将在后面讲到维尔斯特拉斯时一起讲他)、迪利克雷一起度过了 5 个月以后,于 1844 年 6 月回到柏林. 他现在得到允许,可以在柏林住到他的健康完全恢复,但是由于一些人的妒嫉,虽然作为一名科学院院士他可以讲授他选择的任何课程,但他没有在大学得到教授职位,此外,国王实际上是自己出钱,赠给 Jacobi 一笔很大的津贴.

在领受国王所有这些慷慨之举以后,人们原以为 Jacobi 会继续坚持他的数学研究. 但是由于他的医生极为愚蠢的劝告,他开始介入政治,认为"这对他的神经系统有好处". 还从来没有哪个医生给他无法诊断出疾病的病人开出过比这更愚蠢的处方呢. Jacobi 吞下了这剂药. 当 1848 年争取民主的大动荡开始爆发时,Jacobi 从政的时机成熟了. 在一个朋友的劝告下——顺便提一下,他碰巧是大约 20 年前提升 Jacobi 时被超过的那些人之一——这位没有经验的数学家步入了政界,恰如一个天真无知而又有着诱人的肥胖的传教士踏上一个食人岛一样,他们抓住了他.

Jacobi 的那位花言巧语的朋友,介绍他加入一个温和自由派的俱乐部,他们选举他作为参加 1848 年 5 月大选的候选人. 但是他从不了解议会的内部情况. 他

Jacobi 定理

在俱乐部的口才使比较聪明的会员们相信,Jacobi 不适合作他们的候选人.看来完全有道理,他们指出,Jacobi 这个领取国王津贴的人,有可能是他现在自称的自由派,但更可能是一个两面讨好的人,是个叛徒,是保皇党人的密探. Jacobi 发表了一篇动人的讲话,驳斥这些卑劣的、含沙射影的攻击,这篇讲话充满了无可反驳的逻辑——却忘记了一个原则:对一个讲求实际的政治家来说,逻辑是世界上最无用的东西.他们让他吊死在自己的圈套上了.他没有当选.对他的候选人资格的叫嚣也没有使他的神经系统得到好处.这种喧嚣把柏林的啤酒店一直震彻到地窖.

更糟糕的还在后面,谁能因为教育大臣在接着的 5 月询问 Jacobi 的健康是否已经恢复、要他能够平安地回到柯尼斯堡而指责这位教育大臣呢？或者谁会因为他从国王那里得到的津贴在几天后被停止而感到奇怪呢？说到底,当碰到恩将仇报时,即便是国王也是可以发发脾气的.然而 Jacobi 绝望的困境足以激起任何人的同情.他已经成家,实际上一文不名,他得养活妻子和 7 个小孩子.在戈塔的一位朋友收容了他的妻子和孩子,Jacobi 则隐居在旅店一间肮脏的房间里面,继续他的研究工作.

他在 1849 年 43 岁,除高斯以外,他是欧洲最伟大的数学家.维也纳大学听说了他的困境,开始设法把他搞过去.在这件事情上,值得一提的是,阿贝尔在威尼斯的朋友利特罗在商谈中起了主要作用.最后,在提出明确而慷慨的条件时,亚历山大·冯·洪堡说服了怒

气冲冲的国王:津贴恢复了,德意志得以留住了它的第二个伟大人物 Jacobi. 他留在柏林,再次得宠,但肯定地从政治上抽身了.

Jacobi 做出他第一项伟大工作的课题是椭圆函数,它已经占据了适合这个课题自身地位的篇幅.因为它在今天毕竟大致只是单复变量函数更广泛的理论的一个细节,而单复变量函数的理论作为一项令人感兴趣的事物,正在逐渐退出不断变化的舞台.由于椭圆函数的理论在下面几章中还要多次提到,我们将对它显然不适当的突出地位简单说明理由.

单复变量函数理论是 19 世纪数学的一个主要领域,对此没有任何数学家会提出异议.这个理论之所以具有如此重要性的原因之一,可以在这里重复一下.高斯已经指出,复数对于给每一个代数方程提供一个根,既是必要的又是充分的.可能有任何更一般类型的数吗? 这样的数是怎样产生的呢?

代数把复数看作首先出现在解某些简单方程,如 $x^2+1=0$ 的尝试中,我们也可以在另一个初等代数问题中看看它的起源,这个问题就是因式分解.为了把 x^2-y^2 分解成一次因式,我们不需要比正负整数 (x^2-y^2) = $(x+y)(x-y)$ 更神秘的东西.但是对于 x^2+y^2 的同样的问题,则要求"虚数": $x^2+y^2=(x+y\sqrt{-1})\cdot(x-y\sqrt{-1})$.在许多可能而未决的方向中的某个方向上再走一步,我们可以试着把 $x^2+y^2+z^2$ 分解成两个一次因式.这样,正数、负数和虚数就够了吗? 或者,

Jacobi 定理

为了解这个问题需要发明某种新的"数"吗？后一条是对的. 人们发现，为了得到必需的新"数"，普通代数规则因为一个重要的细则而被瓦解："数"乘在一起的次序无足轻重，这一规则不再成立；也就是说，对于新数，$a \times b = b \times a$ 不再成立. 当我们讲到哈密顿时，关于这一点还要多说一些. 我们暂时只指明，初等代数的因式分解问题，很快把我们引到了复数不适用的领域.

如果我们坚持全部普通代数定律对这些数都成立，我们能走多远？什么是可能的最一般的数？在 19 世纪后半叶，人们证明了复数 $x+iy$（其中 x, y 是实数，$i = \sqrt{-1}$）是使普通代数成立的最一般的数. 我们回想起，实数相当于沿着一条固定的直线在任一方向（正向、负向）到一个定点测量的距离. 在笛卡儿几何中函数 $f(x)$ 的图形，按照 $y = f(x)$ 画出来，给我们提供了实变量 x 的函数 y 的图形. 十七八世纪的数学家认为，他们的函数就是这一类型的. 但是如果他们应用于这些函数的普通代数及其推广微积分学，同样能应用于复数（实数是其极端退化的情形），那么，早期的分析学家们发现的许多东西，还不足可能存在的全部情形之半就是很自然的了. 特别是积分学提供了许多费解的不规则现象，这些现象只是到了运算领域被扩大到最大可能的程度，复变量函数也被高斯和柯西采用了的时候，才得以消除.

不能过高估计椭圆函数在整个广阔而根本的发展中的重要性. 在椭圆函数理论中，不可避免地要出现复

数,高斯、阿贝尔和 Jacobi,通过他们对这一理论的广泛和详尽的阐述,为发现和改进单复变量函数理论中的一般定理,提供了一个实验园地.这两个理论似乎注定要互相补充和完善——这是有原因的,椭圆函数与二次形式的高斯定理的深刻联系,也是有原因的.不过对空间的考虑迫使我们放弃了二次形式的理论.在椭圆函数中出现的那些范围更广的定理的特例,为一般理论提供了数不清的线索,要是没有这些线索,单复变量函数的理论就会比实际发展慢得多——学数学的读者可以回想一下刘维尔(Liouville)定理、多重周期性的整个学科,以及它对代数函数及其积分的影响.如果 19 世纪数学的这些伟大的纪念碑中,有一些已经退隐到昔日的迷雾之中,我们只需提醒我们自己,皮卡尔关于本质奇点邻域内的例外值定理,是首先用椭圆函数理论中产生出来的方法证明的.这个定理是流行的分析学中最有参考价值的一个.为了详述椭圆函数在 19 世纪数学中之所以重要的原因的这个不完整的小结,我们就可以论述 Jacobi 在这一理论的发展中所起的重要作用了.

椭圆函数的历史相当复杂,虽然在专家们看来它很有趣,但不大可能引起普通读者的兴趣.因此,我们将略去下面的简要概述的证据(高斯、阿贝尔、雅可比、勒让德,以及其他一些人的通信).

首先,确有实据的是,高斯早在 27 年前就预见到了阿贝尔和 Jacobi 的一些最惊人的工作.高斯确实说过:"阿贝尔走的正是我在 1798 年走过的同一条道路."任何研究过高斯死后才发表的证据的人,都会承认这个断定是公正的. 其次,人们似乎一致同意,阿贝尔在一些重要的细节上走在 Jacobi 前面,但是 Jacobi 在完全不知道他的竞争者的工作的情况下,做出了他的伟大开端.

椭圆函数的一个重要性质是它们的双周期性(阿贝尔在 1825 年发现的):如果 $E(x)$ 是一个椭圆函数,那么有两个特殊的数,比如说 p_1, p_2,使得
$$E(x+p_1)=E(x), E(x+p_2)=E(x)$$
对于变量 x 的一切值成立.

最后,在历史方面,勒让德所起的作用多少有些悲剧性质. 他在椭圆积分(而不是椭圆函数)上拼命工作了 40 年,却没有注意到阿贝尔和 Jacobi 两人几乎立刻就看到的东西,那就是只要把他的观点逆转过来,整个问题就变得无比简单了. 椭圆积分首先出现在求椭圆的一段弧长这个问题中,对于我们在谈到阿贝尔时所说的关于反演的话,可以加上下述用符号做出的说明. 这将更清楚地说明勒让德错过的要点.

设 $R(t)$ 表示 t 的一个多项式,如果 $R(t)$ 是三次或四次的,形为
$$\int_0^x \frac{1}{\sqrt{R(t)}} \mathrm{d}t$$
的积分,就称为一个椭圆积分;如果 $R(t)$ 的次数高于四次,这个积分称为阿贝尔积分(以阿贝尔的名字命名,缘由他的一些最伟大的工作与这样的积分有关). 如果 $R(t)$ 只有二次,积分可以很容易地用初等函数计

算出来. 特别有

$$\int_0^x \frac{1}{\sqrt{1-t^2}} \mathrm{d}t = \sin^{-1} x$$

($\sin^{-1} x$ 读作"一个正弦为 x 的角"),那就是说,如果

$$y = \int_0^x \frac{1}{\sqrt{1-t^2}} \mathrm{d}t$$

我们就把积分的上限 x 考虑成积分本身(即 y)的一个函数. 该问题的这种反演,去除了勒让德与之搏斗了 40 年的大部分困难. 去掉了这个障碍之后,这些重要积分的真正理论几乎就自行冒出来了——就像把一根巨木拖出来以后,受阻的浮木就顺流而下了.

当勒让德领悟了阿贝尔和 Jacobi 所做的事情时,他最真心诚意地鼓励了他们,虽然他知道,他们的更简单的方法(反演的方法),使本应成为他自己 40 年劳动的杰作毫无价值了. 对于阿贝尔,哎,勒让德的赞扬来得太晚了,但是对于 Jacobi,这是一个使他超越自我的鼓舞. 在整个科学文献中的一段最美好的通信中,这个 20 岁出头的年轻人和 70 多岁的老手,极力要在衷心的赞扬和感激方面互相胜过对方. 唯一不和谐的调子是勒让德对高斯直言不讳的轻视和 Jacobi 为他有力的辩护. 由于高斯从来没有放下架子发表他的研究结果——当阿贝尔和 Jacobi 率先发表的时候,他已经计划要写一部关于椭圆函数的一流的著作,所以勒让德几乎不应因为持一种完全错误的看法而受责. 因为篇幅所限,我们必须省略从这段美好的通信中摘出的部分(这些书信全文登载在 Jacobi 的法文版《著作集》第

Jacobi 定理

一卷中).

与阿贝尔共创椭圆函数理论,只是 Jacobi 巨大的工作数量中的一小部分,但却是非常重要的一部分. 只是因为列举他不足 25 年的短短工作生涯中取得成就的那些领域,所需的篇幅就会超过像本书这样讲述一个人的篇幅,所以我们只提一下他所做过的其他几项伟大工作.

Jacobi 是把椭圆函数理论用于数论的第一人,该理论要成为一些追随 Jacobi 的最伟大的数学家们最喜爱的消遣. 它是一个奇妙而深奥的课题,复杂难懂的巧妙的代数,在其中意想不到地揭示了普通整数之间迄今未曾料想到的关系. Jacobi 正是用这种方法证明了费马的著名断言:每一个整数 1,2,3,…都是 4 个整数的平方和(零也算作整数),而且,他的精彩分析,使他知道任何已知的整数能以多少种方式表示成这样的和.①

对于那些比较着重实际的人,我们可以引证 Jacobi 在动力学中的工作. 在这个学科中,Jacobi 做出了在应用科学和数理物理学两方面都具有根本重要性的、超越拉格朗日和哈密顿的第一次重大进展. 熟悉量子力学的读者,会想起哈密顿 - Jacobi 方程在那个革命性理论的一些陈述中起的重要作用. 他在微分方程中的工作开创了一个新时代.

---

① 如果 n 是奇数,表示方式的数目是 8 乘以 n 的所有因子(包括 1 和 n 在内)的和;如果 n 是偶数,表示方式的数目是 24 乘以 n 的所有奇因子的和.

绪论　椭圆曲线及其在密码学中的应用

在代数中,只需提及许多事情中的一件,那就是 Jacobi 把行列式理论简化成了现在每一个学习中学代数课程的学生都熟悉的简单形式.

对于牛顿 – 拉普拉斯 – 拉格朗日的引力理论,Jacobi 出色地研究了该理论中反复出现的函数,并把椭圆函数和阿贝尔函数应用到椭球间的引力上,从而对引力理论做出了重大贡献.

他在阿贝尔函数中的伟大发现,具有更高程度的独创性. 这样的函数产生于一个阿贝尔积分的反演中,正如椭圆函数产生于椭圆积分的反演. (这些专业术语已在本章中注释过了.) 这里他无路可循,有好长时间他在毫无线索的迷宫中迷失了方向. 在最简单的情形下,适当的反函数是有 4 个周期的两个变量的函数,在一般情形下,这些函数有 n 个变量和 $2n$ 个周期;椭圆函数相当于 $n=1$. 这个发现之于 19 世纪的分析学,恰如哥伦布发现美洲之于 15 世纪的地理学.

Jacobi 没有像他那些懒惰的朋友们预计的那样,由于工作过度而早逝,而是在 47 岁时死于天花(1851 年 2 月 18 日). 在离开这个宽宏大量的人时,我们可以引用他反驳伟大的法国数理物理学家傅里叶的话. 傅里叶指责阿贝尔和 Jacobi 两人把时间浪费在椭圆函数上,而同时在热传导中还有一些问题有待解决.

Jacobi 说:"傅里叶先生确实有过这样的看法,认为数学的主要目的是公众的需要和对自然现象的解释,但是一个像他这样的哲学家应当知道,科学的唯一目的是人类思想的荣耀,而且应该知道,在这个观点之

Jacobi 定理

下,数的问题与关于宇宙体系的问题具有同等价值."

如果傅里叶能够重返人间,他可能会对他原本为了"有益公众和解释自然现象"而发明的分析学的遭遇感到厌恶. 今天就数理物理学而言,傅里叶的分析只是广阔得多的边值理论问题中的一个细目,傅里叶所发明的分析,正是在纯数学中最纯粹的部分找到了它的重要意义和它的正当理由. 这些现代的研究者们是否给"人类的思想"增加了荣耀,可能要留待专家们去考虑了——倘若行为主义者们还留下什么东西给人类的思想增光的话.

Jacobi 定理

1. 单值解析函数的周期

今后如果没有相反的预先声明,我们所指的函数是单值解析函数,它的奇异点在有限距离内没有极限点. 若$f(u)$是这样的一个函数,且在它的每一正则点v处有下列等式成立
$$f(v+2\omega)=f(v)$$
这里边2ω是常数,则函数$f(u)$叫作周期函数,而2ω叫作它的周期.

若
$$2\omega_1, 2\omega_2, \cdots, 2\omega_n$$
全是函数$f(u)$的周期,则对于任意的整数$m_1, m_2, \cdots, m_n$,数
$$2m_1\omega_1 + 2m_2\omega_2 + \cdots + 2m_n\omega_n$$
容易看出来也是它的周期.

若$f(u), g(u)$均有周期2ω,则下列各函数的周期也是2ω
$$f(u+C), f(u) \pm g(u), f(u) \cdot g(u), \frac{f(u)}{g(u)}, f'(u)$$
我们把最后的一个论断,作为例子来证

Jacobi 定理

明一下. 为此,取函数
$$\frac{f(u+h)-f(u)}{h}$$
则由前边的论断知此函数具有周期 2ω. 故在它的每一正则点 v 处有下列等式成立
$$\frac{f(v+2\omega+h)-f(v+2\omega)}{h}=\frac{f(v+h)-f(v)}{h}$$
现今只要取当 $h\to 0$ 时的极限就够了.

我们将证明不是常数的函数不能有无穷小的周期,换句话说,就是将证明对于每一个不是常数的函数 $f(u)$ 有这样的 $\mu>0$ 存在,使函数 $f(u)$ 的任一周期(除去无足轻重的等于零的周期)适合于不等式
$$|2\omega|\geqslant\mu$$
假设这命题不成立. 设 $f(u)$ 有非零的周期
$$2\omega_1,2\omega_2,\cdots,2\omega_n,\cdots$$
且
$$\lim_{n\to\infty}2\omega_n=0$$
因为对于函数 f 的任一正则点 u
$$f(u+2\omega_n)-f(u)=0$$
所以
$$\frac{f(u+2\omega_n)-f(u)}{2\omega_n}=0$$
故在函数 f 的任一正则点 u 有
$$f'(u)=\lim_{n\to\infty}\frac{f(u+2\omega_n)-f(u)}{2\omega_n}=0$$
这是不可能的,因 $f(u)$ 不是常数. $e^{\frac{\pi iu}{\omega}}$ 是以 2ω 作周期的最简单函数的例子. 这函数的每一个周期都是 $2m\omega$ 的形状,这里边 m 是整数. 这样,在所论情形,有一原始周期存在,即 2ω. 另外的每一个周期都是周期 2ω 的

第 1 章 Jacobi 定理

整数倍.所以所考察的函数可以叫作单周期函数.

现在有一问题发生:是否有原始周期的数目 n 大于 1 的函数存在呢?若每一个周期都是这 n 个周期的一次结合,其系数都是整数,而且并不是每一周期都能用少于 n 个固定周期的这样的一次结合表示时,则我们称这 n 个周期为原始周期.

这个问题的答案是:具有 $n \geqslant 3$ 个原始周期的函数不存在;至于具有两个原始周期的函数,它只能在这两个周期的比不是实数时,才能存在.第二判定($n=2$)的否定部分与第一判定($n \geqslant 3$)构成 Jacobi 的一个定理的内容.

2. Jacobi 定理的证明

我们将用复数平面上的点表示已知函数 $f(u)$ 的周期.这时复数平面上任意有限部分内周期点的个数只是有限个.因为,否则它们将有有限极限点,因之有周期的序列 $\{2\omega_n\}$ 存在,此序列具有有限极限,这就是说,$f(u)$ 具有无穷小的周期

$$2(\omega_n - \omega_m) \quad (m,n \to \infty)$$

这是不可能的,因假定 $f(u)$ 不是常数.

我们将取任意的不是零的周期 2ω 且考察周期 $2m\omega(m = \pm 1, \pm 2, \cdots)$;这些周期点全在某一直线 Z 上.自然有两种情形发生:(1)函数 $f(u)$ 的周期全在直线 Z 上;(2)函数 $f(u)$ 的周期不全在直线 Z 上.

今先研究第一种情形.因为在直线 Z 上由点 -2ω 至 $+2\omega$ 的线段上,根据上面的证明,只有有限个周期点,故可求出模数为最小的一个周期,我们依旧取 2ω

Jacobi 定理

是这样一个周期,这并不破坏普遍性.因为周期全在直线 Z 上,故全可用 $2t\omega$ 的形状表示出来,这里 t 是实数;同时 t 满足不等式 $|t| \geq 1$,因为根据条件,2ω 是具有最小模数的一个周期. 我们将证明 t 只能取整数. 由此推出 2ω 是原始周期,且 $f(u)$ 是单周期函数.

令
$$t = m + r$$
这里 m 是整数且 $0 \leq r < 1$. 因为除 $2t\omega$ 以外还有 $2m\omega$ 也是 $f(u)$ 的周期,故
$$2r\omega = 2t\omega - 2m\omega$$
也是一个周期,但当 $0 < r < 1$ 时,根据我们的规定,这是不可能的. 故 $r = 0$,即 t 是整数.

再转移到第二情形. 设 $f(u)$ 的周期不全在直线 Z 上,用 $2\omega'$ 表示不在 Z 上的周期之一,且研究以 $0, 2\omega, 2\omega'$ 作顶点的三角形. 在这一个三角形的边上及内部我们已证明了只可能具有有限个周期点. 在三角形内部(或边上)取任一个周期点以代替我们三角形的顶点之一,就得出类似的一个三角形在它的内部有较少数目的周期点. 这样继续下去,我们一定可得到一个三角形,如果不算它的顶点,则在它的内部及边上没有周期点. 我们可不失去任何普遍性而取原先以 $0, 2\omega, 2\omega'$ 作顶点的三角形为这样一个"空"的三角形. 今作一平行四边形,令其顶点为 $0, 2\omega, 2\omega + 2\omega', 2\omega'$(图 1). 则前

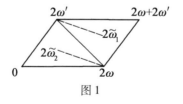

图 1

边所研究的以 $0, 2\omega, 2\omega'$ 作顶点的空三角形为平行四边形"左边的"一半. 我们可肯定平行四边形"右边的"一半也是空的三角形, 即如果我们不算顶点时在这一三角形内部和边上全没有周期点. 事实上, 若平行四边形右边的一半有一个周期点 $2\widetilde{\omega}_1$, 则左边的一半有一个周期点 $2\omega + 2\omega' - 2\widetilde{\omega}_1 = 2\widetilde{\omega}_2$, 但由作图时的规定, 左边的一半是空的, 故所作的平行四边形是空的. 今取我们函数的任一周期 $2\omega^*$, 则 $2\omega^*$ 能且只能用一种方法将它表成以下形式

$$2\omega^* = 2t\omega + 2t'\omega'$$

其中 t, t' 全是实数. 这种表示等于将向量 $2\boldsymbol{\omega}^*$ 沿着向量 $2\boldsymbol{\omega}$ 及 $2\boldsymbol{\omega}'$ 分解.

若我们能证明 t, t' 是整数, 则可断定当这两种情形的第二种情形实现时原始周期的个数为口, 而其比不为实数. 这样, Jacobi 定理就完全证明了.

这样, 令

$$t = m + r, t' = m' + r'$$

这里 m, m' 是整数, 且 $0 \leq r < 1, 0 \leq r' < 1$, 我们应该证明 $r = r' = 0$.

因 $2m\omega, 2m'\omega'$ 是函数 $f(u)$ 的周期, 故下边的数也是周期

$$2\omega_1^* = 2\omega^* - 2m\omega - 2m'\omega' = 2r\omega + 2r'\omega'$$

周期点 $2\omega_1^*$ 在我们所作的以 $0, 2\omega, 2\omega + 2\omega', 2\omega'$ 为顶点的平行四边形内, 更因这一平行四边形是空的, 故应与这一平行四边形的顶点之一重合. 因此数 r, r' 应各等于 0 或 1. 由不等式

$$0 \leq r < 1, 0 \leq r' < 1$$

故得

Jacobi 定理

$$r = 0, r' = 0$$

这就是所要证明的.

3. 西 塔 函 数

三角级数是周期函数的很好的例子. 这里我们研究用以定义西塔函数的三角级数. 我们取

$$\vartheta_3(v) = \vartheta_3(v|\tau) = \sum_{m=-\infty}^{+\infty} e^{(m^2\tau + 2mv)\pi i} \qquad (1)$$

作为基本的西塔函数. 这里 v 是自变数, 而 τ 是参数, 它的虚数部分是正的

$$\Im \tau > 0$$

在这条件下, 量

$$h = e^{\pi i \tau}$$

的绝对值小于 1, 这使得被研究的级数对于任意的有限的 v 绝对收敛.

不难将 $\vartheta_3(v)$ 改写成形式

$$\vartheta_3(v) = 1 + 2h\cos 2\pi v + 2h^4\cos 4\pi v + 2h^9\cos 6\pi v + \cdots$$

这样, $\vartheta_3(v)$ 是 v 的偶超越整函数, 它的周期是 1.

由式(1)有

$$\vartheta_3(v+\tau) = \sum_{m=-\infty}^{+\infty} e^{(m^2\tau + 2mv + 2m\tau)\pi i}$$

$$= e^{-\pi i(\tau + 2v)} \sum_{m=-\infty}^{+\infty} e^{[(m+1)^2\tau + 2(m+1)v]\pi i}$$

$$= e^{-\pi i(\tau + 2v)} \sum_{n=-\infty}^{+\infty} e^{(n^2\tau + 2nv)\pi i}$$

所以我们看出来

$$\vartheta_3(v+\tau) = e^{-\pi i(2v+\tau)} \vartheta_3(v) \qquad (2)$$

把式(2)的两边取对数,然后在两边求关于 v 的二级导数,则得出等式

$$\frac{\mathrm{d}^2}{\mathrm{d}v^2}\ln\vartheta_3(v+\tau) = \frac{\mathrm{d}^2}{\mathrm{d}v^2}\ln\vartheta_3(v)$$

因为另外还有

$$\frac{\mathrm{d}^2}{\mathrm{d}v^2}\ln\vartheta_3(v+1) = \frac{\mathrm{d}^2}{\mathrm{d}v^2}\ln\vartheta_3(v)$$

所以

$$\varphi(v) = \frac{\mathrm{d}^2}{\mathrm{d}v^2}\ln\vartheta_3(v)$$

是用 $1,\tau$ 作周期的函数的一例,且 $1,\tau$ 的比不是实数;这是一个双周期函数. 应注意, $\varphi(v)$ 是有理型函数;这是由于 $\vartheta_3(v)$ 为整函数而得出的[①].

除去 $\vartheta_3(v)$,我们再导入三个西塔函数

$$\vartheta_0(v) = \vartheta_0(v|\tau)$$
$$\vartheta_1(v) = \vartheta_1(v|\tau)$$
$$\vartheta_2(v) = \vartheta_2(v|\tau)$$

它们可用下边的等式定义

$$\vartheta_0(v) = \vartheta_3\left(v + \frac{1}{2}\right)$$

$$\vartheta_1(v) = \mathrm{i}\mathrm{e}^{-\pi\mathrm{i}(v-\frac{1}{4}\tau)}\vartheta_3\left(v + \frac{1-\tau}{2}\right)$$

$$\vartheta_2(v) = \mathrm{e}^{-\pi\mathrm{i}(v-\frac{1}{4}\tau)}\vartheta_3\left(v - \frac{\tau}{2}\right)$$

---

① 因 $\vartheta_3(v)$ 是整函数,故它的对数的导数

$$\frac{\mathrm{d}}{\mathrm{d}v}\ln\vartheta_3(v)$$

仅有的奇异点是一级的极点,此等极点是函数 $\vartheta_3(v)$ 的零点. 故函数 $\varphi(v)$ 仅有的奇异点是二级的极点.

由上边的定义,我们不难得出所有西塔函数的傅里叶级数的展开,也不难导出与三角学中大家都知道的公式相类似的简化公式.

这里我们再提出下面的事实以结束本节,比

$$\varphi_1(v) = \frac{\vartheta_1(v)}{\vartheta_0(v)}, \varphi_2(v) = \frac{\vartheta_2(v)}{\vartheta_0(v)}, \varphi_3(v) = \frac{\vartheta_3(v)}{\vartheta_0(v)}$$

满足下面的等式

$$\varphi_1(v+1) = -\varphi_1(v), \varphi_1(v+\tau) = \varphi_1(v)$$
$$\varphi_2(v+1) = -\varphi_2(v), \varphi_2(v+\tau) = -\varphi_2(v)$$
$$\varphi_3(v+1) = \varphi_3(v), \varphi_3(v+\tau) = -\varphi_3(v)$$

故函数 $\varphi_1(v)$ 具有周期 $2,\tau$,函数 $\varphi_2(v)$ 具有周期 2,$1+\tau$,最后,函数 $\varphi_3(v)$ 具有周期 $1,2\tau$. 函数 $\varphi_k(v)$ 的每一个均为有理型函数. 这样我们得出有理型双周期函数存在的第二个证明.

有理型双周期函数叫作椭圆函数. 这术语的起源将在后边解释.

4. 刘维尔定理

我们将研究原始周期为 $2\omega, 2\omega'$ 的椭圆函数,且如果没有相反的预先说明,即认为比 $\tau = \frac{\omega'}{\omega}$ 的虚数部分为正数. 取复数平面上的某一点 c 且以 $c, c+2\omega, c+2\omega+2\omega', c+2\omega'$ 为顶点①作一平行四边形. 由平行四

---

① 若 $\Im \frac{\omega'}{\omega} > 0$,则由顶点到另一顶点的转变与环绕平行四边形边界的正向相同.

边形的四个顶点只留下顶点 c,其余三顶点全除去,而其四边则只留下相交于 c 之两边. 这样决定的点集合叫作基本平行四边形或周期平行四边形. 若

$$u'' - u' = 2m\omega + 2m'\omega'$$

其中 m, m' 是整数,则我们称 u', u'' 关于周期 $2\omega, 2\omega'$ 为同余或等价的,并写为

$$u'' \equiv u' \pmod{2\omega, 2\omega'}$$

由我们的基本平行四边形的定义,在其内连一对等价点都没有. 另一方面,无论点 u 是什么样的,在基本平行四边形内总可求出一点,而且当然也只能有一点和它等价. 事实上,可求出两个实数 t, t' 适合于

$$u - c = 2t\omega + 2t'\omega'$$

如令

$$t = m + r, t' = m' + r'$$

这里边 m, m' 是整数且 $0 \leqslant r < 1, 0 \leqslant r' < 1$,则得出

$$u - (c + 2r\omega + 2r'\omega') = 2m\omega + 2m'\omega'$$

故点 u 和点

$$c + 2r\omega + 2r'\omega'$$

等价,且后者在基本平行四边形内.

研究椭圆函数时,我们可只在任一基本平行四边形内来讨论它.

基本平行四边形的起始顶点 c 是任意的. 由于这种任意性,我们可作一基本平行四边形,使在它的边上的函数不等于预先指出的数值,例如不是无穷大. 这种挑选周期平行四边形的方法是可能的,因为椭圆函数像每个有理型函数一样,在某一有界的邻域内取它的每一值都是取有限次.

关于周期同余的所有点——通常说——作成平面上的正规系或点网. 对于这样的每一系,有某一个平行

Jacobi 定理

四边形网与之对应,这些平行四边形彼此联结着盖在全平面上.

设 $f(u)$ 是椭圆函数,$2\omega, 2\omega'$ 是它的原始周期,且这样地挑选基本平行四边形,使在它的边上 $f(u)$ 为正则的.

求 $f(u)$ 沿平行四边形边界的积分. 由柯西定理,积分的结果等于在平行四边形内所有极点处函数 $f(u)$ 的留数之和乘以 $2\pi i$ 之积. 在另一方面

$$\oint f(u)\,\mathrm{d}u = \int_{c}^{c+2\omega} f(u)\,\mathrm{d}u + \int_{c+2\omega}^{c+2\omega+2\omega'} f(u)\,\mathrm{d}u + \int_{c+2\omega+2\omega'}^{c+2\omega'} f(u)\,\mathrm{d}u + \int_{c+2\omega'}^{c} f(u)\,\mathrm{d}u$$

在第三个积分内应用代换 $u = v + 2\omega'$,因 $f(v + 2\omega') = f(v)$,故得

$$\int_{c+2\omega+2\omega'}^{c+2\omega'} f(u)\,\mathrm{d}u = \int_{c+2\omega}^{c} f(v+2\omega')\,\mathrm{d}v = \int_{c+2\omega}^{c} f(v)\,\mathrm{d}v$$

故第三个积分与第一个积分相消. 同样第二个积分与第四个积分相消. 故

$$\oint f(u)\,\mathrm{d}u = 0$$

所以 $f(u)$ 在被考察的平行四边形内各极点处留数之和等于零. 由基本平行四边形的定义,两平行的边只有一边属于基本平行四边形. 故上述的定理当基本平行四边形的边界上具有极点时也真. 只需取所有极点在基本平行四边形上(但不只是在平行四边形内).

由这一定理导出重要的推论. 当任一函数在某点之值为 a 时,我们把该点叫作函数的 a 值点.

(Ⅰ)取下边的椭圆函数以代替椭圆函数 $f(u)$

$$\varphi(u) = \frac{f'(u)}{f(u) - a}$$

这里 a 是常数,则可求得在基本平行四边形内不是常数的椭圆函数 $f(u)$,不论 a 是任何值,它的极点的正常个数(即连阶数也一并计算在内,换句话说,一个 m 阶极点应认为 m 个极点)等于它的 a 值点的正常个数.

(Ⅱ)在基本平行四边形内正则的不是常数的椭圆函数不存在. 事实上,这样的椭圆函数在基本平行四边形内极点的个数为零,不论 a 为任何值,该函数 a 值点的个数也等于零,此为不合理,因可取 $a=f(u_0)$.

(Ⅲ)在基本平行四边形内椭圆函数极点的正常个数(这叫作椭圆函数的级)不能少于 2.

因此我们自然可想象两种最简单的椭圆函数:第一种是在基本平行四边形内函数具有一个二级的极点,在该极点处函数的留数等于零;第二种是具有两个不同极点,每一极点均为一级的,在二极点处的留数只具相反的符号. 以后将构造这两种类型的函数.

所有的这些命题全叫作刘维尔定理. 还有一个定理也叫刘维尔定理,就是用
$$\alpha_1,\alpha_2,\cdots,\alpha_m$$
表明函数 $f(u)$ 在基本平行四边形内的 a 值点,而且对于每一点计算的次数应看它取 a 值的次数. 其次,用
$$\beta_1,\beta_2,\cdots,\beta_m$$
表示函数按照同一原则所写出的极点. 这时与以前同样,假定 $f(u)$ 不是常数.

由柯西定理
$$2\pi i\left\{\sum_{k=1}^{m}\alpha_k-\sum_{k=1}^{m}\beta_k\right\}=\oint u\frac{f'(u)}{f(u)-a}\mathrm{d}u$$
这里所取的平行四边形是假定在边界上 $f(u)$ 不取 a 值点而且无极点所取的. 计算绕边界的积分,像上边一样,得

Jacobi 定理

$$\oint u \frac{f'(u)}{f(u)-a} \mathrm{d}u = \int_c^{c+2\omega} u \frac{f'(u)}{f(u)-a} \mathrm{d}u +$$
$$\int_{c+2\omega}^{c+2\omega+2\omega'} u \frac{f'(u)}{f(u)-a} \mathrm{d}u +$$
$$\int_{c+2\omega+2\omega'}^{c+2\omega'} + \int_{c+2\omega'}^{c} = J_1 + J_2 + J_3 + J_4$$

如在积分 J_3 中利用代换 $u = v + 2\omega'$,则得

$$J_3 = \int_{c+2\omega}^{c} (v + 2\omega') \frac{f'(v)}{f(v)-a} \mathrm{d}v$$

故

$$J_1 + J_3 = 2\omega' \int_{c+2\omega}^{c} \frac{f'(v)}{f(v)-a} \mathrm{d}v$$
$$= 2\omega' \{ \ln[f(c)-a] - \ln[f(c+2\omega)-a] \}$$

但因

$$f(c) - a = f(c+2\omega) - a$$

故 $\ln[f(c)-a]$ 与 $\ln[f(c+2\omega)-a]$ 之差只为 $2\pi\mathrm{i}$ 的整数倍,故

$$J_1 + J_3 = 2\omega' \cdot 2n'\pi\mathrm{i}$$

同样可证

$$J_2 + J_4 = 2\omega \cdot 2n\pi\mathrm{i}$$

故

$$\sum_{k=1}^{m} \alpha_k - \sum_{k=1}^{m} \beta_k = 2n\omega + 2n'\omega'$$

(Ⅳ) 设考察函数 $f(u)$ 在一个基本平行四边形内所有的 a 值点与极点,则这些 a 值点的和与这些极点的和同余,这里 a 是任意数.

5. 维尔斯特拉斯函数 $\wp(u)$

兹考察级数

$$\underset{m,m'}{{\sum}'} \frac{1}{|2m\omega + 2m'\omega'|^p} \tag{1}$$

第 1 章　Jacobi 定理

这里的和是对于任意的整数 m,m' 而作的,但 $m=m'=0$ 的一组①除外,且数 ω,ω' 适合于前边的假设. 我们将证明,上边写的级数当 $p>2$ 时收敛,当 $p\leqslant 2$ 时发散.

这样我们取正规的点组
$$2m\omega+2m'\omega'$$
里边的点 0 应除外. 先取我们点组内的八个点

$\pm 2\omega,\ \pm(2\omega+2\omega'),\ \pm 2\omega',\ \pm(2\omega-2\omega')$　　(2)

这些点是围绕着点 0 的四个平行四边形的顶点(图 2),且构成 0 点的第一层镶边. 令 0 点与(2)内各点距离中的最小距离为 d,最大距离为 D,则级数(1)内与顶点(2)对应的 8 项的和,满足不等式

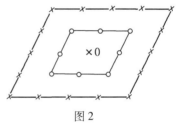

图 2

$$\frac{8}{D^p}\leqslant S_1\leqslant \frac{8}{d^p}$$

今再取我们正规组中属于 0 的第二层镶边的点. 这些顶点共有 16 个,其与 0 的最小和最大距离各为 $2d$ 及 $2D$. 故在级数(1)内与这 16 个顶点相当的项的和 S_2,适合于不等式

$$\frac{16}{(2D)^p}\leqslant S_2\leqslant \frac{16}{(2d)^p}$$

第 n 层镶边包含 $8n$ 个顶点,且其相当的和 S_n 适合于不等式

----

① 这时在符号"Σ"上角加一撇.

Jacobi 定理

$$\frac{8n}{(nD)^p} \leq S_n \leq \frac{8n}{(nd)^p}$$

级数(1)的收敛性和级数

$$S_1 + S_2 + \cdots + S_n + \cdots$$

的收敛性是等价的,而且我们能给出

$$S_n \leq \frac{8}{d^p n^{p-1}}$$

及

$$S_n \geq \frac{8}{D^p n^{p-1}}$$

的直接推理.

由上述证明,级数

$$\sum_{m,m'} \frac{1}{(u - 2m\omega - 2m'\omega')^3} \quad (3)$$

在 u 平面的每一有限邻域内为绝对且均一致收敛,但应将在该邻域内变为无穷大之项(此等项的项数为有限个)除去. 故级数(3)之和是有理型函数,且点

$$2m\omega + 2m'\omega'$$

是其唯一的极点(均为三级的).

令

$$Q(u) = -2 \sum_{m,m'} \frac{1}{(u - 2m\omega - 2m'\omega')^3}$$

则我们将指出,该函数具有周期 $2\omega, 2\omega'$. 事实上

$$Q(u + 2\omega) = -2 \sum_{m,m'} \frac{1}{(u + 2\omega - 2m\omega - 2m'\omega')^3}$$

令

$$m - 1 = n$$

则上式可写为

$$Q(u + 2\omega) = -2 \sum_{n,m'} \frac{1}{(u - 2n\omega - 2m'\omega')^3}$$

但因数对 (n,m') 与数对 (m,m') 所能取的值一样,故所得公式右边是 $Q(u)$,故证明了等式
$$Q(u+2\omega) = Q(u)$$
完全同样可证明
$$Q(u+2\omega') = Q(u)$$

用类似的讨论可证明: $Q(u)$ 是奇函数. 事实上
$$Q(-u) = 2\sum_{m,m'} \frac{1}{(u+2m\omega+2m'\omega')^3}$$
$$= 2\sum_{n,n'} \frac{1}{(u-2n\omega-2n'\omega')^3} = -Q(u)$$

这里应注意的是,数对 (m,m'),(n,n') 取相同值,其中 $n=-m, n'=-m'$.

今由积分法引出函数
$$\wp(u) = \frac{1}{u^2} + \int_0^u \left\{ Q(u) + \frac{2}{u^3} \right\} du$$

此处的积分路径除经过点 $u=0$ 以外,不经过其他的周期的顶点. 故
$$\wp'(u) = Q(u) \tag{4}$$

但从另一方面,由逐项积分法得
$$\wp(u) = \frac{1}{u^2} + \sum_{m,m'}{}' \left\{ \frac{1}{(u-2m\omega-2m'\omega')^2} - \frac{1}{(2m\omega+2m'\omega')^2} \right\} \tag{5}$$

因 $Q(u)$ 是奇函数,故 $\wp(u)$ 是偶函数. 这种性质也不难由表示式(5)得出.

其次,因 $Q(u)$ 具有周期 2ω,故由式(4)得
$$\wp'(u+2\omega) = \wp'(u)$$
这表明
$$\wp(u+2\omega) = \wp(u) + c \tag{6}$$
这里 c 是常数.

Jacobi 定理

由展开式(5)知函数 $\wp(u)$ 仅有的极点是
$$2m\omega + 2m'\omega'$$
故在点 ω, ω' 处函数 $\wp(u)$ 为有限的. 将 $u = -\omega$ 代入公式(6), 得
$$\wp(\omega) = \wp(-\omega) + c$$
因函数 $\wp(u)$ 是偶函数, 故得出常数 $c = 0$, 即
$$\wp(u + 2\omega) = \wp(u)$$
同样可证
$$\wp(u + 2\omega') = \wp(u)$$
我们可看出, 函数 $\wp(u)$ 在每一周期平行四边形内一共只有一个二级的极点, 故 $\wp(u)$ 是二级的椭圆函数. 这样, 照第 4 节所述的意义, $\wp(u)$ 是最简单的椭圆函数. 它是维尔斯特拉斯理论的基础函数.

6. 函数 $\wp(u)$ 的微分方程

在点 $u = 0$ 的邻近, 函数 $\wp(u)$ 有以下形状
$$\wp(u) = \frac{1}{u^2} + 3u^2 \sum_{m,m'}{}' \frac{1}{(2m\omega + 2m'\omega')^4} + 5u^4 \sum_{m,m'}{}' \frac{1}{(2m\omega + 2m'\omega')^6} + \cdots$$

取符号
$$\sum_{m,m'}{}' \frac{1}{(2m\omega + 2m'\omega')^4} = \frac{g_2}{60}$$
$$\sum_{m,m'}{}' \frac{1}{(2m\omega + 2m'\omega')^6} = \frac{g_3}{140}$$

采用这些符号, 就得
$$\wp(u) = \frac{1}{u^2} + \frac{g_2}{20}u^2 + \frac{g_3}{28}u^4 + \cdots \qquad (1)$$

由此
$$\wp'(u) = -\frac{2}{u^3} + \frac{g_2}{10}u + \frac{g_3}{7}u^3 + \cdots$$
故
$$[\wp'(u)]^2 = \frac{4}{u^6}\left\{1 - \frac{g_2}{10}u^4 - \frac{g_3}{7}u^6 + \cdots\right\}$$

$$[\wp(u)]^3 = \frac{1}{u^6}\left\{1 + \frac{3g_2}{20}u^4 + \frac{3g_3}{28}u^6 + \cdots\right\}$$

由这些展开式及式(1)得
$$[\wp'(u)]^2 - 4[\wp(u)]^3 + g_2\wp(u) = -g_3 + Au^2 + Bu^4 + \cdots$$
左边是以 $2\omega, 2\omega'$ 作周期的椭圆函数. 它的极点是
$$2m\omega + 2m'\omega'$$
但因如所写出的公式所表明的,在点 $u=0$ 处,该函数为正则的且等于 $-g_3$,故在每个以 $u=0$ 为内点的周期平行四边形内它为正则的,因此,由刘维尔定理,该函数是一常数. 故得下边的关系式
$$[\wp'(u)]^2 = 4[\wp(u)]^3 - g_2\wp(u) - g_3 \qquad (2)$$
换句话说,就是 $\wp(u)$ 满足下边的微分方程
$$z'^2 = 4z^3 - g_2 z - g_3$$

由方程(2),知 $\wp(u)$ 的各级导数全可用 $\wp(u)$ 及 $\wp'(u)$ 表示出来. 例如
$$\wp'' = 6\wp^2 - \frac{1}{2}g_2$$
$$\wp''' = 12\wp\wp'$$
$$\wp'''' = 120\wp^3 - 18g_2\wp - 12g_3$$

设
$$4z^3 - g_2 z - g_3 = 4(z-e_1)(z-e_2)(z-e_3)$$
则
$$e_1 + e_2 + e_3 = 0 \qquad (3)$$

Jacobi 定理

$$e_1 e_2 + e_2 e_3 + e_3 e_1 = -\frac{1}{4}g_2 \qquad (4)$$

$$e_1 e_2 e_3 = \frac{1}{4}g_3 \qquad (5)$$

由式(3)及式(4)得

$$e_1^2 + e_2^2 + e_3^2 = \frac{1}{2}g_2$$

如注意到 $\wp'(u)$ 是奇函数且在等式

$$\wp'(u + 2\omega) = \wp'(u)$$

中令 $u = -\omega$,则得 $\wp'(\omega) = 0$[应当注意,$\wp'(\omega)$ 为有限的]. 同样可得出

$$\wp'(\omega') = 0, \wp'(\omega + \omega') = 0$$

我们看出来,点 $\omega, \omega + \omega', \omega'$ 是函数 $\wp'(u)$ 的零点且为简单的零点,因为 $\wp'(u)$ 是三级的椭圆函数.

注意,下边的量彼此不相同

$$\wp(\omega), \wp(\omega'), \wp(\omega + \omega')$$

因事实上,假设里边真要有两个相同,例如等式

$$\wp(\omega) = \wp(\omega + \omega')$$

成立,则二级的椭圆函数

$$\wp(u) - \wp(\omega)$$

将具有两个二级零点 $(\omega, \omega + \omega')$,这是不可能的.

由式(2),知量

$$\wp(\omega), \wp(\omega + \omega'), \wp(\omega')$$

与下边的多项式的根相同

$$4z^3 - g_2 z - g_3$$

故数

$$e_1, e_2, e_3$$

彼此不相同.

通常为方便起见用下边的符号

$$2\omega_1 = 2\omega$$
$$2\omega_2 = -2\omega - 2\omega' \quad \left(\tau = \frac{\omega_3}{\omega_1}, \Im\tau > 0\right)$$
$$2\omega_3 = 2\omega'$$

如是则
$$\omega_1 + \omega_2 + \omega_3 = 0$$

同时可令
$$\wp(\omega_k) = e_k \quad (k=1,2,3)$$

不妨注意,判别式
$$g_2^3 - 27g_3^2 = 16(e_1-e_2)^2(e_2-e_3)^2(e_3-e_1)^2$$

7. 胡作玄论 Jacobi 椭圆函数与代数函数论

代数函数论现在已经完全淹没在现代数学的汪洋大海之中,很少有人提起了,而在 19 世纪,它却处于数学的中心,涉及椭圆积分及椭圆函数、阿贝尔积分及阿贝尔函数的问题,几乎是评价数学家成就的试金石. 许多大数学家之所以在当时了不起,并非由于我们现在认为的那样,是对数学的一些普遍问题、基础问题提出正确的观点,而是由于他们在这个领域的杰出工作. 从高斯、阿贝尔、Jacobi、埃尔米特到克莱因、庞加莱,无不因在这个领域有突出贡献而闻名. 而黎曼及维尔斯特拉斯更是因为他们对阿贝尔函数所做的工作而获得他们的名声和职位,而并非如现在所认为的那样是几何基础、复变函数论、数论、分析基础等工作. 不过,从 19 世纪末开始,由于数学追求一般性、普遍性、抽象性,代数函数论从分析上纳入复变函数论,从几何上纳入代数几何学,到 20 世纪中叶,经一般域论、代数拓扑乃至数论的分解,它已经完全代数化,并随同一般域上的代数曲线论进入了交换代数的范畴.

7.1 椭 圆 积 分

19 世纪初,数学的中心课题集中于椭圆函数及其推广上,它不仅是最基本的非初等函数,直接导致代数函数论及代数几何学的发展,而且在数论和数学物理上都有着广泛的应用.

从历史上讲,椭圆函数来源于椭圆积分,是通过椭圆积分反演得到的,正如三角函数(圆函数) $\sin u$ 是由积分

$$\arcsin u = \int_0^u \frac{\mathrm{d}u}{\sqrt{1-u^2}}$$

反演得到的. 椭圆函数是椭圆积分

$$\int^x R(x,y)\mathrm{d}x$$

的反演,其中 $R(x,y)$ 是 x,y 的有理函数,且 y^2 是 x 的三次或四次多项式(无重因子) $p(x)$,它的特殊情形是

$$\int_0^t \frac{\mathrm{d}t}{\sqrt{1-t^2}\sqrt{1-k^2t^2}}, 0 \leq t \leq 1$$

这种积分出现在求椭圆弧长的问题中,因此而得名. 但实际上它并不局限于求椭圆弧长的问题,求双曲线及双纽线等的弧长同样也遇到椭圆积分. 在阿贝尔首先把椭圆积分反演得出椭圆函数之前,一般也把椭圆积分称为椭圆函数或椭圆超越函数,这不过是历史的插曲.

椭圆积分自然出现在求椭圆及双曲线的弧长、单摆的周期、弹性细杆的弯曲等问题当中,但求积分遇到极大困难,莱布尼茨在研究积分法时,曾设想一个"纲领",即把积分 $\int f(x)\mathrm{d}x$ 都归结为"已知函数"的"封闭

形式",也就是求出由初等函数以有限的加、减、乘、除形式表现出来的函数 $g(x)$,使 $g'(x)=f(x)$. 当时所知道的函数无非是现在所说的初等函数,即代数函数(多项式及有理分式)、指数函数及三角函数以及它们的反演. 在实现莱布尼茨纲领上,椭圆积分是数学家所碰到的第一个障碍,经过当时数学家的努力,还是不能把椭圆积分表示成上述的理想形式,以致 1694 年雅各布·伯努利就猜想这项任务不可能完成. 这个猜想直到 1833 年才由法国数学家刘维尔证明. 他证明,包括椭圆积分在内的一大类积分均不可能表示为初等函数. 在这期间,数学家开始考虑用分析方法即各种无穷表达式来表示它,而具体到椭圆积分,则更着重于研究其性质.

由于一般的椭圆积分较为复杂,最早研究的一类是所谓双纽线积分. 1694 年雅各布·伯努利由于其简单、漂亮而单独提出来予以考虑. 双纽线的直角坐标方程为

$$(x^2+y^2)^2 = x^2 - y^2$$

极坐标方程为

$$r^2 = \cos 2\theta$$

他证明,其弧长为

$$\int_0^x \frac{\mathrm{d}t}{\sqrt{1-t^4}}$$

这是最简单的椭圆积分,因此成为研究椭圆积分的出发点.

椭圆积分的历史起点一般公认为 1718 年,由意大利数学家法格纳诺开始研究,他发现了双纽线积分的倍弧长公式. 他是由研究双纽线的弧长

$$\int_0^w \frac{\mathrm{d}w}{\sqrt{1-w^4}}$$

Jacobi 定理

的加倍问题而推导出这个公式的. 他证明, 如果

$$\int_0^w \frac{\mathrm{d}w}{\sqrt{1-w^4}} = 2\int_0^u \frac{\mathrm{d}u}{\sqrt{1-u^4}}$$

那么

$$w^2 = \frac{4u^2(1-u^4)}{(1+u^4)^2}$$

即 w 与 u 之间存在代数关系. 1751 年 12 月 23 日欧拉在得知法格纳诺的结果之后, 导致他于 1761 年把倍弧长公式推广成双纽线积分的加法定理, 即若

$$\int_0^u \frac{\mathrm{d}u}{\sqrt{1-u^4}} + \int_0^v \frac{\mathrm{d}v}{\sqrt{1-v^4}} = \int_0^w \frac{\mathrm{d}w}{\sqrt{1-w^4}}$$

则

$$w = \frac{u\sqrt{1-v^4} + v\sqrt{1-u^4}}{1+u^2v^2}$$

显然当 $u = v$ 时, 即得出法格纳诺关系. 后来, Jacobi 把 1751 年 12 月 23 日这一天称为"椭圆函数的生日".

双纽线积分虽然是研究一般椭圆积分的起点, 但欧拉的加法定理并不能轻易地推广到一般椭圆积分之上. 一般椭圆积分的研究主要来自于勒让德.

勒让德的工作从 1783 年起持续了半个世纪. 首先他在 1786 年发表两篇论文, 1793 年发表长篇论文, 然后写了《积分练习》(Exercises de calcul integral, 3 卷, 1811, 1817, 1826) 以及《椭圆函数论》(3 卷, 1825, 1826, 1828). 其中, 他对椭圆积分进行了系统的研究, 特别是 1793 年他证明一般椭圆积分

$$\int \frac{Q(x)}{\sqrt{P(x)}} \mathrm{d}x$$

(其中 $Q(x)$ 是 x 的任意有理函数, $P(x)$ 是一般四次多项式) 可以化为三种类型

第1章 Jacobi 定理

$$F = \int \frac{dx}{\sqrt{1-x^2}\sqrt{1-k^2x^2}}$$

$$E = \int \frac{x^2 dx}{\sqrt{1-x^2}\sqrt{1-k^2x^2}}$$

$$\Pi = \int \frac{dx}{(x-a)\sqrt{1-x^2}\sqrt{1-k^2x^2}}$$

分别被称为第一、第二、第三类椭圆积分. 显然,双纽线积分只是第一类椭圆积分. 经过适当变换,第三类积分可分别化为

$$F(\varphi,k) = \int_0^\varphi \frac{d\varphi}{\sqrt{1-k^2\sin^2\varphi}} \quad (0 < k < 1)$$

$$E(\phi,k) = \int_0^\varphi \sqrt{1-k^2\sin^2\varphi}\, d\varphi \quad (0 < k < 1)$$

$$\Pi(\varphi,n,k) = \int_0^\varphi \frac{d\varphi}{(1-n\sin^2\varphi)\sqrt{1-k^2\sin^2\varphi}} \quad (0 < k < 1)$$

这种分法至今仍在使用,其中 k 被称为模,而

$$k' = \sqrt{1-k^2}$$

被称为余模. 当 $\varphi = \dfrac{\pi}{2}$ 时,积分

$$F = F(k) = F\left(\frac{\pi}{2},k\right)$$

$$E = E(k) = E\left(\frac{\pi}{2},k\right)$$

分别被称为第一类和第二类完全椭圆积分,通过定义

$$F' = F'(k) = F\left(\frac{\pi}{2},k'\right)$$

$$E' = E'(k) = E\left(\frac{\pi}{2},k'\right)$$

勒让德发现其间有如下的勒让德关系(1825)

Jacobi 定理

$$FE' + F'E - FF' = \frac{\pi}{2}$$

勒让德在他的书中得出一系列加法公式及变换公式, 以及不同参数 n 的第三类积分之间的关系. 在《椭圆函数论》第二卷中, 勒让德发表了第一个椭圆积分表, 它也是今天同类表的基础.

高斯对椭圆积分也有贡献, 他从 1791 年起就研究所谓算术几何均值, 也就是两个正数 a 及 b 经过如下运算所形成的两个序列 $\{a_n\}$ 和 $\{b_n\}$ 的共同极限

$$a_0 = a, b_0 = b$$
$$a_{n+1} = \frac{a_n + b_n}{2}, b_{n+1} = \sqrt{a_n b_n}$$

他记作 $agM(a,b)$. 1799 年 5 月 30 日他在日记中写道: 我们已经确认 1 和 $\sqrt{2}$ 的算术几何平均与 $\pi/\tilde{\omega}$ 相重到 11 位; 这个事实的证明肯定将开辟一个全新的分析领域.

高斯很快证明了这个结果, 其中 $\tilde{\omega}$ 为

$$\tilde{\omega} = 2 \int_0^1 \frac{\mathrm{d}t}{\sqrt{1-t^4}}$$

后来他还得出由椭圆积分表示 $agM(a,b)$ 的公式, 并于 1818 年发表. 不过从历史上看, 拉格朗日已于 1785 年发表了同样结果.

7.2 椭 圆 函 数

7.2.1 Jacobi 椭圆函数

勒让德搞了一辈子椭圆积分, 却从来没有想到把椭圆积分反演得出椭圆函数, 以致他在晚年不无辛酸地赞美阿贝尔及 Jacobi 的工作. 当时有三位数学家考虑到反演问题, 他们是高斯、阿贝尔及 Jacobi. 高斯早

在 1796 年就反演积分
$$\int \frac{dx}{\sqrt{1-x^3}}$$
1797 年反演双纽线积分
$$\int \frac{dx}{\sqrt{1-x^4}}$$
得出双纽线函数,但其结果直到他去世后才发表. 阿贝尔在 1823 年已经有了反演的想法,1827 年发表第一篇论文. 同年,Jacobi 开始研究椭圆函数,并写了一篇没有证明的论文. 其后,两人都发表了这方面的论文,特别是 Jacobi 在 1829 年出版的《椭圆函数论新基础》(*Fundamenta Nova Theoriae Functionum Ellipticarum*) 成为椭圆函数论的奠基性著作. 在此之前,勒让德在《椭圆函数论》的补篇(1828)中介绍了阿贝尔及 Jacobi 的工作.

阿贝尔和 Jacobi 的贡献很多,主要有以下几个方面.

(1) 引进 Jacobi 椭圆函数.

作为第一类椭圆积分
$$u = \int_0^x \frac{dx}{\sqrt{(1-x^2)(1-k^2x^2)}} = \int_0^\varphi \frac{d\varphi}{\sqrt{1-k^2\sin^2\varphi}}$$
的反演,Jacobi 引进记号
$$\varphi = amu$$
表示 $u(\varphi)$ 的反函数,他还引进
$$\cos\varphi = \cos amu$$
$$\Delta\varphi = \Delta amu = \sqrt{1-k^2\sin^2\varphi}$$
后来它们被古德曼简化为
$$\operatorname{sn} u = \sin\varphi = \sin amu$$
$$\operatorname{cn} u = \cos\varphi = \cos amu$$
$$\operatorname{dn} u = \Delta\varphi = \Delta amu$$

Jacobi 定理

显然这反映出同三角函数类似的关系. 它们之间的关系是

$$\text{sn}^2 u + \text{cn}^2 u = 1$$
$$\text{dn}^2 u + k^2 \text{sn}^2 u = 1$$

(2) 由实值扩展到复值,并发现双周期性.

椭圆函数 $\text{sn}\,u, \text{cn}\,u, \text{dn}\,u$ 开始只对实 u 值定义,但高斯、阿贝尔早已考虑对复 u 值定义椭圆函数. 1827 年阿贝尔首先通过虚变换把椭圆函数推广到取纯虚值的情形. 他令 $\theta = \mathrm{i}\,\text{am}\,\varphi$,由

$$\sin\theta = \mathrm{i}\tan\varphi$$
$$\cos\theta = \frac{1}{\cos\varphi}$$
$$\Delta(\theta, k) = \frac{\Delta(\varphi, k')}{\cos\varphi}$$

得出

$$\text{sn}(\mathrm{i}u, k) = \mathrm{i}\frac{\text{sn}(u, k')}{\text{cn}(u, k')}$$
$$\text{cn}(\mathrm{i}u, k) = \frac{1}{\text{cn}(u, k')}$$
$$\text{dn}(\mathrm{i}u, k) = \frac{\text{dn}(u, k')}{\text{cn}(u, k')}$$

同年,阿贝尔首先对实值 u, v 的椭圆函数证明加法定理,如

$$\text{sn}(u+v) = \frac{\text{sn}\,u\,\text{cn}\,v\,\text{dn}\,v + \text{sn}\,v\,\text{cn}\,u\,\text{dn}\,u}{1 - k^2 \text{sn}^2 u\,\text{sn}^2 v}$$

对 $\text{cn}(u+v), \text{dn}(u+v)$ 也有类似的公式. 通过加法定理,他把椭圆函数的定义推广到复值 $z = u + \mathrm{i}v$.

同时,阿贝尔还发现椭圆函数的重要性质——双周期性,特别是证明 $\text{sn}\,z$ 的周期为 $4K$ 及 $2\mathrm{i}K'$;$\text{cn}\,z$ 的周期为 $4K$ 及 $2K + 2\mathrm{i}K'$;$\text{dn}\,z$ 的周期为 $2K$ 及 $4\mathrm{i}K'$,即存

在两个周期,其比为非实数. 这成为后来椭圆函数研究的出发点. 1835 年 Jacobi 证明任何单变量单值有理型(即亚纯)函数不可能多于两个星期,且周期比必为非实数. 1844 年刘维尔以此为出发点,建立系统的双周期函数理论. 他还依据柯西的留数理论证明,在一个周期平行四边形内极点的数目有限,这些极点的阶数之和被称为椭圆函数的阶数;在一个周期平行四边形内没有极点的椭圆函数是常数;椭圆函数在任何一个周期平行四边形内极点的留数之和恒为 0;在一个平行四边形内零点之和与极点之和的差等于一个周期. 他还证明,n 阶椭圆函数在一个周期平行四边形内取任一值 n 次.

(3)给出椭圆函数的表示,并建立 θ 函数理论.

Jacobi 在《椭圆函数论新基础》一书中建立了 θ 函数理论,从而给椭圆函数一个系统的表示. 特殊的 θ 型函数最早是雅各布·伯努利在《猜度术》(1713)中引进的,他研究过 $\sum_{n=0}^{\infty} m^{n^2}, \sum_{n=0}^{\infty} m^{\frac{n(n+1)}{2}}, \sum_{n=0}^{\infty} m^{\frac{n(n+3)}{2}}$,它们都是 θ 函数. 欧拉在《无穷分析引论》(1748)中为研究分拆函数 $\prod(1-q^n)$ 而引进第二变元 ζ,得到 $\prod_{}^{\infty}(1-q^n\zeta)^{-1}$,它也是 θ 函数. 其后,它出现在傅立叶的《热的分析理论》(1822)中. 但只有 Jacobi 把 θ 函数同椭圆函数联系起来,并在数论上加以应用. θ 函数是单周期的整函数,可以用收敛很快的级数来表示,因此在椭圆函数计算中是最好的工具. Jacobi 对 θ 函数做了两个符号的改变,对于 θ 函数后来的发展至关重要:用 $\mathrm{e}^{\pi i \tau}$ 替代 q,用 e^{2iz} 替代 ζ,这样得出现在形式的 θ 函数

Jacobi 定理

$$\theta(\tau,z) = \sum e^{\pi in^2\tau + 2inz}$$

由 q 变成 τ 使他能够创造"虚变换"

$$\tau \rightarrow -\frac{1}{\tau}$$

它与另一个明显变换

$$\tau \rightarrow \tau + 2$$

共同构成模变换,并形成模群与模形式理论,其影响至今不衰.

Jacobi 早在 1828 年先由椭圆函数论得出四种 θ 函数的变换公式,但泊松已经于 1823 年得到其中一种,且其他三种不难由初等代数得到. Jacobi 最重要的贡献在于把椭圆函数用 θ 函数表示,然后由椭圆函数得出 θ 函数的无穷乘积表示. 椭圆函数及 θ 函数有了明显表达式之后,很容易推出它们的性质、变换公式、微分方程等,而且为其广泛应用开辟了道路,从历史上讲,Jacobi 最早用的是 Θ 函数及 H 函数,后来改为四种 θ 函数,其后不同数学家用的记号也有些差别,理论上主要是维尔斯特拉斯的记号,而 Jacobi 的记号在应用上由于方便、实用,直到现在仍被广泛使用.

θ 函数有许多推广,埃尔米特于 1858 年定义 θ 级数 $\theta_{u,v}$,而向高维推广则为阿贝尔函数论提供了工具.

7.2.2 维尔斯特拉斯的椭圆函数论

到 1838 年,Jacobi 椭圆函数论已经建立,并在各方面有着广泛应用. 然而从理论上讲,椭圆函数的严整理论是维尔斯特拉斯建立的,他从 1857 年冬季学期起,开始在柏林大学讲授椭圆函数论课程,他的讲义内容由于学生的传播而逐渐公诸于世. 维尔斯特拉斯最早发表的椭圆函数论文于 1882~1883 年分四篇发表在《柏林科学院会报》上,他的讲演经施瓦兹整理于

1893 年出版，书名为《椭圆函数应用的公式及定理》(*Formeln und Lehrsätze zum Gebrauche der elliptischen Funktionen*). 他以前的研究由于他的《全集》第一卷 (1894) 及第二卷 (1895) 的出版而公诸于世，特别是 1875 年他在柏林大学的就职演讲已经包括他的体系的概要. 维尔斯特拉斯的椭圆函数理论现在已成为标准的表述. 从历史上看，在他之前，许多数学家也有一些类似的不同于 Jacobi 椭圆函数的考虑.

法国数学家刘维尔在 1844 年最早把双周期性作为刻画椭圆函数的出发点，他受到柯西的复分析理论，特别是留数演算的影响，从复分析的大视野来观察椭圆函数. 他把在有限复平面上亚纯的双周期函数定义为椭圆函数. 设椭圆函数的基本周期为 $2\omega_1, 2\omega_3$，则复平面可划分为周期平行四边形. 他证明，在一个周期平行四边形内没有极点的椭圆函数是常数，这是一般刘维尔定理的特殊情形. 他还证明，在两极点情形，椭圆函数在任一周期平行四边形的极点处留数之和为 0，一般情形是埃尔米特在 1848 年证明的. 他证明，任一椭圆函数在一周期平行四边形内取任何值的次数均相同；零点之和与极点之和的差等于一个周期. 刘维尔在法兰西学院讲的椭圆函数课程为他的学生布瑞奥及布盖所吸引，他们合写的书《双周期函数理论》(*Theorie des fonctions doublement periodiques*) 于 1859 年出版，是椭圆函数论的第一部专著，1875 年第二版时，篇幅由原来的 342 页翻了一番，多达 700 页，这反映出理论进步之快. 不过，刘维尔对这两个学生极为不满，认为他们剽窃自己的理论，对此维尔斯特拉斯也有同感.

英国数学家凯雷从 1845 年起就发表椭圆函数的论文，一直持续了半个世纪. 他的风格保守，十分倾向

Jacobi 定理

于具体计算. 只是在 1845 年的论文中给出椭圆函数的一个双重无穷乘积表示, 而不是像以前从椭圆积分反演得来, 他具体从双重无穷乘积来表示 Jacobi 椭圆函数. 凯雷的研究收入在他唯一出版的著作《椭圆函数》(1876) 中.

19 世纪中叶, 对椭圆函数的研究主要集中在德国, 除了 Jacobi 和他的学生之外, 爱森斯坦是椭圆函数的主要研究者, 他更多是从数论出发, 但是他的论文没有引起很多注意, 直到 19 世纪 80 年代才为克罗内克所发展. 爱森斯坦批评阿贝尔和 Jacobi 通过椭圆积分的反演以及通过加法定理复化既不自然也不严格. 他在 1847 年发表关于椭圆函数的论文, 使用双重无穷乘积定义椭圆函数. 他的研究为克罗内克所继续, 特别是他在晚年的一系列著作, 其工具是二重级数. 他们的工作都与数论密切相关.

尽管凯雷及爱森斯坦等人早已有不从椭圆积分的反演来定义椭圆函数的想法, 但是椭圆函数的系统理论公认为是由维尔斯特拉斯所建立. 也正是由这时开始, 椭圆函数论正式作为解析函数论的一个特殊情况来处理. 从 19 世纪末起, 在许多解析函数论的著作中, 后面一大半是论述椭圆函数及其推广的. 随着时间的流逝, 椭圆函数这部分越来越薄, 最后趋向于 0. 这导致现代大学生对这类不仅在历史上而且到现在仍极为重要的函数一无所知. 不过, 维尔斯特拉斯椭圆函数论至今仍为理论上的标准.

维尔斯特拉斯把椭圆函数定义为复平面上具有双周期 $\omega_1, \omega_2 \left(\operatorname{Im} \frac{\omega_2}{\omega_1} > 0 \right)$ 的亚纯函数, 从而具体造出著名的 P 函数

$$P(z;\omega_1,\omega_2) = \frac{1}{z^2} + \sum{}' \left(\frac{1}{(z-m\omega_1-n\omega_2)^2} - \frac{1}{(m\omega_1+n\omega_2)^2} \right)$$

其中 $\sum'$ 表示对 $(m,n) \neq (0,0)$ 的所有整数求和. 但在施瓦兹的著作中首先用无穷乘积引入 σ 函数,然后再用无穷级数定义 P 函数. σ 是整函数,这符合维尔斯特拉斯后来的一般函数论的分解定理

$$\sigma(z) = z \prod_{\omega \neq 0} \left(1 - \frac{z}{\omega} \right) e^{\frac{z}{\omega} + \frac{z^2}{2\omega^2}}$$

其中 ω 过所有 $m\omega_1 + n\omega_2, m,n \in \mathbf{Z}$,但 $(m,n) \neq (0,0)$. 他还定义 ζ 函数(不要同黎曼 ζ 函数混淆)

$$\zeta(z) = \frac{\mathrm{d}}{\mathrm{d}z}(\log \sigma(z)) = \frac{\sigma'(z)}{\sigma(z)}$$

从而

$$\frac{\mathrm{d}}{\mathrm{d}z}(\zeta(z)) = -P(z)$$

σ 函数类似于 Jacobi ζ 函数,是表示椭圆函数的有力工具. 实际上,埃尔米特在 1875 年证明,任何椭圆函数均可表为 ζ 与 ζ' 的线性组合.

有了这些工具,维尔斯特拉斯证明了一系列基本定理:

(1)椭圆函数的加法定理.

若 $z_1 \not\equiv z_2 \mathrm{mod}(\omega_1, \omega_2)$,则

$$P(z_1+z_2) = \frac{1}{4}\left(\frac{P'(z_1) - P'(z_2)}{P(z_1) - P(z_2)} \right)^2 - P(z_1) - P(z_2)$$

(2)椭圆函数的微分方程,即

$$(P'(z))^2 = 4P^3(z) - g_2 P(z) - g_3$$

其中

$$g_2 = 60 \sum_{\omega \neq 0} \omega^{-4}$$

$$g_3 = 140 \sum_{\omega \neq 0} \omega^{-6}$$

Jacobi 定理

$$g_2^3 - 27g_3^2 \neq 0$$

在这里,$\omega = m\omega_1 + n\omega_2$.

(3)设 $E(z)$ 为 $P(z)$ 及 $P(z')$ 的有理函数,则 $E(z_1 + z_2), E(z_1), E(z_2)$ 三者之间必满足代数关系.

由定理(2)可知,维尔斯特拉斯椭圆函数是椭圆积分

$$\int_0^z \frac{\mathrm{d}t}{\sqrt{4t^3 - g_2 t - g_3}}$$

的反演. 而椭圆曲线

$$y^2 = 4x^3 - g_2 x - g_3$$

可用 $x = P(z), y = P'(z)$ 参数化,其椭圆积分的加法定理为

$$\int_{x_1}^{x_1} \frac{\mathrm{d}t}{\sqrt{4t^3 - g_2 t - g_3}} + \int_0^{x_2} \frac{\mathrm{d}t}{\sqrt{4t^3 - g_2 t - g_3}}$$
$$= \int_0^{x_3} \frac{\mathrm{d}t}{\sqrt{4t^3 - g_2 t - g_3}}$$

其中 x_3 是通过 (x_1, y_1) 和 (x_2, y_2) 的直线与椭圆曲线的交点 (x_3, y_3) 的横坐标,这就是弦切线法.

7.3 阿贝尔积分与阿贝尔函数

阿尔贝积分和阿贝尔函数是椭圆积分、超椭圆积分以及椭圆函数、超椭圆函数的推广. 所谓阿贝尔积分是指形如

$$\int R(\omega, z) \mathrm{d}z$$

的积分,其中 $R(\omega, z)$ 表示 ω, z 的有理函数,同时,ω, z 满足代数方程

$$f(\omega, z) = 0 \qquad (1)$$

当 $f(\omega, z)$ 取

第 1 章 Jacobi 定理

$$\omega^2 = p(z)$$

形式,其中 p 是 n 次多项式时,称之为超椭圆积分. $n = 3,4$ 时,这种椭圆积分有一般的加法定理. 1760 年,欧拉得到下列更一般形式的加法定理

$$\int_a^x \frac{R(t)\mathrm{d}t}{\sqrt{p(t)}} + \int_a^y \frac{R(t)\mathrm{d}t}{\sqrt{p(t)}} = \int_a^z \frac{R(t)\mathrm{d}t}{\sqrt{p(t)}} + \omega(x,y) \quad (2)$$

其中 z 是 x,y 的代数函数, ω 或是 x,y 的有理函数,或是 x,y 的有理函数与对数函数 $\log S(x,y)$(其中 $S(x,y)$ 是有理函数)之和. 欧拉已注意到,当 p 的次数 $n \geqslant 5$ 时,不可能把(2)推广,但仍可以保留这个形式,而这就是阿贝尔的出发点. 大约在 1825 年,阿贝尔不仅把这个定理推广到 $n \geqslant 5$ 的超椭圆积分情形,还进一步推广到一般阿贝尔函数的情形. 1826 年 10 月 30 日,他把题为《论很广一类超越函数的一般性质》(*Memoire sur une properiete generale d'une classe trs etendue de fonctions transcendants*)的论文呈递给巴黎科学院,但是负责评审论文的柯西连看也没看,就把它丢在一边. 此文直到 1841 年才发表,而其中证明的阿贝尔定理的特殊情形于 1826 年发表. 即使这种极为特殊的 $n = 5,6$ 情形,最后也为 Jacobi 反演这种最简单的超椭圆积分提供了线索. 而远为重要的一般情形是 m 个同样形式的积分和

$$V = \int_{(a,b)}^{(x_1,y_1)} R(x,y)\mathrm{d}x + \cdots + \int_{(a,b)}^{(x_m,y_m)} R(x,y)\mathrm{d}x$$

在一定条件下等于一个具有 r 个参数的有理函数与一个对数函数之和. 在特殊情形下, $m - r$ 的极小值只与方程(2)有关,即后来的亏格.

椭圆积分及其反演到 1832 年已有一个相当满意的解答,而一般的阿贝尔积分及其反演问题却遇到极

Jacobi 定理

大困难.

第一个问题是仿照勒让德分类椭圆积分来分类超椭圆积分

$$\int \frac{p(x)\,\mathrm{d}x}{\sqrt{\Phi(x)}}$$

其中 $\Phi(x)$ 是没有重根的 $2v-1$ 次或 $2v$ 次多项式,$p(x)$ 为最高 $v-2$ 次多项式. 在这种情况下,只有 $v-1$ 个独立的第一类积分,即

$$\Phi_k(z) = \int_0^z \frac{x^k}{y}\mathrm{d}x \quad (k=0,1,2,\cdots,v-2)$$

其中 $y^2 = \Phi(x)$. $v-1$ 也是阿贝尔定理中能代数地表示这种积分的和所需积分的最大数目. 1832 年 Jacobi 提出著名的 Jacobi 反演问题,即求解下列方程组

$$u_0 = \Phi_0(x_0) + \Phi_0(x_1) + \cdots + \Phi_0(x_{v-2})$$
$$u_1 = \Phi_1(x_0) + \Phi_1(x_1) + \cdots + \Phi_1(x_{v-2})$$
$$\vdots$$
$$u_{v-2} = \Phi_{v-2}(x_0) + \Phi_{v-2}(x_1) + \cdots + \Phi_{v-2}(x_{v-2})$$

把 $x_0,\cdots,x_{v-2}$ 表为 $u_0,u_1,\cdots,u_{v-2}$ 的函数. 显然当 $v=2$ 时,即椭圆积分的反演,这已由 Jacobi 等很好的解决,特别是他引进 θ 函数来表示反演所得的椭圆函数. 而一般情形成为其后 25 年间数学家紧张研究的课题. Jacobi 没能解决这个问题,他只是在 1832 年证明反函数也具有一个代数加法定理,并在 1834 年研究 $v=3$ 的特殊情形,即可以简化为椭圆积分的阿贝尔积分的反演. 这时他已意识到需要多变元的多重周期函数来代替 θ 函数,一般超椭圆积分的分类问题在 1838 年由 Jacobi 的学生黎塞洛(Friedrich Julius Richelot,1808—1875)解决.

Jacobi 反演问题的最简单情形($v=3$),由哥贝尔

(Adolph Gopel,1812—1847)在 1847 年对特殊情形解决,一般情形由罗森哈恩(Johann Georg Rosenhain,1816—1887)在 1850 年完全解决. 他们都是 Jacobi 的学生,解决途径都是沿着 Jacobi 所指出的对两变元情形适当推广 θ 函数. 他们得出 16 个二元 θ 函数,其中 10 个为偶函数,6 个为奇函数. 任选其中一个为分母,反演所得的反函数就可以表示为 15 个商. 具体来讲,如果

$$u = \int_{x_0}^{x} \frac{\mathrm{d}s}{\sqrt{\Phi(s)}} + \int_{y_0}^{y} \frac{\mathrm{d}s}{\sqrt{\Phi(s)}}$$

$$v = \int_{x_0}^{x} \frac{s\mathrm{d}s}{\sqrt{\Phi(s)}} + \int_{y_0}^{y} \frac{s\mathrm{d}s}{\sqrt{\Phi(s)}}$$

其中 Φ 为五次或六次多项式,则 x 和 y 的任何对称函数可表示为 (u,v) 的单值函数,这些函数均可由上述 15 个商明显表出.

对于一般情形,维尔斯特拉斯试图解决第一类超椭圆积分的反演问题. 在 19 世纪 40 年代中期,他还是中学教师时,就已经花费很大力气研究这个问题. 第一篇论文发表在 1848～1849 年布劳恩斯伯格中学的年度报告上,当然,它没有引起注意. 在 1849 年 7 月 17 日的手稿中,他已得出这个问题的主要结果,即引进类似于 θ 函数的辅助函数,并把反函数表示为这种收敛幂级数之商,其详细内容于 1853 年寄给《克莱尔杂志》,并于 1854 年发表. 这篇论文使他名声大振,他获得 1855～1856 年度的休假并专心研究,发表了 1856 年的论文,这两篇论文直接导致他进入柏林大学. 1856 年的论文详细叙述了对超椭圆积分的 Jacobi 反演问题的解决过程. 这次他把它表述为微分方程的解,他声称他的方法对一般的阿贝尔积分也适用,并于 1857 年夏天向柏林科学院提交了详细的报告,但在印刷过程中

Jacobi 定理

他撤回了这篇论文. 几周后黎曼发表了由四部分组成的长篇大论文《阿贝尔函数论》,两人用的方法不同,但结果完全一样. 他后来重新写了这篇论文,并从 1869 年开始用于他的讲课之中.

从阿贝尔到黎曼,阿贝尔函数论这个领域进展不大,但从历史上看,伽罗华在 1832 年写的最后的书信中却包括许多代数函数论的内容,他叙述了许多定理,不过没有任何证明. 其中包括后来黎曼完成的把阿贝尔积分分成三类的结果,他还知道第一类积分的周期数目与第一类和第二类线性独立积分数目之间的关系. 他还给出第三类积分的参量与独立变量之间的互换公式. 不过在他以前的论文中看不到有关这些结果的痕迹,这种天才的闪光经过 20 年却没人能理解,只有在另一位天才——黎曼那里才引起另一次突破,但似乎没有什么证据说明黎曼知道伽罗华的这封信.

关于阿贝尔函数,黎曼发表了两篇文章:一是《阿贝尔函数论》(*Theorie der Abel'schen Functionen*),一是《论 θ 函数的零点》(*Ueber das Verschwinden der Theta-Functionen*),这是前一篇的续篇. 前一篇由四部分构成,是他生前发表的最深刻且有丰富内容的著作.

(1) 阿贝尔积分的表示及分类,即对由
$$f(z,\omega)=0$$
定义的黎曼曲面上所有阿贝尔积分进行分类. 第一类阿贝尔积分,在黎曼曲面上处处有界,线性独立的第一类阿贝尔积分的数目等于曲面的亏格 p,如果曲面的连通数
$$N=2p+1$$
这 p 个阿贝尔积分被称为基本积分.

第二类阿贝尔积分,在黎曼曲面上以有限多点为

82

极点.

第三类阿贝尔积分,在黎曼曲面上具有对数型奇点.

每一个阿贝尔积分均为上三类积分的和.

黎曼还引进相伴曲面观念. 设黎曼面由多项式
$$F(s,z)=0$$
定义,F 对 s 是 n 阶,对 z 是 m 阶,则相伴曲面由多项式
$$Q(s,z)=0$$
定义,Q 对 s 是 $n-2$ 阶,对 z 是 $m-2$ 阶,这时第一类阿贝尔积分可表示为
$$\int Q(s,z)\,\mathrm{d}z\Big/\left(\frac{\partial F}{\partial s}\right)$$
黎曼面上的有理函数也可借助相伴曲面来表示. 在整个黎曼面上的亚纯函数可表示为线性组合
$$S=C_1W_1+\cdots+C_pW_p+C_{p+1}E_{p+1}+\cdots+C_{p+r}E_{p+r}+C_{p+r+1}$$
其中 C_j 是常数,$W_j(1\leqslant j\leqslant p)$ 是由第一类函数构成的向量空间的基,E_j 是任意数目的第二类初等函数,但是 $C_j(1\leqslant j\leqslant p+r)$ 之间由 $2p$ 个线性齐次方程相联系.

(2)黎曼-洛赫定理.

这是代数函数论及代数几何学最重要的定理. 黎曼得到的是黎曼不等式,是黎曼-洛赫定理的原始形态,黎曼研究的出发点之一是黎曼面上指定单极点的亚纯函数的数目. 他证明,以 μ 个给定的一般点为极点的单值函数形成 $\mu-p+1$ 维线性簇,但对于一组特殊的 m 个点,维数 l 还要增加,因此黎曼得出黎曼不等式
$$l\geqslant\mu-p+1$$
黎曼的学生洛赫(Gustav Roch,1839—1866)补充了一项,使之成为等式,此即代数函数论及代数几何学中心定理.

Jacobi 定理

1882 年出现两篇关于代数函数论的大论文,一篇是戴德金和 H. 韦伯合写的,一篇是克罗内克写的. 他们由代数 – 算术方法推广黎曼的理论,特别是黎曼 – 洛赫定理. 前者用理想的语言,后者用除子的语言来整理代数函数论,揭示它们与代数数论的相似之处,从而最终指向交换代数学. 我们可以用除子的语言来说明: 设 Γ 为非奇异不可约代数曲线, Γ 上有限个点 P_i 构成的形式. 整系数线性组合

$$D = \sum_i n_i P_i$$

被称为 Γ 的除子

$$n = \sum_i n_i$$

被称为 D 的次数,记为 $\deg(D)$, $L(D)$ 为线性空间

$$L(D) = \{f \mid (f) + a > 0\}$$

f 是 Γ 上的亚纯函数, (f) 为 $\sum v_P(f) P$, $v_P(f)$ 为 f 在点 P 的零点或极点的阶数. 零点的阶数为正,极点的阶数为负. $l(D)$ 为其维数,这时黎曼 – 洛赫定理为

$$l(D) - l(\Delta - D) = \deg(D) + 1 - g$$

其中 Δ 为典范除子.

由黎曼 – 洛赫定理可推出许多重要推论,特别是当 $\deg(D) \geq 2g - 1$ 时

$$l(D) = \deg(D) + 1 - g$$

因此对于一点 P,则

$$1 = l(0P) \leq l(1P) \leq l(2P) \leq \cdots \leq l((2g-1)P) = g$$

因此只有 g 个整数 $0 < n_1 < n_2 < \cdots < n_g < 2g$,使得没有函数 f 在极点的除子为 $n_j P$, P 被称为维尔斯特拉斯点,如果 $(n_1, n_2, \cdots, n_j) \neq (1, 2, \cdots, g)$,可以证明 $g > 1$ 的代数曲线上只有有限多个维尔斯特拉斯点.

(3)黎曼矩阵、黎曼点集与阿贝尔函数.

第1章 Jacobi 定理

每个亏格为 p 的黎曼面 X 上所有的一阶全纯微分形式有一组基 $\omega_1, \cdots, \omega_p$, X 上有 $2p$ 条互不"同伦"的闭曲线(同调基) $r_1, \cdots, r_{2p}$, 构造 $2j$ 个复 p 维向量

$$\prod\nolimits_j = \left(\int_{r_j}\omega_1, \cdots, \int_{r_j}\omega_p\right) \in C^p \quad (j = 1, \cdots, 2p)$$

它们在实数域上线性独立, 在 C^p 中生成格 Λ, 则 C^g/Λ 是复环面, 被称为 X 的 Jacobi 簇. 黎曼通过适当选取 $(\omega_1, \cdots, \omega_p)$ 及 $(r_1, \cdots, r_{2p})$, 使 $2p \times p$ 矩阵

$$\prod = \begin{bmatrix} \prod_1 \\ \vdots \\ \prod_{2g} \end{bmatrix}$$

具有 $\begin{pmatrix} I \\ B \end{pmatrix}$ 的形式, 其中 I 为 $p \times p$ 维矩阵, B 为复对称矩阵, 其虚部为正定的. 这种矩阵 $\prod$ 或 B 被称为黎曼矩阵. 它满足黎曼等式及黎曼不等式, 这个性质被称为黎曼周期关系. 黎曼认识到, 周期关系是非退化阿贝尔函数存在的充分且必要条件, 但他既没有表述完全, 也没有提供一个证明. 对此, 维尔斯特拉斯尽管花费了很大力气, 仍未能得出一个完全证明. 庞加莱完成了证明(1902). 他证明, 任何 $2n$ 重周期的解析函数可以表示为两个整函数的商, 这两个整函数满足 θ 函数所适合的函数方程, 即

$$\theta(v + \pi i r) = \theta(v)$$
$$\theta(v + \alpha_j) = e^{L_j(v)} \theta(v) \quad (3)$$

其中 $v = (v_1, \cdots, v_g)$, r 是整数向量 $(r_1, \cdots, r_g)$, α_j 是对称矩阵 (a_{jl}) 的列向量, $L_j(v)$ 是线性型.

1884 年弗罗宾尼乌斯证明, 存在满足(3)的平凡 θ 函数的充分且必要条件就是黎曼的双线性关系, 即存在 $2p$ 阶反对称整数矩阵 Q, 使

Jacobi 定理

$${}^t\Pi Q \Pi = 0 \tag{4}$$

$$\sqrt{-1}\,{}^t\Pi Q \overline{\Pi} > 0 \tag{5}$$

其中式(5)左边表示它是正定埃尔米特矩阵. 黎曼双线性关系也被称为黎曼—弗罗宾尼乌斯关系,因此可知这些关系是存在具有给定周期的亚纯函数,经过线性变换之后变元数目不减少的充分必要条件,当然它也保证由周期关系定义的 θ 函数绝对且一致收敛,它还定义了一个与黎曼曲面对应的 Jacobi 簇 $J(x)$.

(4) θ 函数及 Jacobi 反演问题.

为了研究 Jacobi 簇,黎曼推广 Jacobi-θ 函数,引进黎曼-θ 函数,其定义为 p 个复变量 $z_1,\cdots,z_p$ 的函数

$$\theta(z) = \theta(z_1,\cdots,z_p;B)$$

$$= \sum_{n_1,\cdots,n_p \in \mathbf{Z}} \exp\left(\pi\mathrm{i}\sum_{\alpha\beta=1}^{p} b_{\alpha\beta} n_\alpha n_\beta + 2\pi\mathrm{i}\sum_{\alpha=1}^{p} n_\alpha z_\alpha\right)$$

其中 $B = (b_{\alpha\beta}),\alpha,\beta = 1,\cdots,p$. 显然 $\theta(z)$ 的零点对格子间的平移保持不变,$\theta(z)$ 的零点集在 $J(x)$ 内的象 Θ 被称为 θ 除子.

有了 θ 函数,他定义阿贝尔-Jacobi 映射

$$A: X \to J(x)$$

它把 $x \in X$ 映到 $\left(\int_{x_0}^{x}\omega_1,\cdots,\int_{x_0}^{x}\omega_p\right)$,其中 $x_0 \in X$ 是选定的基点.

黎曼证明了下列定理:

① 阿贝尔定理:在黎曼面上指定两组点集 $(x_1,\cdots,x_k),(y_1,\cdots,y_k),x_i \neq y_j, i,j = 1,\cdots,k$,则在 X 上存在一个亚纯函数以 $(x_1,\cdots,x_k)$ 为零点,以 $(y_1,\cdots,y_k)$ 为极点的充分必要条件是

$$\sum_{j=1}^{k} A(x_j) = \sum_{j=1}^{k} A(y_j)$$

阿贝尔原来的定理是关于代数微分的积分加法定理,黎曼首先认识到它与亚纯函数的关系.

②阿贝尔函数的 Jacobi 反演定理:如果 $e \in J(x)$,$W \not\subset \Theta + e$,且 $x_1, \cdots, x_p$ 为 X 上 $\theta(A(x) - e)$ 的零点,则

$$\sum_{j=1}^{p} A(x_j) = e - k$$

其中 k 是不依赖于 e 的常数,且 $(x_1, \cdots, x_p)$ 除顺序之外是唯一的.

③黎曼奇性定理:如果

$$e = \sum_{j=1}^{g-1} A(x_j) - k, x_1, \cdots, x_{g-1} \in X, D = \sum_{j=1}^{g-1} x_j$$

则 $\dim |D| = m$,其中 m 为非负整数,使 v 函数及其不超过 m 阶的导数在 e 处均为 0,而至少有一个 $(m+1)$ 阶导数在 e 处非 0. 特别地,当 Θ 的奇点正好是那些点 $\sum_{j=1}^{g-1} A(x_j) - k$ 时,除子 $D = \sum_{j=1}^{g-1} x_j - 1$ 是特殊的($\dim |D| > 0$).

(5)双有理变换的概念和参模.

黎曼对于由两个代数函数

$$F(s,z) = 0$$
$$F_1(s_1,z_1) = 0$$

定义的黎曼面,引进了一个等价关系,即双有理等价,也就是通过 (s,z) 与 (s_1,z_1) 之间的有理函数一一对应,使 F 变到 F_1 或 F_1 变到 F. 以后的代数几何学,研究双有理不变量及双有理等价类成为中心课题. 对于平面代数曲线,黎曼提出描述亏格为 p 的双有理等价类集合的问题. 黎曼通过 θ 函数推出,当 $p > 1$ 时,这集合依赖于 $(3p - 3)$ 个任意复常数,他称这些常数为"类模"(klassenmoduln),后来简称为模或参模(moduli).

Jacobi 定理

当参模是"一般的"(即不满足特殊条件)时,黎曼给出该参模等价类中定义的方程
$$F(s,z)=0$$
的最小阶数.关于参模结构的研究是现代数学的热门话题,从 20 世纪 30 年代以来已经取得了很大的进展.

黎曼在晚年的一个成就是证明 $p=3$ 情形的托雷里(Ruggiere Torelli,1884—1915)定理,即 $J(x)$,Θ 决定 X. 为此,他把 θ 函数稍加推广,成为具有特征的 θ 函数.利用这种广义 θ 函数及其导数在点 O 的值(即所谓 θ 常数),就可以定出亏格为 p 的黎曼面所依赖的参数.

一般曲线的托雷里定理是托雷里在 1914 年证明的,不过有一些漏洞,直到 1957 年才由魏伊补全.

代数函数论的另一大问题是肖特基问题,由于 Jacobi 簇是主极化阿贝尔簇,但反过来不一定对.问题是:哪些主级化阿贝尔簇是代数曲线的 Jacobi 簇?1880 年肖特基对于 $p=3$ 的情形进行研究.1888 年对于 $p=4$ 的情形,他证明,某些 θ 常数的 16 次多项式在 Jacobi 簇上为 0,但一般不为 0. 1909 年他和荣格(Heinrich Wilhelm Ewald Jung,1876—1953)引入肖特基簇,猜想它可以刻画 Jacobi 簇,这就是所谓肖特基猜想,至今尚未解决.原来的肖特基问题由于 1986 年盐田隆比吕证明诺维科夫(Serge Novikov,1938—)猜想而向前迈进了一大步.

模 函 数

1. 不 变 式

前节里我们曾遇到多项式
$$4x^3 - g_2 x - g_3 \quad (1)$$
这是三次多项式的最方便的标准形之一. 它是被维尔斯特拉斯导入椭圆函数论中的.

我们现今取一个任意的四次没有重根的多项式
$$f(z) = a_0 z^4 + 4a_1 z^3 + 6a_2 z^2 + 4a_3 z + a_4 \quad (2)$$
系数 a_0 可以等于零. 这表明, 多项式(2)的那些根中有一个为无限大. 若 $a_0 = 0$, 则系数 a_1 可以看成不为零, 这点不必预先说明, 因设系数 a_0, a_1 全是零, 则多项式(2)在无穷远有重根.

我们想证明, 如何用简单的变换将多项式(2)变为标准形(1).

先假定 $a_0 = 0$, 即
$$f(z) = 4a_1 z^3 + 6a_2 z^2 + 4a_3 z + a_4$$

Jacobi 定理

且令
$$z = \frac{x}{a_1} - \frac{a_2}{2a_1}$$
$$f(z) = \frac{1}{a_1^2} F(x)$$

由简单的计算表明,多项式 $F(x)$ 最高次项系数是 4,且在 $F(x)$ 内没有 x^2 的项.

这样就可令
$$F(x) = 4x^3 - g_2 x - g_3$$
新的系数 g_2, g_3 容易用旧的系数 a_i 表示出来
$$g_2 = -4a_1 a_3 + 3a_2^2$$
$$g_3 = -a_2^3 + 2a_1 a_2 a_3 - a_1^2 a_4 = \begin{vmatrix} 0 & a_1 & a_2 \\ a_1 & a_2 & a_3 \\ a_2 & a_3 & a_4 \end{vmatrix}$$

现在来谈 $a_0 \neq 0$ 的情形,假定我们知道多项式 $f(z)$ 的一个根. 称它为 α,且作变换
$$z = \alpha + \frac{1}{y}$$
$$f(z) = \frac{1}{y^4} g(y)$$

则得到
$$g(y) = f'(\alpha) y^3 + \frac{f''(\alpha)}{1 \times 2} y^2 + \frac{f'''(\alpha)}{1 \times 2 \times 3} y + \frac{f''''(\alpha)}{1 \times 2 \times 3 \times 4}$$
$$= 4b_1 y^3 + 6b_2 y^2 + 4b_3 y + b_4$$
其中
$$b_1 = \frac{1}{4} f'(\alpha)$$

不是零,因为 α 是多项式 $f(z)$ 的单根. 这样,我们就把

它化成前边的情形了,故我们只要令

$$y = \frac{x}{b_1} - \frac{b_2}{2b_1}$$

$$g(y) = \frac{1}{b_1^2} F(x)$$

就可以了. 在第一种情形($a_0 = 0$)要把它变成标准形必须把变数 z 施以整式线形变换. 现今对 $a_0 \neq 0$ 的情形,则必须作下列的分式线形变换

$$z = \alpha + \frac{1}{\dfrac{x}{b_1} - \dfrac{b_2}{2b_1}}$$

它可表示成下边的形式

$$z = \alpha + \frac{f'(\alpha)}{4\left\{x - \dfrac{1}{24} f''(\alpha)\right\}}$$

至于变换后的多项式

$$F(x) = 4x^3 - g_2 x - g_3$$

的系数 g_2, g_3,可用初等的但是十分冗长的计算,得到通过旧系数 a_0, a_1, a_2, a_3, a_4 的表达式

$$g_2 = a_0 a_4 - 4 a_1 a_3 + 3 a_2^2 \tag{3}$$

$$g_3 = \begin{vmatrix} a_0 & a_1 & a_2 \\ a_1 & a_2 & a_3 \\ a_2 & a_3 & a_4 \end{vmatrix} \tag{4}$$

欲得前边所求出的第一种情形的公式在这里边取 $a_0 = 0$ 即可.

有时用形式

$$\varphi(x_1, x_2) = a_0 x_1^4 + 4 a_1 x_1^3 x_2 + 6 a_2 x_1^2 x_2^2 + 4 a_3 x_1 x_2^3 + a_4 x_2^4 \tag{5}$$

以替代多项式(2),并讨论将它变成新变量的线形变

Jacobi 定理

换
$$x_1 = \alpha y_1 + \beta y_2 \tag{6}$$
$$x_2 = \gamma y_1 + \delta y_2$$

其中
$$D = \begin{vmatrix} \alpha & \beta \\ \gamma & \delta \end{vmatrix} \neq 0$$

令
$$\varphi(x_1, x_2) = \psi(y_1, y_2)$$

其中
$$\psi(y_1, y_2) = b_0 y_1^4 + 4b_1 y_1^3 y_2 + 6b_2 y_1^2 y_2^2 + 4b_3 y_1 y_2^3 + b_4 y_2^4$$

由单纯的但稍有一点冗长的计算,不难验证
$$b_0 b_4 - 4b_1 b_3 + 3b_2^2 = D^4 (a_0 a_4 - 4a_1 a_3 + 3a_2^2) \tag{7}$$

及
$$\begin{vmatrix} b_0 & b_1 & b_2 \\ b_1 & b_2 & b_3 \\ b_2 & b_3 & b_4 \end{vmatrix} = D^6 \begin{vmatrix} a_0 & a_1 & a_2 \\ a_1 & a_2 & a_3 \\ a_2 & a_3 & a_4 \end{vmatrix} \tag{8}$$

设形式(5)的系数所构成的函数 F 经过变换(6)后有下列等式成立
$$F(b_0, b_1, b_2, b_3, b_4) = D^m F(a_0, a_1, a_2, a_3, a_4)$$

则称 F 为式(5)关于变换(6)而权为 m 的相对不变式.若权等于零,则称不变式为绝对不变式.公式(7)及式(8)表明,以前的式子
$$g_2 = a_0 a_4 - 4a_1 a_3 + 3a_2^2$$
$$g_3 = \begin{vmatrix} a_0 & a_1 & a_2 \\ a_1 & a_2 & a_3 \\ a_2 & a_3 & a_4 \end{vmatrix}$$

是相对不变式,其权各为 4 及 6.

量
$$J = \frac{g_2^3}{g_2^3 - 27g_3^2}$$
是绝对不变式.

2. 模 形 式

二数 $2\omega, 2\omega'$ 的比
$$\tau = \frac{\omega'}{\omega} \qquad (1)$$
的虚数部分不是零,已知其在平面上产生一个平面上点的正规系. 这些点的正规系可由若干其他数对得出.

若数 $2\omega, 2\omega'$ 能用 $2\widetilde{\omega}, 2\widetilde{\omega}'$ 的整系数的线性结合表示出来,且数 $2\widetilde{\omega}, 2\widetilde{\omega}'$ 也能用数 $2\omega, 2\omega'$ 的类似结合表示出来,则不难看出数对 $(2\widetilde{\omega}, 2\widetilde{\omega}')$ 也能产生一组点的正规系. 为了要这个成立,则必须且仅须满足于下边的等式
$$\widetilde{\omega}' = \alpha\omega' + \beta\omega \qquad (2)$$
$$\widetilde{\omega} = \gamma\omega' + \delta\omega$$
其中 $\alpha, \beta, \gamma, \delta$ 是整数,且用下边的关系式联结起来
$$\alpha\delta - \beta\gamma = \pm 1 \qquad (3)$$
设我们需要比 $\dfrac{\widetilde{\omega}'}{\widetilde{\omega}}$ 的虚数部分的号和比 $\dfrac{\omega'}{\omega}$ 的虚数部分的

Jacobi 定理

号相同,则关系式(3)内右边的负号应去掉①. 在这种情形下,数对 $(2\omega,2\omega')$, $(2\tilde{\omega},2\tilde{\omega}')$ 叫作等价的.

我们在第 6 节内遇到的不变式 g_2,g_3,是由一对原始周期,即数对 $2\omega,2\omega'$ 作成全体点的正规系所产生的相当的和,但零点除外[关于数对 $2\omega,2\omega'$ 量(1)不是实数]

$$g_2 = 60 \sideset{}{'}\sum_{m,m'} \frac{1}{(2m\omega+2m'\omega')^4}$$

$$g_3 = 140 \sideset{}{'}\sum_{m,m'} \frac{1}{(2m\omega+2m'\omega')^6}$$

容易看出,当以其他产生点的正规系的对数替代数对 $(2\omega,2\omega')$ 时,这些量不改变. 特别,数对 $(2\omega,2\omega')$ 代以它的等价数对 $(2\tilde{\omega},2\tilde{\omega}')$ 时,g_2,g_3 不变. 在另一方面,由量 g_2,g_3 的定义直接得

$$g_2(t\omega,t\omega') = \frac{1}{t^4}g_2(\omega,\omega')$$

$$g_3(t\omega,t\omega') = \frac{1}{t^6}g_3(\omega,\omega')$$

用数对 $(2t\omega,2t\omega')$ 替代 $(2\omega,2\omega')$ 相当于将最初的点网代以另外相似的点网. 由此可见,关于这样的变换,量 g_2,g_3 是改变的. 但量

$$J = \frac{g_2^3}{g_2^3 - 27g_3^2}$$

---

① 事实上容易验证由

$$\tilde{\tau} = \frac{\alpha\tau+\beta}{\gamma\tau+\delta}$$

可推出

$$\Im\tilde{\tau} = \Im\tau \frac{\alpha\delta-\beta\gamma}{|\gamma\tau+\delta|^2}$$

第 2 章 模函数

显然不只在数对代以它的等价数对 $(2\tilde{\omega}, 2\tilde{\omega}')$ 时不变,即数对 $(2\omega, 2\omega')$ 以产生相似的点网的数对 $(2t\omega, 2t\omega')$ 代替时也不变. 这样, 这个前边曾经叫作绝对不变式的量 J, 是一个变数的函数, 即比 $\tau = \dfrac{\omega'}{\omega}$ 的函数, 而且还具有下边的性质:任意的整数 $\alpha, \beta, \gamma, \delta$ 如果满足关系式

$$\alpha\delta - \beta\gamma = 1 \tag{4}$$

则下边的等式成立

$$J\left(\frac{\alpha\tau + \beta}{\gamma\tau + \delta}\right) = J(\tau)$$

线性变换

$$\tau' = \frac{\alpha\tau + \beta}{\gamma\tau + \delta}$$

其中 $\alpha, \beta, \gamma, \delta$ 是整数且满足关系式(4)[①],叫作模变换.

关于模变换为不变的解析函数叫作模函数. 下边将证明, $J(\tau)$ 是解析函数. 故 $J(\tau)$ 是模函数. 至于不变式 g_2, g_3, 它们不是 τ 的函数, 故自然可叫作 ω, ω' 的模形式.

我们将用字母 $S, T, \cdots$ 表明模变换. 例如, 设

$$\tau' = \frac{\alpha\tau + \beta}{\gamma\tau + \delta}$$

我们则可写

$$\tau' = S\tau \tag{5}$$

与

$$S = \begin{pmatrix} \alpha & \beta \\ \gamma & \delta \end{pmatrix} = \begin{pmatrix} -\alpha & -\beta \\ -\gamma & -\delta \end{pmatrix}$$

---

① 关系式(4)表明被考察的变换的行列式等于 1.

Jacobi 定理

么变换
$$\tau' = \tau$$
也是模变换. 用字母 I 表示, 即
$$I = \begin{pmatrix} 1 & 0 \\ 0 & 1 \end{pmatrix} = \begin{pmatrix} -1 & 0 \\ 0 & -1 \end{pmatrix}$$

写法(5)强调, τ' 可以考虑作将某一运算施于 τ 所得的结果.

若
$$\tau' = \frac{\alpha\tau + \beta}{\gamma\tau + \delta} = S\tau$$
则
$$\tau = \frac{-\delta\tau' + \beta}{\gamma\tau' - \alpha} = \frac{\delta\tau' - \beta}{-\gamma\tau' + \alpha}$$

变换
$$\begin{pmatrix} -\delta & \beta \\ \gamma & -\alpha \end{pmatrix} = \begin{pmatrix} \delta & -\beta \\ -\gamma & \alpha \end{pmatrix}$$

也是模变换, 叫作变换
$$\begin{pmatrix} \alpha & \beta \\ \gamma & \delta \end{pmatrix} = S$$

的反变换, 且用符号 S^{-1} 表示.

对 τ 施行模变换 S_1, 再对所得的结果施行变换, 即对 $S_1\tau$ 施行模变换 S_2, 这样就得出某一个 τ'. τ' 容易用 τ 表示出来.

令
$$\tau^* = S_1\tau, \tau' = S_2\tau^*$$
则
$$\tau' = \frac{\alpha_2\tau^* + \beta_2}{\gamma_2\tau^* + \delta_2} = \frac{\alpha_2(\alpha_1\tau + \beta_1) + \beta_2(\gamma_1\tau + \delta_1)}{\gamma_2(\alpha_1\tau + \beta_1) + \delta_2(\gamma_1\tau + \delta_1)}$$

第 2 章 模函数

$$= \frac{(\alpha_2\alpha_1 + \beta_2\gamma_1)\tau + (\alpha_2\beta_1 + \beta_2\delta_1)}{(\gamma_2\alpha_1 + \delta_2\gamma_1)\tau + (\gamma_2\beta_1 + \delta_2\delta_1)}$$

由此我们看出 τ' 可对于 τ 用某一变换 S 得出来. 这个变换的矩阵

$$\begin{pmatrix} \alpha_2\alpha_1 + \beta_2\gamma_1 & \alpha_2\beta_1 + \beta_2\delta_1 \\ \gamma_2\alpha_1 + \delta_2\gamma_1 & \gamma_2\beta_1 + \delta_2\delta_1 \end{pmatrix}$$

是变换 S_2 与 S_1 的矩阵的乘积. 所以变换 S 的矩阵的行列式等于 1,即 S 也是模变换. 变换 S 是变换 S_2, S_1 结合的结果,照例叫作变换 S_2 与 S_1 的乘积. 同时若

$$\tau' = S_2(S_1\tau)$$

则可写作

$$S = S_2 S_1$$

及

$$\tau' = (S_2 S_1)\tau = S_2 S_1 \tau$$

若按相反的顺序来乘,则得

$$\begin{pmatrix} \alpha_1 & \beta_1 \\ \gamma_1 & \delta_1 \end{pmatrix}\begin{pmatrix} \alpha_2 & \beta_2 \\ \gamma_2 & \delta_2 \end{pmatrix} = \begin{pmatrix} \alpha_1\alpha_2 + \beta_1\gamma_2 & \alpha_1\beta_2 + \beta_1\delta_2 \\ \gamma_1\alpha_2 + \delta_1\gamma_2 & \gamma_1\beta_2 + \delta_1\delta_2 \end{pmatrix}$$

从这里看出来,一般地说,$S_1 S_2 \ne S_2 S_1$,即乘法的运算不服从交换律. 故必须将变换自右边的乘积与变换自左边的乘积区别开来.

对于我们所考察的乘法的运算,全体模变换的集合作成一个群,而且 S 的反元素是 S^{-1}. 事实上

$$SS^{-1} = \begin{pmatrix} -\alpha\delta + \beta\gamma & \alpha\beta - \beta\alpha \\ -\gamma\delta + \delta\gamma & \beta\gamma - \alpha\delta \end{pmatrix} = \begin{pmatrix} -1 & 0 \\ 0 & -1 \end{pmatrix} = I$$

而且

$$S^{-1}S = I$$

函数 $J(\tau)$ 关于这个变换群是不变的. 应当时常注意另外分式线性变换的群. 每个解析函数关于这

Jacobi 定理

样的变换群不变时叫作保型函数(автоморфная функкция). 这样, 绝对不变式 $J(\tau)$ 就是保型函数的一个例. 更简单的保型函数的例是周期函数.

3. 函数 $J(\tau)$ 的基本领域

双周期函数的基本领域是平行四边形, 对于每一对边则去掉一边(基本平行四边形), 使双周期函数不变的变换群是由下边两个基本变换产生的

$$S: \tilde{u} = u + 2\omega$$
$$S': \tilde{u} = u + 2\omega'$$

就是, 这群中的每一变换全是这两个变换的结合(乘积). 每一基本变换 S 或 S' 将周期平行四边形的一边变为其对边(图1). 群内全体变换施于基本平行四边形, 则得出无数个合同的平行四边形, 它们覆盖全平面一次.

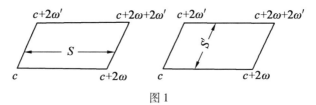

图 1

现今转到模函数 $J(\tau)$, 且将证明, 对于它有类似的情形发生. 用 Σ 表明使 $J(\tau)$ 不变的模变换群. 今将证明, Σ 是由下边的两个基本变换产生的

$$S = \begin{pmatrix} 1 & 1 \\ 0 & 1 \end{pmatrix}, \tilde{\tau} = \tau + 1$$

第 2 章 模函数

$$T = \begin{pmatrix} 0 & -1 \\ 1 & 0 \end{pmatrix}, \tilde{\tau} = -\frac{1}{\tau}$$

令

$$V = \begin{pmatrix} \alpha & \beta \\ \gamma & \delta \end{pmatrix}$$

是群 Σ 中的任意变换.

应用变换的乘法法则,得

$$VT = \begin{pmatrix} \beta & -\alpha \\ \delta & -\gamma \end{pmatrix}$$

与

$$VS = \begin{pmatrix} \alpha & \beta+\alpha \\ \gamma & \delta+\gamma \end{pmatrix}, VS^{-1} = \begin{pmatrix} \alpha & \beta-\alpha \\ \gamma & \delta-\gamma \end{pmatrix}$$

而且一般地,对于任意的整数 n 有

$$VS^{-n} = \begin{pmatrix} \alpha & \beta-n\alpha \\ \gamma & \delta-n\gamma \end{pmatrix}$$

我们将连续地应用两个运算:用变换 S 的某一乘幂(由右边)乘变换,再用变换 T 乘所得的结果. 我们将证明,根据(任意)变换 V 可得

$$VS^{-n}TS^{-m}T\cdots TS^{-k} = \begin{pmatrix} \alpha^* & 0 \\ \gamma^* & \delta^* \end{pmatrix}$$

对于它,$\beta^* = 0$.

设 $\beta = 0$,则起始的变换就有所求的性质. 假定 $\beta \neq 0$,决定一整数 n,使

$$|\beta - n\alpha| < |\alpha|$$

这样求得 n 后,考察变换

$$V_1 = VS^{-n} = \begin{pmatrix} \alpha & \beta-n\alpha \\ \gamma & \delta-n\alpha \end{pmatrix} = \begin{pmatrix} \alpha_1 & \beta_1 \\ \gamma_1 & \delta_1 \end{pmatrix}$$

这里

Jacobi 定理

$$|\beta_1| < |\alpha_1|$$

若 $\beta_1 = 0$,这就是我们所要求的变换. 但若 $\beta_1 \neq 0$, 用变换 TS^{-m} 乘(自右边乘) V_1,这里 m 是整数,结果得变换

$$V_2 = V_1 TS^{-m} = \begin{pmatrix} \beta_1 & -\alpha_1 - m\beta_1 \\ \delta_1 & -\gamma_1 - m\delta_1 \end{pmatrix} = \begin{pmatrix} \alpha_2 & \beta_2 \\ \gamma_2 & \delta_2 \end{pmatrix}$$

这里挑选的 m 满足于

$$|\alpha_1 + m\beta_1| < |\beta_1|$$

这样,对于变换 V_2 有 $|\beta_2| < |\alpha_2|$. 但因

$$|\alpha_2| = |\beta_1|$$

故

$$|\beta_2| < |\beta_1|$$

若 $\beta_2 \neq 0$,再重复上边的运算,结果即可得到

$$V_3 = V_2 TS^{-l} = \begin{pmatrix} \alpha_3 & \beta_3 \\ \gamma_3 & \delta_3 \end{pmatrix}$$

其中

$$|\beta_3| < |\beta_2|$$

因为 $\beta_1, \beta_2, \beta_3, \cdots$ 全是整数,故经过有限次运算后,我们可得到变换

$$VS^{-n}TS^{-m}\cdots TS^{-k} = \begin{pmatrix} \alpha^* & 0 \\ \gamma^* & \delta^* \end{pmatrix}$$

但因这个变换是模变换,故 $\alpha^* = \delta^* = 1$. 因而

$$VS^{-n}TS^{-m}\cdots TS^{-k} = \begin{pmatrix} 1 & 0 \\ -i & 1 \end{pmatrix}$$

其中 i 是某一个整数.

但

$$\begin{pmatrix} 1 & 0 \\ -i & 1 \end{pmatrix} = TS^i T$$

故
$$VS^{-n}TS^{-m}T\cdots TS^{-k} = TS^i T$$
由此，自右边用 $S^k T\cdots TS^m TS^n$ 乘上式的两边，得
$$V = TS^i TS^k T\cdots TS^m TS^n$$
这样我们的命题就完全证明了.

为得函数 $J(\tau)$ 的基本领域，在上半平面用
$$\Re\tau = -\frac{1}{2}, \Re\tau = \frac{1}{2}, |\tau| = 1$$
为边作一三角形. 且领域 D 是以下的点的集合：三角形内部的点，左边的边 $\Re\tau = -\frac{1}{2}$ 上的点及圆周 $|\tau| = 1$ 上满足于 $-\frac{1}{2} \leqslant \Re\tau \leqslant 0$ 的点. 这样，领域 D 可以看成是一个四角形(图2)，对于伴随领域 D 的四个边中只有两个(图形内粗线表明的)属于它.

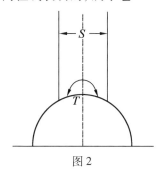

图 2

基本变换 S, T 系联四角形的对边：即 S 系联铅直的对边，但 T 则如图所表示将圆弧的左边移到右边.

D 是函数 $J(\tau)$ 的基本领域的证明相当复杂.

首先须证明，对于上半平面的每一点 τ，在 D 内一定有一点 τ' 和它等价，所谓二点 τ, τ' 等价者就是在 Σ 内有一变换 V 能使 $\tau' = V\tau$.

Jacobi 定理

若有一点 $\tau(\Im\tau>0)$，则可确定一整数 α，使点
$$\tau_1 = \tau + \alpha = S^\alpha \tau$$
满足不等式
$$-\frac{1}{2} \leqslant \Re\tau_1 < \frac{1}{2}$$
若原来
$$|\tau_1| > 1$$
或
$$|\tau_1| = 1, \ -\frac{1}{2} \leqslant \Re\tau_1 \leqslant 0$$
则 τ_1 是所求的领域 D 内的点，且与点 τ 等价. 若原来
$$|\tau_1| = 1, 0 < \Re\tau_1 < \frac{1}{2}$$
则所求的等价点将为
$$\tau_2 = T\tau_1 = -\frac{1}{\tau_1}$$
最后，若原来
$$|\tau_1| < 1$$
则取点
$$\tau_2 = T\tau_1$$
且像以前处理 τ 那样地来处理它，即对于适当的 α 施行运算 S^α 于 τ_2，这样，可得出 τ_3，使 $-\frac{1}{2} \leqslant \Re\tau_3 < \frac{1}{2}$，然后，如果需要的话，令
$$\tau_4 = T\tau_3$$
等.

令
$$\tau_k = \xi_k + i\eta_k$$
由我们上边的作法

$$-\frac{1}{2} \leqslant \xi_{2k-1} < \frac{1}{2}$$

其次因

$$\tau_{2k} = -\frac{1}{\tau_{2k-1}}$$

故

$$\xi_{2k} = -\frac{\xi_{2k-1}}{\xi_{2k-1}^2 + \eta_{2k-1}^2}, \eta_{2k} = \frac{\eta_{2k-1}}{\xi_{2k-1}^2 + \eta_{2k-1}^2}$$

故如

$$0 < \eta_{2k-1} < \frac{1}{2}$$

则

$$\eta_{2k} > 2\eta_{2k-1}$$

由此,有这样的整数 n 存在使

$$-\frac{1}{2} \leqslant \xi_n < \frac{1}{2}, \eta_n \geqslant \frac{1}{2}$$

若

$$\xi_n^2 + \eta_n^2 > 1$$

或

$$\xi_n^2 + \eta_n^2 = 1, -\frac{1}{2} \leqslant \xi_n \leqslant 0$$

则 τ_n 是领域 D 内欲求的与点 τ 等价的点. 设

$$\xi_n^2 + \eta_n^2 = 1, 0 < \xi_n < \frac{1}{2}$$

则欲求的点是 $\tau_{n+1} = -\frac{1}{\tau_n}$. 剩下的是考察

$$\xi_n^2 + \eta_n^2 < 1$$

的情形. 在这一情形中我们将证明,欲求的点是 τ_{n+2}. 事实上

Jacobi 定理

$$\tau_{n+2} = \frac{-\xi_n + \alpha(\xi_n^2 + \eta_n^2)}{\xi_n^2 + \eta_n^2} + i\frac{\eta_n}{\xi_n^2 + \eta_n^2}$$

这里的整数 α 使

$$-\frac{1}{2} \leqslant \xi_{n+2} < \frac{1}{2}$$

因为

$$|\tau_{n+2}|^2 = (\xi_n^2 + \eta_n^2)\{1 - 2\alpha\xi_n + \alpha^2(\xi_n^2 + \eta_n^2)\}$$
$$= \frac{1 - 2\alpha\xi_n + \alpha^2(\xi_n^2 + \eta_n^2)}{\xi_n^2 + \eta_n^2} = \frac{(1-\alpha\xi_n)^2 + \alpha^2\eta_n^2}{\xi_n^2 + \eta_n^2}$$

及

$$\xi_n^2 + \eta_n^2 < 1, \eta_n \geqslant \frac{1}{2}$$

故只当

$$\alpha = -1, \xi_n = -\frac{1}{2}$$

时，$|\tau_{n+2}|$ 才等于 1。在所有其余的情形中 $|\tau_{n+2}|$ 全是大于 1，故欲求的与 τ 等价的点是 τ_{n+2}。但假定

$$\alpha = -1, \xi_n = -\frac{1}{2}$$

使

$$|\tau_{n+2}| = 1$$

则

$$\xi_{n+2} = -\frac{\xi_n}{\xi_n^2 + \eta_n^2} - 1 = \frac{\frac{1}{2}}{\frac{1}{4} + \eta_n^2} - 1 \leqslant 0$$

故 τ_{n+2} 仍在领域 D 内.

现今将证明，在 D 内没有等价点. 假定不是这样，设在 D 内有二点 τ, τ' 等价，则它们不能用变换 S^α 或变换 T 来系联. 就是说

$$\tau' = \frac{\alpha\tau + \beta}{\gamma\tau + \delta}\left(\neq -\frac{1}{\tau}\right)$$

其中 $\gamma > 0$.

因

$$\tau' - \frac{\alpha}{\gamma} = -\frac{\alpha\delta - \beta\gamma}{\gamma(\gamma\tau + \delta)}$$

或

$$\tau' - \frac{\alpha}{\gamma} = -\frac{1}{\gamma(\gamma\tau + \delta)}$$

故

$$\left|\tau' - \frac{\alpha}{\gamma}\right| \cdot \left|\tau + \frac{\delta}{\gamma}\right| = \frac{1}{\gamma^2}$$

由假设点 τ, τ' 均在领域 D 内. 但因为数

$$\left|\tau' - \frac{\alpha}{\gamma}\right|, \left|\tau + \frac{\delta}{\gamma}\right|$$

表明这些点到实数轴上某两点的距离, 且二距离的乘积等于 $\frac{1}{\gamma^2}$, 故第一, γ 只能等于 1; 第二, 下边的二等式必须成立

$$|\tau' - \alpha| = 1, |\tau + \delta| = 1$$

第三, $\delta = 0$ 或 $\delta = 1$, 最后, $\alpha = 0$ 或 $\alpha = -1$. $\alpha = -1, \delta = 1$ 的情形不要, 因这时将有 $\tau = \tau'$.

因 $\tau' \neq T\tau$, 故 $\alpha = 0, \delta = 0$ 的情形也不要. 故有 $\alpha = 0, \delta = 1$ 或 $\alpha = -1, \delta = 0$.

今注意第一种可能, 此时 $\beta = -1$, 而且

$$\tau' = -\frac{1}{\tau + 1}$$

因 $\delta = 1$, 故由 $|\tau + \delta| = 1$ 得

$$\tau = -\frac{1}{2} + \mathrm{i}\frac{\sqrt{3}}{2}$$

故

$$\tau' = -\cfrac{1}{\cfrac{1}{2} + i\cfrac{\sqrt{3}}{2}} = -\cfrac{1}{2} + i\cfrac{\sqrt{3}}{2} = \tau$$

这和所给的条件相反. 同样 $\alpha = -1, \delta = 0$ 的情形也应除外,故证明了我们的断言.

设给领域 D 以变换群 Σ 内的全体变换,则得出无数个领域,全与领域 D 等价. 因对于上半平面的任意点已经证明 D 内一定有一点和它等价,故这些领域覆盖全部上半平面. 另外,这些领域彼此不能覆盖,因假定彼此覆盖的话,则在上半平面内至少有两点 τ_1, τ_2 存在,使群 Σ 内有两个变换 V', V'' 将 D 内的某两点用这两个变换均为 τ_1 或 τ_2 表示. 但因二等式

$$V'\tau_1 = V''\tau_1, V'\tau_2 = V''\tau_2$$

为不可能,且因二次方程式

$$V'\tau = V''\tau$$

的根是共轭的,故在 D 内可求出两个互异的等价点 $(V'\tau_1, V''\tau_1$ 或 $V'\tau_2, V''\tau_2)$,这是不可能的.

由上所证知,领域 D 具有周期平行四边形的一般性质: D 是模函数 $J(\tau)$ 的基本领域. 它也叫作群 Σ 的基本领域.

4. 模 函 数 $J(\tau)$

我们将证明, $J(\tau)$ 在上半平面内的每一点全是正则的. 因

$$J(\tau) = \frac{g_2^3}{g_2^3 - 27g_3^2}$$

第 2 章 模函数

这里边我们可取
$$g_2 = g_2(1,\tau), g_3 = g_3(1,\tau) \qquad (1)$$
且因在上半平面有
$$g_2^3 - 27g_3^2 \neq 0$$
故足能证明函数(1)在上半平面为正则. 为此目的,兹证级数
$$g_2(1,\tau) = 60 \sum_{m,m'}{}' \frac{1}{(m+m'\tau)^4} \qquad (2)$$

$$g_3(1,\tau) = 140 \sum_{m,m'}{}' \frac{1}{(m+m'\tau)^6} \qquad (3)$$
在上半平面的每一闭领域内为均一收敛.

令 S 是这样的一个领域,δ 是 S 到实数轴的距离,且 N 是领域 S 内的 τ 的模数最大值.

取这样小的 $\varepsilon > 0 (\varepsilon < 1)$,使它满足于
$$(1-\varepsilon^2)(\delta^2 - \varepsilon^2) > \varepsilon^2 N^2$$
令 $\tau = \xi + i\eta$,若 $\tau \in S$,则 $|\xi| \leq N, \eta \geq \delta$. 故
$$\frac{|m+m'\tau|^2}{|m+m'i|^2} = \frac{m^2 + m'^2(\xi^2+\eta^2) + 2mm'\xi}{m^2 + m'^2} = \varepsilon^2 +$$
$$\frac{(1-\varepsilon^2)m^2 + 2mm'\xi + (\xi^2+\eta^2-\varepsilon^2)m'^2}{m^2 + m'^2} \qquad (4)$$
但右边的第二项不论 m, m' 为任何实数常为正数,又因 $1-\varepsilon^2 > 0$ 而分子是一个二次形式,其判别式等于
$$\begin{vmatrix} 1-\varepsilon^2 & \xi \\ \xi & \xi^2+\eta^2-\varepsilon^2 \end{vmatrix} = (1-\varepsilon^2)(\xi^2+\eta^2-\varepsilon^2) - \xi^2$$
但因当 $\tau \in S$(由上挑选的 ε)时
$$(1-\varepsilon^2)(\eta^2 - \varepsilon^2) > \varepsilon^2 \xi^2$$
故上判别式为正.

这样,由式(4)可见,对于任意的 $\tau \in S$ 有

Jacobi 定理

$$\frac{|m+m'\tau|^2}{|m+m'i|^2} \geqslant \varepsilon^2$$

根据这一个不等式,对于任意 $\tau \in S$ 有

$$\frac{1}{|m+m'\tau|^4} \leqslant \frac{1}{\varepsilon^4|m+m'i|^4}$$

$$\frac{1}{|m+m'\tau|^6} \leqslant \frac{1}{\varepsilon^6|m+m'i|^6}$$

这就证明了级数 $(2),(3)$ 在 S 内的均一收敛性.

今将 $J(\tau)$ 看成 $h^2 = e^{2\pi i \tau}$ 的函数. 因 $J(\tau+1) = J(\tau)$,故 $J(\tau)$ 是 $h^2(|h|<1)$ 的单值函数. 当 $|h|<1$ 时下列展开式成立的证明对于以后是很重要的

$$J(\tau) = \frac{1}{h^2}(c_0 + c_1 h^2 + c_2 h^4 + \cdots)$$

其中 $c_0 \neq 0$. 我们将证明这一展开式且顺便得出

$$c_0 = \frac{1}{1\,728}$$

为此取著名的展开式

$$\pi \cot \pi u = \frac{1}{u} + \sum_{m}{}' \left\{\frac{1}{u+m} - \frac{1}{m}\right\}$$

令 $w = e^{2\pi i u}$,则当 $|w|<1$ 时

$$\cot \pi u = i\frac{w+1}{w-1} = -i(1 + 2w + 2w^2 + \cdots)$$

因此有

$$\frac{1}{u} + \sum_{m}{}' \left\{\frac{1}{u+m} - \frac{1}{m}\right\} = -\pi i(1 + 2w + 2w^2 + \cdots)$$

由此,关于 u 微分三次,得

$$-6 \sum_{m=-\infty}^{\infty} \frac{1}{(u+m)^4} = -16\pi^4(w + 8w^2 + \cdots)$$

再微分两次,得

$$-120\sum_{m=-\infty}^{\infty}\frac{1}{(u+m)^6}=64\pi^6(w+32w^2+\cdots)$$

今令 $u=m'\tau(m'>0)$,这样就得

$$6\sum_{m=-\infty}^{\infty}\frac{1}{(m+m'\tau)^4}=16\pi^4(h^{2m'}+8h^{4m'}+\cdots)$$

$$120\sum_{m=-\infty}^{\infty}\frac{1}{(m+m'\tau)^6}=-64\pi^6(h^{2m'}+32h^{4m'}+\cdots)$$

故

$$g_2(1,\tau)=60\left\{\sum_{m=-\infty}^{\infty}{'}\frac{1}{m^4}+2\sum_{m'=1}^{\infty}\sum_{m=-\infty}^{\infty}\frac{1}{(m+m'\tau)^4}\right\}$$

$$=60\left\{\frac{\pi^4}{45}+\frac{16}{3}\pi^4\sum_{m'=1}^{\infty}(h^{2m'}+8h^{4m'}+\cdots)\right\}$$

$$=\pi^4\left(\frac{4}{3}+320h^2+\cdots\right)$$

及

$$g_3(1,\tau)=140\left\{\sum_{m=-\infty}^{\infty}{'}\frac{1}{m^6}+2\sum_{m'=1}^{\infty}\sum_{m=-\infty}^{\infty}\frac{1}{(m+m'\tau)^6}\right\}$$

$$=140\left\{\frac{2\pi^6}{945}-\frac{16}{15}\pi^6\sum_{m'=1}^{\infty}(h^{2m'}+32h^{4m'}+\cdots)\right\}$$

$$=\pi^6\left(\frac{8}{27}-\frac{448}{3}h^2+\cdots\right)$$

由此

$$g_2^3-27g_3^2=\pi^{12}(4\,096h^2+\cdots)$$

及

$$J(\tau)=\frac{\left(\frac{4}{3}+320h^2+\cdots\right)^3}{4\,096h^2+\cdots}=\frac{1}{1\,728}\frac{1}{h^2}+c_1+c_2h^2+\cdots$$

我们的断言就证明了.

下边的定理对于以后有很重要的意义. 对于无论怎样的数 c, 方程

Jacobi 定理

$$J(\tau) - c = 0 \qquad (5)$$

在领域 D 内有一个且只有一个根.

这定理证明的根据是:设 $f(z)$ 在领域 G 内为正则,则方程

$$f(z) - c = 0$$

在领域 G 内根的个数等于

$$N = \frac{1}{2\pi i} \int_L \frac{f'(z)}{f(z) - c} dz$$

其中 L 是 G 的边界,且 $f(z)$ 在 L 上连续而不等于 c.

令 $\tau = \xi + i\eta$. 因由上边的证明

$$J(\tau) = \frac{1}{1728} e^{-2\pi i \tau} + c_1 + c_2 e^{2\pi i \tau} + \cdots$$

故当 $\eta \to \infty$ 时函数 $J(\tau)$ 关于 ξ 均一地趋于无限大. 故对于任意的 c 可以找出这样的 H,使当 $\eta \geq H$ 时有 $|J(\tau)| > |c|$,即方程(5)当 $\eta \geq H$ 时没有根. 这样,我们只注意 D 的部分领域 D_H(用线 $MABA'M'$ 包围的领域)(图3)就够了.

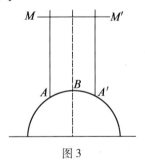

图 3

设方程(5)在线 $MABA'M'$ 上没有根,则定理的证明很简单. 事实上

$$N = \frac{1}{2\pi i} \oint \frac{J'(\tau)}{J(\tau) - c} d\tau = \frac{1}{2\pi i} \int_{MA} + \frac{1}{2\pi i} \int_{AB} + \frac{1}{2\pi i} \int_{BA'} +$$

$$\frac{1}{2\pi\mathrm{i}}\int_{A'M'} + \frac{1}{2\pi\mathrm{i}}\int_{M'M} \mathrm{d}\ln\{J(\tau)-c\} = J_1 + J_2 + J_3 + J_4 + J_5$$

函数
$$\varphi(\tau) = J(\tau) - c$$

满足关系式

$$(\alpha)\,\varphi\left(-\frac{1}{\tau}\right) = \varphi(\tau),\ \varphi(\tau+1) = \varphi(\tau)$$

在积分 J_2 内假定

$$\tau = -\frac{1}{t}$$

则得

$$J_2 = \frac{1}{2\pi\mathrm{i}}\int_{AB} \mathrm{d}\ln\varphi(\tau) = \frac{1}{2\pi\mathrm{i}}\int_{A'B} \mathrm{d}\ln\varphi(t) = -J_3$$

这样,就有
$$J_2 + J_3 = 0$$
类似地,也许还更简单地可证
$$J_1 + J_4 = 0$$
故
$$N = \frac{1}{2\pi\mathrm{i}}\int_{M'M} \mathrm{d}\ln\varphi(\tau)$$

$J(\tau)$ 可认为 $z = h^2 = \mathrm{e}^{2\pi\mathrm{i}\tau}$ 的函数. 与 τ 平面上的线段 $M'M$ 对应的是 z 平面上的圆周

$$|z| = \mathrm{e}^{-2\pi H} \qquad (6)$$

在这一圆周上及其内部,函数 $\varphi(\tau)$ 不是零,而且若除去点 $z = 0$,$\varphi(\tau)$ 还是正则的. 因在 τ 平面上沿线段 $M'M$ 积分可化为依负方向沿圆周积分,故

$$N = -\frac{1}{2\pi\mathrm{i}}\int_K \mathrm{d}\ln\varphi(\tau)$$

这里边的 K 是圆周(6). 但沿正的方向,也就是说,N 等于函数 $\varphi(\tau) = J(\tau) - c = \psi(z)$ 在圆

Jacobi 定理

$$|z| \leqslant e^{-2\pi H}$$

内极点的个数,即 $N = 1$.

今再研究方程(5)在线 $MABA'M'$ 上有根的情形. 这些根在每一情形内个数都是有限的,对于它们的每一个对应一个等价的,也就是关于虚轴对称的根. 围绕这样的每一个根,以及 A, B, A' 画圆,令圆的半径全是 ε, ε 小得使这些圆不能彼此相交. 用这样作的圆改变领域 D_H 如图 4 所示,此后,每一双等价的根中有一个在虚轴左边的根在边界内,但点 A, B, A' 则在边界的外边.

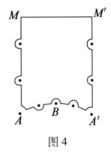

图 4

将得出的积分 N 按所得的境界分为若干部分,再应用关系(α),则不难证明

$$N = \frac{1}{2\pi i}\int_{M'M} + \frac{1}{2\pi i}\int_{\lambda_A} + \frac{1}{2\pi i}\int_{\lambda_B} + \frac{1}{2\pi i}\int_{\lambda_{A'}} d\ln\{J(\tau) - c\}$$

其中 $\lambda_A, \lambda_B, \lambda_{A'}$ 表明以顶点 A, B, A' 作心的圆弧. 若在这些点方程(5)没有根,则在这些点处的圆弧可缩为一点,因之有

$$N = \frac{1}{2\pi i}\int_{M'M} d\ln\{J(\tau) - c\}$$

这一积分,由上所证,等于 1. 故本定理在我们考察的这一情形也真.

最后余下的只是研究方程(5)在顶点处有根的情形. 为此,我们说明函数 $J(\tau)$ 在顶点处取何值.

在点 A 处

$$\tau = -\frac{1}{2} + \mathrm{i}\frac{\sqrt{3}}{2} \equiv \rho$$

但因

$$\rho^3 = 1$$

故

$$\frac{g_2(1,\rho)}{60} = {\sum}' \frac{1}{(m+m'\rho)^4} = \frac{1}{\rho}{\sum}' \frac{1}{(m\rho^2 + m')^4}$$

在另一方面,由关系式

$$\rho^2 + \rho + 1 = 0$$

下面的等式成立

$${\sum}' \frac{1}{(m\rho^2 + m')^4} = {\sum}' \frac{1}{(m'-m-m\rho)^4} = {\sum}' \frac{1}{(n+n'\rho)^4}$$

所以

$$\frac{g_2(1,\rho)}{60} = \frac{1}{\rho} {\sum}' \frac{1}{(n+n'\rho)^4} = \frac{1}{\rho} \frac{g_2(1,\rho)}{60}$$

即

$$\left(1 - \frac{1}{\rho}\right) g_2(1,\rho) = 0$$

由此

$$g_2(1,\rho) = 0$$

这样就有

$$J(\rho) = 0$$

同样可证明,在使 $\tau = -\dfrac{1}{\rho} = -\rho^2$ 的点 A' 处 $J(\tau) = 0$,而在使 $\tau = \mathrm{i}$ 的点 B 处 $J(\tau) = 1$.

因此我们必须考察以下二方程:

Jacobi 定理

(a) $J(\tau) - 1 = 0$;

(b) $J(\tau) = 0$.

在第一方程内我们可使弧 $\lambda_A, \lambda_{A'}$ 缩为一点，也就是

$$N = \frac{1}{2\pi i} \int_{M'M} d \ln\{J(\tau) - 1\} + \frac{1}{2\pi i} \int_{\lambda_B} d \ln\{J(\tau) - 1\}$$

若 $\overline{\lambda_B}$ 是 λ_B 的相补圆弧，则有

$$-\oint d \ln\{J(\tau) - 1\} = \int_{\lambda_B} + \int_{\overline{\lambda_B}}$$

这里左边的积分路是沿正方向的. 在积分 $\int_{\lambda_B}$ 中令 $\tau = -\dfrac{1}{t}$，则得

$$\int_{\overline{\lambda_B}} = \int_{\lambda_B}$$

即

$$N = \frac{1}{2\pi i} \int_{M'M} d \ln\{J(\tau) - 1\} - \frac{1}{4\pi i} \oint d \ln\{J(\tau) - 1\}$$

右边第一项等于 1. 令

$$\frac{1}{2\pi i} \oint d \ln\{J(\tau) - 1\} = n$$

这样就有

$$N = 1 - \frac{n}{2}$$

数 n 是方程 (a) 的根 $\tau = i$ 的级，但因 $\dfrac{n}{2}$ 是正整数，故 $n \geq 2$. 在另一方面，$N \geq 0$，由此 $n \leq 2$. 故 $n = 2, N = 0$.

我们可以看出，方程 (a) 在领域 D 内总共只有一根：$\tau = i$. 这一根是二级的，但点 i 的领域只有一半属于领域 D，也就是说，可认为只有一单根 $\tau = i$ 属于领

域 D,而方程(a)在 $\tau = i$ 处的另外一根应属于领域 D' 内,此 D' 与 D 有共同弧 ABA'.

可同样处理方程(b). 它的根是点 $\tau = \rho, -\rho^2$,且每一根都是三级的. 但这些点中属于领域 D 的只有第一个,即 A. 其余这一点处有六个领域: D 及其他五个领域,这五个领域都是 D 的等价领域. 这六个领域各含有点 A 的全部领域的六分之一. 由基本领域的定义,A 只能属于这几个领域中的三个:领域 D 及其他两个领域. A 不属于其余的三个领域. 同样,点 A' 不属于领域 D 内. 故在点 A 处的三级根分别属于三个领域内,故可认为方程(b)在 D 内有一个单根.

5. 第一种椭圆积分的反形

在第 5 节及第 6 节内曾根据原始周期

$$2\omega, 2\omega' \quad \left(\Im \frac{\omega'}{\omega} > 0\right) \tag{1}$$

作出维尔斯特拉斯函数 $\wp(u)$,且证明了它满足下边的微分方程

$$\wp'^2 = 4\wp^3 - g_2 \wp - g_3$$

由这一方程得

$$u = \pm \int_\wp^\infty \frac{\mathrm{d}t}{\sqrt{4t^3 - g_2 t - g_3}}$$

在积分学教程内读者已知,具以下形状的积分

$$\int R(t, w)\,\mathrm{d}t$$

(这里边 R 是它所含双数的有理函数,而 w^2 是 t 的没有重根的三次或四次多项式)叫作椭圆积分. 上边写

Jacobi 定理

的积分叫作第一种椭圆积分. 以后我们还要详细述说椭圆积分. 但这里对我们重要的只是: 由已知周期(1)所作成的维尔斯特拉斯函数 $\wp(u)$ 是某个第一种椭圆积分的一个限, 这个限是看成这个积分的值的函数. 在根号下式子里的数值 g_2, g_3 并不是任意给的, 必须由周期(1)确定, 且已知它应满足

$$g_2^3 - 27 g_3^2 \neq 0$$

很自然地发生下边的问题: 已知二数 a_2, a_3, 它们满足于

$$a_2^3 - 27 a_3^2 \neq 0$$

考察积分

$$u = \pm \int_x^\infty \frac{dt}{\sqrt{4t^3 - a_2 t - a_3}} \tag{2}$$

它的下限 x 是不是积分的值的椭圆函数?

这个问题可肯定地解答如下:

先确定这样的两个数 $2\omega, 2\omega'$ 使其满足 $\Im \dfrac{\omega'}{\omega} > 0$ 及

$$g_2(\omega, \omega') = a_2, \quad g_3(\omega, \omega') = a_3 \tag{3}$$

然后作出周期为 $2\omega, 2\omega'$ 的函数 $\wp(v)$. 最后, 在积分(2)内, 作变数变换

$$t = \wp(v)$$

由方程

$$[\wp'(v)]^2 = 4[\wp(v)]^3 - a_2 \wp(v) - a_3$$

得

$$u = \pm \int_0^w dv \tag{4}$$

这里 $x = \wp(w)$. 由式(4)得 $w = \pm u$. 即

$$x = \wp(u)$$

这就是我们所要求的结果.

我们可以看出,一切都建立在下边问题的解决基础上,给了两个数 a_2, a_3,使

$$a_2^3 - 27a_3^2 \neq 0$$

试求出两个数 $2\omega, 2\omega'$ 使它们满足式(3). 这一问题的解根据前节立刻可得出. 取方程

$$J(\tau) = \frac{a_2^3}{a_2^3 - 27a_3^2}$$

它在基本领域,即上半平面内具有解 τ. 求出这个解后,用方程

$$\frac{1}{\omega^4} g_2(1, \tau) = a_2$$

即可决定 ω,而由方程

$$\frac{\omega'}{\omega} = \tau$$

决定 ω'.

6. "代数真理"对"几何幻想": 维尔斯特拉斯对黎曼的回应

U. Bottazzini 曾撰文指出:19 世纪 50 年代 K. 维尔斯特拉斯成功地解决了在超椭圆情形的 Jacobi 逆问题,并声称他能解决一般问题. 差不多同时黎曼应用他在他的学位论文中建立起来的几何方法,成功地解决了 Jacobi 逆问题. 为了应答黎曼的成就,在 19 世纪 60 年代早期维尔斯特拉斯开始系统地在算术基础上构建解析函数理论,并且在他讲课时公布. 根据维尔斯特拉斯,这套理论为整个椭圆函数和阿贝尔函数理论奠基,阿贝尔函数理论是他的数学工作的终极目标. 黎曼的

Jacobi 定理

复变函数理论似乎成了维尔斯特拉斯的工作与讲课的背景.维尔斯特拉斯与他过去的学生 Schwarz 的未发表的通信为此提供有力证据.维尔斯特拉斯的许多结果,包括他的一个连续不可微函数的例子,以及对 Dirichlet 原理的反例,均是在对黎曼方法的批评和对黎曼"几何幻想"的不信任而激发的.作为代替,他选幂级数方法,因为他相信解析函数理论必须建立在简单的"代数真理"上.尽管在建立多复变函数理论上维尔斯特拉斯失败了,但是他的代数真理与黎曼的几何方法之间的矛盾,直到 20 世纪开头十年里仍然存在.

6.1 引 言

1854 年 Crelle 杂质发表了一篇关于阿贝尔(Abel)函数的论文,作者是一位名不见经传的中学教师.这篇论文宣告了一位重要人物,维尔斯特拉斯(1815—1897),进入数学界,他将统治此舞台未来的 40 年.他的论文给出 Jacobi 逆问题在超椭圆情形的一个解.与第一类椭圆积分类似 Jacobi 本来试图做出第一类超椭圆积分一个直接逆,但未能成功.这促使 Jacobi 去思考多值、"无理"函数,具有一"强重"周期,包括任意小(非零)绝对值的周期.Jacobi 坦言对逆的可能性"几乎失望",这时他"灵感来了",意识到阿贝尔定理提供给他关键步骤,可通过考虑一适当数目(线性无关)的超椭圆积分代替单个积分,再现椭圆积分逆的类似物.阿贝尔在 1828 年提交给巴黎科学院的报告(直到 1841 年才发表),他陈述了一个定理,它将欧拉关于椭圆积分的加法定理推广到更一般(阿贝尔)积分上面,即形如 $\int R(x,y)\mathrm{d}x$,其中 $R(x,y)$ 是一个有

第2章 模函数

理函数,且 $y = y(x)$ 是个(不可约)多项式方程 $f(x,y) = 0$ 定义的代数函数. 根据阿贝尔定理,此类积分的任何数目的和约化成一组数 p 个线性无关的积分与一个代数 - 对数表达式之和(p 后来被 Clebsch 称作代数曲线 $f(x,y) = 0$ 的亏格). 在 1828 年,阿贝尔发表一篇他的巴黎报告的摘要,处理了这定理的特殊(超椭圆)情形,即当 $f(x,y) = y^2 - P(x)$,P 是一个次数 $n > 4$ 的多项式,不含重根. 在这个情形,$p = [(n-1)/2]$. 对第一类超椭圆积分 $\int \frac{Q(x)\,dx}{\sqrt{P(x)}}$ (Q 是一个次数小于或等于 $p-1$ 的多项式),这时代数 - 对数表达式消失了.

Jacobi 在 1832 年的阿贝尔定理的基础上,表述了下列问题,通过研究 $x_0, x_1, \cdots, x_{p-1}$ 作为变量 $u_0, u_1, \cdots, u_{p-1}$ 的函数,考察一组 p 个超椭圆积分的逆

$$u_k = \sum_{j=0}^{p-1} \int_0^{x_j} \frac{x^k \,dx}{\sqrt{P(x)}} \quad (0 \leq k \leq p-1)$$

($\deg P = 2p + 1$ 或 $2p + 2$)

这些函数 $x_i = \lambda_i(u_0, u_1, \cdots, u_{p-1})$ 将椭圆函数推广到 p 个变量、$2p$ - 周期的函数. Jacobi 的"一般定理"声称,$x_0, x_1, \cdots, x_{p-1}$ 是一个 p 次代数方程的根,这代数方程的系数是 $u_0, u_1, \cdots, u_{p-1}$ 的单值、$2p$ - 周期函数. 因此,$x_0, x_1, \cdots, x_{p-1}$ 的初等对称函数可以表达成 $\mathbb{C}^p$ 上的单值函数. 特别地,Jacobi 考虑了 $p = 2$ 时的情形([4],vol. 2,7—16) 他的想法由 A. Göpel 在 1847 年(并且,J. G. Rosenhain 在 1851 年独立于他)成功地发展了. 通过直接和烦琐的计算,这要求的两变量 4 - 叶周期的函数被表示成两个两变量的 θ - 级数之比. 这涉及惊人的计算量,几乎不可能被推广到 $p > 2$ 的情形. 维尔

Jacobi 定理

斯特拉斯沿着完全不同的路途,对任何 p,能够解决这个问题.因为此项成就,他获得哥尼斯堡(Königsberg)大学授予的荣誉博士学位,两年后他受聘到柏林技术学院(后来的工学院,今天的工业大学)教书.最后,1856 年秋,维尔斯特拉斯被柏林大学聘为特聘教授.

6.2 维尔斯特拉斯的早期论文

维尔斯特拉斯 1857 年在进入柏林科学院的演讲中承认,自从他的学生时代,他就被椭圆函数理论牢牢吸引住.为了成为一名学校老师,在 1839 年他进入明斯特(Münster)神学与哲学学院学习.他听了 Gudermann 先生的一学期关于椭圆函数的课.1838 年 Gudermann 在论文里引进了一致收敛,于是他熟悉了一致收敛的概念.椭圆函数构成了维尔斯特拉斯的第一篇论文的主题.这篇论文写于 1840 年秋,因此,他获得了教师证书.他的出发点是阿贝尔的断言:椭圆函数,即第一类椭圆积分的逆(维尔斯特拉斯沿用 Gudermann 的记号 sn u),可表示成两个 u 的幂级数的比,而这两个幂级数系数均为这个积分模的整函数.维尔斯特拉斯从这个断言出发,成功地证明了 sn u(同样 cn u 和 dn u)可表成某类函数的商,出于对阿贝尔的尊敬,他把这类函数命名为 Al - 函数,它们可展成收敛幂级数.

维尔斯特拉斯并不知晓柯西(Cauchy)的有关结果,完全孤立地研究,早于洛朗(Laurent)两年,他(1841 年)成功地建立起圆环上的函数的洛朗展开.在这篇论文中,他用了积分的特性,做出了对圆环的柯西积分定理.在一篇后续论文中他列出并证明了关于幂级数的三个定理.定理 A 和定理 B 对单(和多)变量的一个洛朗级数的系数给出估计(柯西不等式),而定理 C 便是现在以他命名的双级数定理.作为它的推论,维尔斯特拉斯得到关于一致微分收敛的级数定理.这篇论文中他放弃了积分,而选择了幂级数方法来处理单或多变量函数理论,显然它标志了维尔斯特拉斯解析方法的一个转折点,并由他在 1842 年写的一篇论文完成了这项研究.那里维尔斯特拉斯证明了 n 个微分方程的方程组

$$\frac{\mathrm{d}x_i}{\mathrm{d}t} = G_i(x_1,\cdots,x_n) \quad (i=1,\cdots,n; G_i(x_1,\cdots,x_n) \text{为多项式})$$

通过一系列满足给定 $t=0$ 的初值条件的 n 个绝对且一致收敛的幂级数可解.进一步,他指出在一个以 t_0 为圆心的圆盘收敛的幂级数

$$x_i = P_i(t-t_0, a_1, \cdots, a_n) \quad (i=1,\cdots,n; t_0; a_1,\cdots,a_n \text{固定})$$

如何可以解析延拓到圆盘外.如此,在 19 世纪 40 年代早期,关于解析函数理论的维尔斯特拉斯方法本质结果已经建立.然而,他的论文保留在手稿里,对同时代的数学没有影响.

6.3 阿贝尔函数与积分

维尔斯特拉斯的 1854 年论文简单总结了他几年前发展的阿贝尔函数的工作,并综述了 1848~1849 年在布劳恩斯贝格(Braunsberg)中学的年度报告.维尔斯特拉斯先讨论多项式 $R(x) = (x-a_0)(x-a_1)\cdots(x-a_{2n})$,其中 a_i 为实数,满足不等式 $a_i > a_{i+1}$.他将 $R(x)$ 拆分成两个因子 $P(x) = \prod_{k=1}^{n}(x-a_{2k-1})$ 与 $Q(x) =$

Jacobi 定理

$\prod_{k=1}^{n}(x-a_{2k})$,考虑方程组

$$u_m = \sum_{j=1}^{n} \int_{a_{2j-1}}^{x_j} \frac{P(x)}{x-a_{2m-1}} \frac{\mathrm{d}x}{2\sqrt{R(x)}} \quad (m=1,\cdots,n)$$

(1)

维尔斯特拉斯给自己的任务是"仔细建立"Jacobi 定理,因为他考虑到这是"整个理论的基石". 正如 Jacobi 指出:对给定值 $x_1, x_2, \cdots, x_n$,数 $u_1, u_2, \cdots, u_n$ 有无穷个值."反过来,如果 $u_1, u_2, \cdots, u_n$ 给定,那么 $x_1, x_2, \cdots, x_n$ 以及 $\sqrt{R(x_1)}, \sqrt{R(x_2)}, \cdots, \sqrt{R(x_n)}$ 将唯一确定". 而且,"$x_1, x_2, \cdots, x_n$ 将是一个 n 次(多项式)方程的根,其系数是变量 $u_1, u_2, \cdots, u_n$ 的完全确定的单值函数". 类似地维尔斯特拉斯补充道:将存在一个 x 的多项式函数,其系数是 $u_1, u_2, \cdots, u_n$ 的单值函数,$u_1, u_2, \cdots, u_n$ 对 $x = x_1, x_2, \cdots, x_n$ 给出相应值 $\sqrt{R(x_1)}, \sqrt{R(x_2)}, \cdots, \sqrt{R(x_n)}$. 从而每个 $x_1, x_2, \cdots, x_n$ 的有理函数均可当作 $u_1, u_2, \cdots, u_n$ 的单值函数. 维尔斯特拉斯考虑乘积 $L(x) = (x-x_1)(x-x_2)\cdots(x-x_n)$ 和 $2n+1$ 个单值函数 $Al(u_1, u_2, \cdots, u_n)_m = \sqrt{h_m L(a_m)} \ (m=0, \cdots, 2n)$,其中 h_m 为适当的常数. 他将 Al 函数称作阿贝尔函数,"因为它们完全由椭圆函数相对应",当 $n=1$ 时阿贝尔函数化为椭圆函数.

他能将他的 Al 函数展成收敛幂级数,并且基于阿贝尔定理,他成功地建立起这种函数的"主要性质",即加法定理,据此,$Al(u_1+v_1, u_2+v_2, \cdots, u_n+v_n)_m$ 可以由他确定出代数方程,其系数可用 Al 函数表出,其根为对任意的 $u_1, u_2, \cdots, u_n$ 符合方程(1)的数 $x_1, x_2, \cdots, x_n$. 然而,正如 Dirichlet 指出:维尔斯特拉斯在

第 2 章 模函数

论文中"仅给出他的结果的部分证明,缺少相关解释".

两年后维尔斯特拉斯又回到这项工作,并且在 Crelle 杂志上发表这工作的扩展与详细的版本的第一部分. 维尔斯特拉斯正如 1854 年的论文所做的那样,考虑多项式 $R(x) = A(x-a_1)(x-a_2)\cdots(x-a_{2p+1})$ 和类似乘积 $P(x) = \prod_{j=1}^{\rho}(x-a_j)$,这次这些 a_j 是任意复数,满足 $a_j \neq a_k$ 对 $j \neq k$. 代替方程(2.1),他考虑相应的微分方程组

$$\mathrm{d}u_m = \sum_{j=1}^{\rho} \frac{1}{2} \frac{P(x_j)}{x_j - a_m} \frac{\mathrm{d}x}{\sqrt{R(x_j)}} \quad (m=1,\cdots,\rho) \,(2)$$

并将 Jacobi 问题表达成寻找方程组(2)在符合初值条件 $x_j(0,\cdots,0) = a_j (j=1,\cdots,\rho)$ 的解. 为了得到椭圆函数($\rho=1$)作为特别情形,相较前文,他给出他的 Al 函数的稍微不同的形式. 维尔斯特拉斯成功地证明了解 $x_j = x_j(u_1,\cdots,u_\rho)$ 是 $u_1,\cdots,u_\rho$ 在原点邻域上单值函数. 它们可视为一个 ρ 次多项式的根,其系数由 Al 函数给定,这些 Al 函数对任意有界值 $(u_1,\cdots,u_\rho)$ 都是可表示成幂级数的商的单值函数. 那么,$x_j = x_j(u_1,\cdots,u_\rho)$ 的对称函数具有"有理函数的特征". 从这些结论,然而,维尔斯特拉斯不能证明每个阿贝尔函数可以表示成两个处处收敛的幂级数的比值. "这里我们遇到了一个问题,如我所知,它的一般形式还一直未被研究,但它对函数理论特别重要".

在他的有生之年里,他多次回到这个问题,企图解决它. 甚至维尔斯特拉斯 20 年后建立起的整函数分解定理被看成这项研究的收获,因为它对这个问题在单变量情形提供了一个肯定的回答,为了表明他的方法

Jacobi 定理

对椭圆函数理论与阿贝尔函数同等适用,在 1856 年的论文结语部分,维尔斯特拉斯对椭圆函数提供了另一种途径,这是他在 1840 年所得到主要结果. 然而,维尔斯特拉斯答应要写的后续论文永远没有出现. 代替的是一篇由黎曼写的关于阿贝尔积分的一个全新方法的论文在 1857 年发表了,这论文远远超出维尔斯特拉斯已能做的一切.

黎曼在他的论文的导言段落概括了他在 1851 年学位论文中建立起的复函数论的几何方法. 那里他定义了一个复变量 w 作为 $x + \mathrm{i}y$ 的函数,w 根据方程 $\mathrm{i}\frac{\partial w}{\partial x} = \frac{\partial w}{\partial y}$ 而变动,而"没有假设 w 用 x 与 y 的表达式". 据此,"由一个周知的定理"——黎曼注意到,未提柯西——一个函数 w 可以在一个适合的圆盘里展开成一个幂级数 $\sum a_n(z-a)^n$,而且"可以唯一的方式解析延拓到圆盘外". 为了处理如代数函数和它们的积分此类的多值函数,黎曼引入了这样的想法:用一个多重叠复平面(或黎曼球面)的曲面来描述一个函数的分枝,这想法是他的最深刻贡献之一. 如此,这多值函数在代表它的分枝的这种曲面的每个点上仅定义一个值,从而可以看作这曲面上完全确定(单值)的位置函数,引入如交割和一个曲面的连通度等拓扑概念后,黎曼在他的学位论文中用适当推广的 Dicichlet 原理,证明这曲面的一个函数的存在性基本定理. 这个定理建立起给定边值条件和分歧点与奇点的函数特性下的一个复函数的存在性. 然后黎曼专门发展阿贝尔函数理论. 值得一提的是,尽管维尔斯特拉斯与黎曼用同样的题目写论文和用同样的字眼,但是他们赋予他不同的

第 2 章 模函数

含义. 前者定义阿贝尔函数是与 Jacobi 逆问题的解有关的多复变量的单值、解析函数, 而后者将阿贝尔函数理解成由阿贝尔定理引入的代数函数的积分. 黎曼在他的论文第一部分发展起任意亏格 p 的曲面上函数与积分理论, "在这个范围里并不依赖 θ-函数的讨论". 根据它们的奇性他能将阿贝尔函数 (积分) 分成三类, 确定一个曲面上的亚纯函数, 且用新的术语叙述阿贝尔定理, 如此开辟了双有理变换的几何理论. 论文的第二部分专门研究 p 个复变量的 θ-级数, 即"对任意一组均等分歧、$2p+1$-连通的代数函数的有限积分的 p 变量的 Jacobi 逆函数". 在这部分黎曼给出了 Jacobi 逆问题的完全解, 没有称它为一个特别结果. 他把维尔斯特拉斯的工作当成一个特别情形, 提到这"美丽结果"含在后者的 1856 年论文中, 维尔斯特拉斯的后续论文能表明"他们的结果与方法是多么地重合".

然而, 在黎曼的论文发表后维尔斯特拉斯决定放弃自己的后续论文. 维尔斯特拉斯后来道: 尽管黎曼的工作"与我的工作建立在完全不同的基础上, 但人们立即认识到他的结果与我的完全相同", "这个证明需要一些代数方面的研究". 到了 1869 年底他还不能克服所有相关的"代数困难". 维尔斯特拉斯却认为他已经成功地找到途径, 用两个适当的 θ-函数来表达任何单值 $2p$-周期 (亚纯) 函数, 因此解决了一般逆问题. 然而, 维尔斯特拉斯的论文弄错了, 他在 1879 年在给 Borchardt 的一封信中指出某些不确切处. 尤其, 维尔斯特拉斯 (错误地) 声称 $\mathbb{C}^n$ 上的任何域是一个亚纯函数存在的天然域 (这个错误在 20 世纪第一个十年里由 F. Hartogs 和 E. E. Levi 在论文中指出). 到了

1857 年,在柏林科学院,维尔斯特拉斯在演讲中限定自己只提出"数学的一个主要问题",即他决定研究的是给阿贝尔函数"一个精确的表示". 他认识到他已发表了"以一个不完备形式"的结果."然后——维尔斯特拉斯继续道——如果我仅试图解决这个问题,而不准备对我用的方法做深入研究,并先尝试解决难度稍小的问题的话,那是愚蠢的". 实现这个规划,成了他在大学讲课的范围.

6.4 维尔斯特拉斯的演讲

为了应答黎曼的成就,维尔斯特拉斯投入到解析函数的"方法的深入研究"中,用他的观点,在给椭圆函数与阿贝尔函数所在的整个大厦提供基础. 正如 Poincaré 后来道,维尔斯特拉斯的工作可总结如下:1)发展单变量、双变量以及多变量函数的一般理论. 这是"需建的整个金字塔的基座". 2)改进椭圆函数理论,使之放到一个易于推广成它们的"自然延伸"——阿贝尔函数——的形式里. 3)最后处理阿贝尔函数本身.

绝对严格地在算术基础上建立起解析函数理论,一直是维尔斯特拉斯主要关注之一. 从 19 世纪 60 年代中期到他的教师生涯末期,维尔斯特拉斯通常以两年为周期讲授分析的全部,课程如下:

1. 解析函数导论;
2. 椭圆函数;
3. 阿贝尔函数;
4. 椭圆函数的应用,或替换成变分法.

所有讲义,除了解析函数导论,都在维尔斯特拉斯文集中发表. 他 20 年里不断精雕细刻他的解析函数理论,而没有决定发表它. 维尔斯特拉斯通常在他的讲课中提出他的发现,仅偶尔在柏林科学院上交流它们,这种态度,连同他对书面发表结果的不喜,以及不鼓励学生发表他的课堂笔记的事实,最后赋予维尔斯特拉斯的讲课一种独一无二的气氛.

6.5 柏林的交谈

1864 年秋,黎曼因健康状况差待在比萨. 意大利数学家卡索拉蒂(F. Casorati)到柏林旅行,见到了维尔斯特拉斯和他的同事. 关于维尔斯特拉斯的新发现的传闻加上出版物的缺少,促使卡索拉蒂的旅行.

"黎曼的工作给柏林制造麻烦",卡索拉蒂在他的笔记中记载. 克罗内克声称"数学家们……在使用函数概念时有点傲慢". 提及黎曼对迪利克雷原理的证明,克罗内克注解道黎曼本人,"一般来说仔细,但这个方面,亦未在指责之外." 克罗内克补充道在黎曼的论文中关于阿贝尔函数的多变量 θ-级数,仅是一些"几何幻想"根据维尔斯特拉斯,"黎曼的门徒已犯了如下的错误,认为一切都是他们的师傅创造的. 而许多发现柯西已经做出或归功于柯西等人,黎曼只不过以对他方便的方式再陈述它们而已"解析延拓就是一例. 黎曼在不同场合引用它,但以维尔拉特拉斯与克罗内克的观点,黎曼在处理它时,没有一处带有必要的严格. 维尔斯特拉斯注意到黎曼明显表现这样的想法:在复平面沿一条路径,只要避免坏点(分歧点、奇点)将一个函数延拓到任何点是可能的. "但是这是不可能的",维尔斯特拉斯补充道,"而寻求证明一般可能性

Jacobi 定理

时,他清楚地认识到一般是不能的". 克罗内克给卡索拉蒂举了如下的(缺项)级数例子

$$\theta_0(q) = 1 + 2 \sum_{n \geqslant 1} q^{n^2} \qquad (3)$$

它在 $|q|<1$ 时收敛,而且有单位圆周为其自然边界. 维尔斯特拉斯注意到:"单位圆周正是函数在那无法定义的点组成,在那里它可以取任何值". 他曾经相信一个函数"不能定义"的点——正如函数 $e^{m x}$ 在 $x=0$ 的情形,因为在那"可以有任意种可能值"——"不能形成一个连续统,从而至少有一点人们可以通过它从平面的一个闭部分到达另外一部分". $\theta_0(q)$ 可算这意外表现的绝妙的例子,这个级数在维尔斯特拉斯的连续无处可微函数的反例中也起重要作用.

6.6 对黎曼方法的进一步批评

明显,黎曼的复函数理论似已成为维尔斯特拉斯的工作与讲课的背景,这由他与他以前的学生许瓦兹从 1867 年到 1893 年的通信来提供证据. 他们讨论的第一个题目是黎曼映射定理. 黎曼在他的学位论文中声称"平面上两个单连通域总可以一一地、连续地共形映满另一个;而且若一个域中任意一内点对应于另一个域任意给定的一点,则整个映射完全确定". 黎曼在证明映射定理时依赖迪利克雷原理的适当利用. 因为维尔斯特拉斯批评这原理,所以映射定理仍是一个未解决的问题,值得给一个严格的回答. 依照维尔斯特拉斯的建议,许瓦兹毕业后研究这个问题,成功地在特殊情形下建立起这个定理来,而没有用那个有问题的原理. 在一系列论文中,通过诸如以他的名字命名的引理和反演原理这些技巧,他给出椭圆或一般的、平面的

第 2 章 模函数

共形映射问题的解;单连通域,其边界由几段交角非零的解析曲线围成时,可映满单位圆盘.

1870 年许瓦兹发现他的交替方法,他在提出此方法的讲演中道:"用这个方法,黎曼用迪利克雷原理所证的定理通通可以严格证明". 他提交给维尔斯特拉斯这篇论文的详细修订本,在 1870 年 7 月 11 日许瓦兹写信问他是否有"反对意见要提",明显,维尔斯特拉斯的回答遗失了,三天后,维尔斯特拉斯将他的对迪利克雷原理的著名反例提交给柏林科学院. 而且,将许瓦兹的 1870 年论文送到科学院的"月刊"发表. 两年后,1872 年 6 月 20 日,Schwarz 在一封信中提请维尔斯特拉斯注意,仍广泛流传着连续函数总可微的想法. 当法国数学家约瑟·伯特兰(Joseph Bertrand,1822—1890)在他的论文集的开头如此声称时,许瓦兹诘问伯特兰,请证明

$$f(x) = \sum_{n \geqslant 1} \sin \frac{n^2 x}{n^2} \quad (4)$$

有一个导数. 一个月后,在 1872 年 7 月 18 日维尔斯特拉斯提交给科学院他的一个连续无处可微函数的反例

$$f(x) = \sum_{n \geqslant 1} b^n \cos a^n x \pi \quad (5)$$

其中 a 是一个奇数,$0 < b < 1$ 以及 $ab > 1 + \frac{3}{2}\pi$. 维尔斯特拉斯注释道,根据黎曼的学生所述,黎曼在 1861 年或更早些时候在他的讲课中提到许瓦兹注意到的很相同的函数(4),作为连续无处可微函数的例子,维尔斯特拉斯补充道"可惜黎曼的证明没有发表",在提出他自己的例子前总结道,证明(4)有此性质"有点困难".

直到 1874 年底维尔斯特拉斯才克服一个主要困

难,这困扰他很长时间不能建立起单变量单值函数的一个满意理论来,这是单值函数作为两个收敛幂级数的商的表示定理的证明. 同一日(1874 年 12 月 16 日)他给许瓦兹与柯瓦列夫斯卡娅写信,这信涉及下列问题:给定一列无穷常数序列 $\{a_n\}$,使得 $\lim |a_n| = \infty$,问是否总存在一个超越整函数 $G(x)$,使得它在且仅在 $\{a_n\}$ 为零?他用乘积 $\prod_{n \geq 1} E(x,n)$ 表示 $G(x)$,能找到一个肯定回答,其中"素函数"

$$E(x,0) = 1 + x, \cdots$$
$$E(x,n) = (1+x)\exp\left(\frac{x}{1} + \frac{x^2}{2} + \cdots + \frac{x^n}{n}\right)$$

这是他第一次在那里引入. 于是"到现在仅猜想着"的表示定理很容易推出,这个定理构成维尔斯特拉斯的 1876 年关于单变量解析函数的"系统基础"论文的核心([10], vol. 2, 77 - 124). 尽管他很努力,然而,他还是不能将他的表示定理推广到多变量的单值函数上. "在我的阿贝尔函数理论里,这仍视为未证实",维尔斯特拉斯在给柯瓦列夫斯卡娅的信中承认(对于两变量,这由庞加莱在 1883 年做出,后来在 1895 年由 Cousin 用与维尔斯特拉斯的不同方法推广了它). 四天后,维尔斯特拉斯写信给许瓦兹说,黎曼(和迪利克)两重积分方法证明柯西积分定理,在他看来,是一个"不完备的"证明. 正相反,由假设解析元素(和它的解析延拓)的基本概念和回到单位圆盘上的 Poisson 积分可给出一个严格证明,正如许瓦兹自己在他的关于 Laplace 方程的积分的论文中已经做过,批评黎曼的想法与方法有时也在维尔斯特拉斯给柯瓦列夫斯卡娅的信中表达过[6]. 例如,在 1873 年 8 月 20 日他高兴地引用了歇洛给他写的信中一段摘要,"信中表现出偏爱维尔斯特拉斯在阿贝尔函数理论选择的方向,而反对黎曼与 Clebsch". 在 1875 年 1 月 12 日,维尔斯特拉斯告诉 Kovalevskaya,给 Richelot 一系列的信中讲解他的阿贝尔函数方法的实质,其用意是他希望"毫不犹豫指出我的方法的唯一性,而去批评黎曼与 Clebsch".

维尔斯特拉斯在 1875 年 10 月 3 日写给 Schwarz 的"信念的忏悔"中,这文章经常被引用,公开声明他对黎曼的方法的批评:"我越思考函数原理——我不断地研究它——我越必须建立在代数真理上面. 简言之,当'超越'被取成为简单基本的代数命题的基础重要性质". 当然,维尔斯特拉斯继续道:它不是发现方法的事情,而仅是"一桩系统基础的事情". 值得一提的是,维尔斯特拉斯已经"通过对多变量解析函数的不懈研究,巩固了[他的信念]".

6.7 维尔斯特拉斯的最后的一些论文

当 Mittag-Leffer、Poincaré 和 Picard 沿着不同于他的"另一条路"深刻地推广了他的 1876 年论文后,维尔斯特拉斯觉得,解释他的复函数方法,并用柯西和黎曼的方法来对比,是必要的. 他在 1884 年 5 月 28 日在柏林数学讨论班上演讲时如此做了[11]. 尽管由柯西定理的手段许多东西可以较容易做出,维尔斯特拉斯承认道,但他强烈坚持单值解析函数必须建立在简单的、算术的演算上. 他的两个发现,连续无处可微函数和有自然边界的级数,增强了这方面的观念,他道:

Jacobi 定理

"当人们采用一个任意幂级数作为一个解析函数的定义时,所有困难都消失了".

在总结他自己的理论的主要特点,特别包括解析延拓的方法时,他提升了对黎曼的复函数的一般定义的批评. 这定义建立在两个变量函数存在 1 阶偏导数的基础上,而以"现有知识",具有此种性质的这类函数不能被精确限定. 而且当从单变量过渡到多变量时,这种偏导数的存在性就需要数目急增的假设,维尔斯特拉斯概括道,他的理论可"容易"推广到多变量函数上.

维尔斯特拉斯在 1880 年发现了并发表了黎曼的单复变量函数的概念中的一个主要错误. 他的论文的主要定理说的是,通项为有理函数的级数,在一个不连通域上一致收敛,可以表示成这个域的不交区域上的不同的解析函数. 因此,维尔斯特拉斯评论道:"单复变量的单值函数概念并不完全依赖于在数量上的(算术)运算的概念". 在脚注,他指出在黎曼的学位论文中黎曼做出正相反的说明. 在证明定理前,维尔斯特拉斯讨论一个他多年以来一直在课上讲的一个例子. 由带有缺项级数的性质结合椭圆 θ - 函数的线性变换的理论,维尔斯特拉斯能证明级数

$$F(x) = \sum_{n \geq 0} \frac{1}{x^n + x^{-n}} \qquad (6)$$

在 $|x| < 1$ 和 $|x| > 1$ 上收敛,但是"在收敛域的每个区域,它各表示一个函数,不能延拓到这个区域边界之外"(值得一提的是 $1 + 4F(x) = \theta_0^2(x)$).

这个注释引导维尔斯特拉斯分清函数理论的本性点,它深刻地将一个复函数的解析延拓之问题与实、连

续无处可微函数的存在性联系起来,为了解释这种联系,维尔斯特拉斯考虑级数 $\sum_{n\geq 0} b^n x^{a^n}$,当 a 是一个奇数,$0 < b < 1$ 时,它在紧圆盘 $|x| \leq 1$ 上绝对且一致收敛. 巧用连续无处可微的例子 (5.2),在额外条件 $ab > 1 + \frac{3}{2}\pi$ 下,他得到圆周 $|x| = 1$ 正是此级数的自然边界. 与他的习惯相反,1886 年维尔斯特拉斯在收录他最后几篇文章的册子里重印了这篇论文. 这册子还包括一篇讨论班论文,在其中他陈述了他的著名的"预备定理",以及他习惯在阿贝尔函数讲义中发布的多变量单值函数的其他定理.

6.8 结 论

从 19 世纪 40 年代到他的生命结束,维尔斯特拉斯坚持不懈地研究阿贝尔函数理论,在这个方向上投入了难以置信的工作量. 这个理论成为他多项成果的背景,这些成果散见在论文、讲义、与同事讨论的书信中. 尽管他努力,然而,维尔斯特拉斯终未成功地给它以他期望的完全、严格的处理. 他的数学论文集第四卷(身后发表)厚厚地收集了他在 1875~1876 年的冬季学期和 1876 年夏季学期,关于阿贝尔函数的讲义. 2/3 的篇幅用在代数函数和阿贝尔积分,而剩下的 1/3 的篇幅才讨论(一般) Jacobi 逆问题. 如此,这一卷的编辑,维尔斯特拉斯以前的学生 G. Hettner 和 J. Knoblauch,能很贴切地在前言叙述,其中阿贝尔函数理论(以维尔斯特拉斯的意思)"仅是简单地概述". 如果维尔斯特拉斯在追求他的主要数学目的失败了,这不是

Jacobi 定理

历史的讽刺,而为了达到他的目的在应答黎曼的"几何幻想"时所发明的方法却成为现代数学的重要成份. 维尔斯特拉斯的方法,其中几何直观全失去了,与黎曼的几何方法之间的矛盾,直到 20 世纪开头年代里仍然存在,此时用现代术语武装起的多复变函数理论方兴未艾.

维尔斯特拉斯函数

1. 维尔斯特拉斯函数 $\zeta(u)$

这一函数用下面的公式定义

$$\zeta(u) = \frac{1}{u} - \int_0^u \left\{ \wp(u) - \frac{1}{u^2} \right\} du \quad (1)$$

故

$$\zeta'(u) = -\wp(u) \quad (2)$$

式(1)中的积分路除去 $u=0$ 外不经过周期网任何一个顶点.

在式(1)里边取 $\wp(u)$ 的部分分式展开式替代 $\wp(u)$，就得出 $\zeta(u)$ 的表示式

$$\zeta(u) = \frac{1}{u} + \sum_{m,m'}{}' \left\{ \frac{1}{u - 2m\omega - 2m'\omega'} + \frac{1}{2m\omega + 2m'\omega'} + \frac{u}{(2m\omega + 2m'\omega')^2} \right\} (3)$$

这示明:点

$$2m\omega + 2m'\omega'$$

处的一级极点是函数 $\zeta(u)$ 的唯一的奇异点. 由式(1)可断定 $\zeta(u)$ 是奇函数. 事实上

Jacobi 定理

$$\zeta(-u) = -\frac{1}{u} - \int_0^{-u}\left\{\wp(v) - \frac{1}{v^2}\right\}\mathrm{d}v$$

$$= -\frac{1}{u} + \int_0^u\left\{\wp(v) - \frac{1}{v^2}\right\}\mathrm{d}v = -\zeta(u)$$

在另一方面,由式(2)得

$$\zeta(u+2\omega) = \zeta(u) + 2\eta \qquad (4)$$
$$\zeta(u+2\omega') = \zeta(u) + 2\eta'$$

其中 η 及 η' 是某二个常数. 假定在这些等式中各令 $u = -\omega, u = -\omega'$ 且利用 $\zeta(u)$ 是奇函数,则得

$$\eta = \zeta(\omega), \eta' = \zeta(\omega')$$

通常应用符号 $\eta = \eta_1, \eta' = \eta_3, \omega = \omega_1$ 及 $\omega' = \omega_3$,因而

$$\eta_1 = \zeta(\omega_1), \eta_3 = \zeta(\omega_3)$$

再导入以下常数

$$\eta_2 = \zeta(\omega_2) = -\zeta(\omega + \omega')$$

则不难看出

$$\eta_1 + \eta_2 + \eta_3 = 0$$

事实上,由式(4)

$$\zeta(u+2\omega+2\omega') = \zeta(u+2\omega') + 2\eta = \zeta(u) + 2\eta + 2\eta'$$

由此,设 $u = -\omega - \omega'$,则得

$$\eta + \eta' = \zeta(\omega + \omega')$$

即

$$\eta_1 + \eta_3 = -\eta_2$$

现今想证明一个很重要的关系式

$$\eta\omega' - \eta'\omega = \frac{\pi\mathrm{i}}{2} \qquad (5)$$

它当 ω, ω' 满足于条件 $\mathfrak{J}\dfrac{\omega'}{\omega} > 0$ 时成立. 要想得关系式

(5),取任意周期平行四边形,使点 $u=0$ 是这平行四边形的内点. 令这一平行四边形的顶点是 $c, c+2\omega, c+2\omega+2\omega', c+2\omega'$ 沿平行四边形的边界积分 $\zeta(u)$,得

$$2\pi i = \int_c^{c+2\omega} + \int_{c+2\omega}^{c+2\omega+2\omega'} + \int_{c+2\omega+2\omega'}^{c+2\omega'} + \int_{c+2\omega'}^{c} \zeta(u)\mathrm{d}u$$

在右边的第二个积分中作变换 $u=2\omega+v$,而在第三个积分中作变换 $u=2\omega'+v$,则有

$$\begin{aligned}2\pi i &= \int_c^{c+2\omega}\{\zeta(u)-\zeta(u+2\omega')\}\mathrm{d}u + \\ &\quad \int_c^{c+2\omega'}\{\zeta(u+2\omega)-\zeta(u)\}\mathrm{d}u \\ &= \int_c^{c+2\omega'}2\eta\mathrm{d}u - \int_c^{c+2\omega}2\eta'\mathrm{d}u = 4(\eta\omega'-\eta'\omega)\end{aligned}$$

这样就证明了关系式(5). 以后我们还有机会谈到它. 它可改写为下列形式

$$\eta_1\omega_3 - \eta_3\omega_1 = \frac{\pi i}{2}$$

由这一关系式用循环变换还可得出下边的两个关系式

$$\eta_2\omega_1 - \eta_1\omega_2 = \frac{\pi i}{2}, \eta_3\omega_2 - \eta_2\omega_3 = \frac{\pi i}{2}$$

2. 维尔斯特拉斯函数 $\sigma(u)$

函数 $\sigma(u)$ 用下边的等式定义

$$\ln\frac{\sigma(u)}{u} = \int_0^u \left\{\zeta(u) - \frac{1}{u}\right\}\mathrm{d}u \qquad (1)$$

这里的积分路径除去 $u=0$ 外不经过周期网的任何一

Jacobi 定理

个顶点. 由式(1)得

$$\frac{\sigma'(u)}{\sigma(u)} = \zeta(u) \qquad (2)$$

在式(1)里边,代 $\zeta(u)$ 以其部分分式展开式,再逐项积分就得

$$\ln\frac{\sigma(u)}{u} = \sum_{m,m'}{}' \left\{ \ln\left(1 - \frac{u}{2m\omega + 2m'\omega'}\right) + \frac{u}{2m\omega + 2m'\omega'} + \frac{u^2}{2(2m\omega + 2m'\omega')^2} \right\}$$

由此函数 $\sigma(u)$ 可展开成下边的无穷乘积

$$\sigma(u) = u \prod{}' \left(1 - \frac{u}{s}\right) e^{\frac{u}{s} + \frac{u^2}{2s^2}} \quad (s = 2m\omega + 2m'\omega') \quad (3)$$

我们看出, $\sigma(u)$ 是超越整函数,它只具有一级的零点,这些零点全在周期网的顶点.

由式(1)或式(3)立刻知道, $\sigma(u)$ 是奇函数.

在式(2)内用 $u + 2\omega$ 代替 u. 根据公式(4),得

$$\frac{\sigma'(u + 2\omega)}{\sigma(u + 2\omega)} = \frac{\sigma'(u)}{\sigma(u)} + 2\eta$$

故

$$\ln \sigma(u + 2\omega) = \ln \sigma(u) + 2\eta u + C$$

就是

$$\sigma(u + 2\omega) = C' e^{2\eta u} \sigma(u)$$

这里如假定 $u = -\omega$,则将有

$$\sigma(\omega) = -\sigma(\omega) C' e^{-2\eta\omega}$$

但因 $\sigma(\omega) \neq 0$,故

$$C' = -e^{2\eta\omega}$$

故

$$\sigma(u + 2\omega) = -e^{2\eta(u+\omega)} \sigma(u)$$

容易看出,一般地有

$$\sigma(u+2\omega_\alpha) = -e^{2\eta_\alpha(u+\omega_\alpha)}\sigma(u) \quad (\alpha=1,2,3) \quad (4)$$

3. 用函数 $\sigma(u)$ 或用函数 $\zeta(u)$ 表示任意的椭圆函数

众所周知,每一有理函数 $R(z)$ 可以有下边的两种表示法

$(\alpha)\quad R(z) = C\dfrac{(z-b_1)(z-b_2)\cdots(z-b_n)}{(z-a_1)(z-a_2)\cdots(z-a_m)}$

$(\beta)\quad R(z) = E(z) + \sum\limits_{i,k}\dfrac{A_k^{(i)}}{(z-a_k)^i}$

其中 $C, b_i, a_k, A_k^{(i)}$ 是常数,而 $E(z)$ 是多项式,我们把 $E(z)$ 叫作 $R(z)$ 的整式部分. 这两种表示法中的每一种都对于函数 $R(z)$ 有一定的描述:由第一种表示可以看出,函数 $R(z)$ 的零点和极点是什么,而第二种表示法常用于积分学,给出了 $R(z)$ 在它的每一极点处的主要部分.

现在我们将证明,任意的椭圆函数也都可有类似的表示法.

假设已知周期是 $2\omega, 2\omega'$ 的椭圆函数 $f(u)$. 取任意的一个周期平行四边形,且假定 $f(u)$ 在这一平行四边形内有极点 $a_1, a_2, \cdots, a_n$ 与零点 $b_1, b_2, \cdots, b_n$. 同时,这每一个零点与极点是几级的就算作几个. 这样就有(参阅第 4 节)

$$a_1 + a_2 + \cdots + a_n \equiv b_1 + b_2 + \cdots + b_n \pmod{2\omega, 2\omega'}$$

Jacobi 定理

设
$$b_1 = b_1^* + 2m\omega + 2m'\omega'$$
这里挑选整数 m, m',满足于
$$a_1 + a_2 + \cdots + a_n = b_1^* + b_2 + \cdots + b_n \qquad (1)$$
现今一般地来说 b_1^*,不在被考察的周期平行四边形内. 但是无妨将零点组
$$b_1, b_2, \cdots, b_n$$
换成与它等价的组
$$b_1^*, b_2, \cdots, b_n$$
今作出函数
$$g(u) = \frac{\sigma(u-b_1^*)\sigma(u-b_2)\cdots\sigma(u-b_n)}{\sigma(u-a_1)\sigma(u-a_2)\cdots\sigma(u-a_n)}$$
这一函数与函数 $f(u)$ 有相同的零点和相同的极点(而且它们的级也相同). 但在另一方面,由于函数 $\sigma(u)$ 的性质及关系式(1)有
$$g(u+2\omega_\alpha) = e^{2\eta_\alpha(a_1+a_2+\cdots+a_n-b_1^*-b_2-\cdots-b_n)} g(u) = g(u)$$
故 $g(u)$ 是一个椭圆函数,且与 $f(u)$ 有相同的周期. 关系式
$$\frac{f(u)}{g(u)} \qquad (2)$$
没有极点,概因分子的每个极点都是分母的同级极点,而分母的每个零点都是分子的同级零点. 但比(2)是一个椭圆函数. 故这个比等于常数,而得出函数 $f(u)$ 的第一种表示法
$$f(u) = C\frac{\sigma(u-b_1^*)\sigma(u-b_2)\cdots\sigma(u-b_n)}{\sigma(u-a_1)\sigma(u-a_2)\cdots\sigma(u-a_n)}$$
这里
$$b_1^* + b_2 + \cdots + b_n = a_1 + a_2 + \cdots + a_n$$

这种表示法和(α)相似.

现在来谈椭圆函数的第二表示法. 假设已知函数 $f(u)$ 在任一基本平行四边形内的极点[①]

$$a_1, a_2, \cdots, a_n$$

与函数 $f(u)$ 对应的主要部分. 令相当于极点 a_k 的主要部分有以下的形状

$$\frac{A_k}{u-a_k} + \sum_{r=2}^{m_k} (-1)^r \frac{(r-1)! A_k^{(r-1)}}{(u-a_k)^r}$$

我们容易看出, 下边的函数在 a_k 处也有相同的主要部分

$$A_k \zeta(u-a_k) + \sum_{r=2}^{m_k} A_k^{(r-1)} \wp^{(r-2)}(u-a_k)$$

对于其他极点也作出这样的式子再把它们加起来就得到函数

$$\sum_{k=1}^{n} A_k \zeta(u-a_k) + \sum_{k,r} A_k^{(r-1)} \wp^{(r-2)}(u-a_k)$$

上边的和的第二部分是椭圆函数. 我们将证明, 和的第一部分也是椭圆函数. 事实上, 令

$$\varphi(u) = \sum_{k=1}^{n} A_k \zeta(u-a_k)$$

则

$$\varphi(u+2\omega_\alpha) = \sum_{k=1}^{n} A_k 2\eta_\alpha + \varphi(u) = 2\eta_\alpha \sum_{k=1}^{n} A_k + \varphi(u)$$

但 A_k 是我们椭圆函数关于极点 a_k 的留数. 因在周期平行四边形内, 故所有极点的留数的和是零, 故

$$\varphi(u+2\omega_\alpha) = \varphi(u)$$

---

① 这里每个极点不论它是多少级只算作一个极点.

Jacobi 定理

故 $\varphi(u)$ 是椭圆函数.

差

$$f(u) - \sum_{k=1}^{n} A_k \zeta(u - a_k) - \sum_{k,r} A_k^{(r-1)} \wp^{(r-2)}(u - a_k)$$

在考察的周期平行四边形内没有异点,且因是一个椭圆函数,故必为一常数. 故得出 $f(u)$ 的第二表示法

$$f(u) = C + \sum_{k=1}^{n} A_k \zeta(u - a_k) + \sum_{k,r} A_k^{(r-1)} \wp^{(r-2)}(u - a_k)$$

它与(β)类似,故可叫作 $f(u)$ 的部分分式展开式.

4. 维尔斯特拉斯函数的加法定理

注意函数

$$\wp(u) - \wp(v)$$

其中 v 是常量(当然,关于用周期 $2\omega, 2\omega'$ 作模不与零同余). 这一函数在点 $u = 0$ 处有二级的极点,且在点 $u = v, u = -v$ 处有一级的零点. 容易看出来,用前节的定理显然可写出

$$a_1 = a_2 = 0, b_1^* = v, b_2 = -v$$

这样,我们得出表示式

$$\wp(u) - \wp(v) = C \frac{\sigma(u-v)\sigma(u+v)}{[\sigma(u)]^2}$$

这里 C 是常数. 想要确定这一常数,可用 u^2 乘这一关系式的两边再令 $u = 0$. 这给出

$$1 = -C[\sigma(v)]^2$$

故

$$C = -\frac{1}{[\sigma(v)]^2}$$

第 3 章 维尔斯特拉斯

所以有

$$\wp(u) - \wp(v) = -\frac{\sigma(u-v)\sigma(u+v)}{[\sigma(u)]^2[\sigma(v)]^2} \quad (1)$$

在这一等式中以 ω_α 代替 $v(\alpha = 1,2,3)$,且回想起

$$\wp(\omega_\alpha) = e_\alpha$$

因

$$\sigma(u+\omega_\alpha) = \sigma(u - \omega_\alpha + 2\omega_\alpha) = -\mathrm{e}^{2\eta_\alpha u}\sigma(u-\omega_\alpha)$$

所以我们得出下边的等式

$$\wp(u) - e_\alpha = \mathrm{e}^{2\eta_\alpha u}\left[\frac{\sigma(u-\omega_\alpha)}{\sigma(\omega_\alpha)\sigma(u)}\right]^2 \quad (\alpha = 1,2,3)$$

除去 $\sigma(u)$ 外,我们还导入三个西格玛函数

$$\sigma_\alpha(u) = -\frac{\mathrm{e}^{\eta_\alpha u}\sigma(u-\omega_\alpha)}{\sigma(\omega_\alpha)} \quad (\alpha = 1,2,3) \quad (2)$$

这里我们取负号,为的是使下边的等式成立

$$\sigma_\alpha(0) = 1$$

这样就有

$$\wp(u) - e_\alpha = \left[\frac{\sigma_\alpha(u)}{\sigma(u)}\right]^2 \quad (\alpha = 1,2,3)$$

我们看出,$\wp(u) - e_\alpha$ 的平方根是单值函数. 假定在点 $u = 0$ 的邻近使这个根常趋于 $+\frac{1}{u}$. 这时有

$$\sqrt{\wp(u) - e_\alpha} = \frac{\sigma_\alpha(u)}{\sigma(u)} \quad (\alpha = 1,2,3) \quad (3)$$

西格玛函数也能直接表示 $\wp'(u)$. 目的要求出这样的式子,取关系式

$$\wp'^2 = 4(\wp - e_1)(\wp - e_2)(\wp - e_3)$$

由此得出下式

$$[\wp'(u)]^2 = 4\frac{[\sigma_1(u)\sigma_2(u)\sigma_3(u)]^2}{[\sigma(u)]^6}$$

Jacobi 定理

求出它的平方根,再注意

$$\lim_{u \to 0} u^3 \wp'(u) = -2$$

就可得

$$\wp'(u) = -2 \frac{\sigma_1(u)\sigma_2(u)\sigma_3(u)}{[\sigma(u)]^3} \quad (4)$$

再转到关系式(1).两边求对数的导数,得出下边的等式

$$\frac{\wp'(u)}{\wp(u)-\wp(v)} = \zeta(u-v) + \zeta(u+v) - 2\zeta(u) \quad (5)$$

这是左边的部分分式展开式.

将式(5)里边的 u 及 v 掉换

$$-\frac{\wp'(v)}{\wp(u)-\wp(v)} = -\zeta(u-v) + \zeta(u+v) - 2\zeta(v) \quad (6)$$

今将式(5),(6)相加,得

$$\frac{\wp'(u)-\wp'(v)}{\wp(u)-\wp(v)} = 2\zeta(u+v) - 2\zeta(u) - 2\zeta(v)$$

故

$$\zeta(u+v) = \zeta(u) + \zeta(v) + \frac{1}{2} \cdot \frac{\wp'(u)-\wp'(v)}{\wp(u)-\wp(v)} \quad (7)$$

所得的等式将两个变数的和的泽塔(ζ)函数用每个变数的函数表示出来. 我们说:式(7)表示出泽塔函数的加法定理.

为要得出函数 $\wp$ 的加法定理,将式(7)关于 u 微分之,与关于 v 微分之,得

$$-\wp(u+v) = -\wp(u) + \frac{1}{2} \cdot \frac{\wp''(u)[\wp(u)-\wp(v)] - \wp'(u)[\wp'(u)-\wp'(v)]}{[\wp(u)-\wp(v)]^2}$$

$$\wp(u+v) = -\wp(v) - \frac{1}{2} \cdot \frac{\wp''(v)[\wp(u)-\wp(v)] - \wp'(v)[\wp'(u)-\wp'(v)]}{[\wp(u)-\wp(v)]^2}$$

把这两个等式相加,得

$$-2\wp(u+v) = -\wp(u) - \wp(v) +$$
$$\frac{1}{2} \cdot \frac{[\wp''(u) - \wp''(v)][\wp(u) - \wp(v)] - [\wp'(u) - \wp'(v)]^2}{[\wp(u) - \wp(v)]^2}$$
(8)

因由函数$\wp$的微分方程

$$2\wp'' = 12\wp^2 - g_2$$

故

$$\wp''(u) - \wp''(v) = 6[\wp^2(u) - \wp^2(v)]$$

应用这一恒等式,不难将式(8)化为以下的形式

$$\wp(u+v) + \wp(u) + \wp(v) = \frac{1}{4}\left[\frac{\wp'(u) - \wp'(v)}{\wp(u) - \wp(v)}\right]^2$$
(9)

这就是函数$\wp$的加法定理.

5. 用函数$\wp$及$\wp'$表示各椭圆函数

已证明,任意的椭圆函数$f(u)$可有部分分式的展开式

$$f(u) = C + \sum_{k=1}^{n} A_k \zeta(u - a_k) + \sum_{k,r} A_k^{(r-1)} \wp^{(r-2)}(u - a_k)$$

同时有

$$\sum_{k=1}^{n} A_k = 0 \qquad (1)$$

现在用函数ζ及$\wp$的加法定理,此外再注意,$\wp$的任意导数是$\wp$及$\wp'$的有理式.

首先,由ζ的加法定理

Jacobi 定理

$$\sum_{k=1}^{n} A_k \zeta(u-a_k) = \sum_{k=1}^{n} A_k \zeta(u) + R_1(\wp,\wp') = R_1(\wp,\wp')$$

(2)

其中 R_1 和以后遇见的 $R_2, R_3, \cdots$ 类似,表明它所包含变数的有理函数. 建立式(2)时利用到式(1).

根据函数 $\wp$ 的加法定理,得

$$\sum_{k=1}^{n} A_k^{(1)} \wp(u-a_k) = R_2(\wp,\wp')$$

其次

$$\sum_{k=1}^{n} A_k^{(2)} \wp'(u-a_k) = R_3(\wp,\wp')$$

等.

由所有这些等式,有

$$f(u) = R(\wp,\wp')$$

这样,每一个椭圆函数均可用 $\wp$ 及 $\wp'$ 的有理函数表示出来.

这一表示式可写成以下的形状

$$f(u) = R_1(\wp) + R_2(\wp)\wp'$$

(3)

这里所代表的只是 $\wp$ 的有理函数. 事实上, 由函数 $\wp$ 的微分方程,知道导数 $\wp'$ 的每一整数乘幂可用形如 $A + B\wp'$ 形状的式子表示出来,其中 A 及 B 是 $\wp$ 的多项式. 故 $\wp$ 及 $\wp'$ 的有理函数可用下边的式子表示出来

$$R(\wp,\wp') = \frac{M_1 + N_1 \wp'}{M + N \wp'}$$

其中 M_1, N_1, M, N 是 $\wp$ 的多项式. 用 $M - N\wp'$ 乘这一式的分子及分母,得

$$R(\wp,\wp') = \frac{M_2 + N_2 \wp'}{M^2 - N^2 \wp'^2}$$

现今分母只是 $\wp$ 的多项式. 即

$$R(\wp,\wp') = R_1(\wp) + R_2(\wp)\wp'$$

这就是我们要证明的.

我们还应注意,偶椭圆函数可用下边的形式表示出来

$$f(u) = R(\wp)$$

而奇椭圆函数则可用形式

$$f(u) = R(\wp)\wp'$$

表示出来. 为了证明它,取下列表示式

$$f(u) = R_1(\wp) + R_2(\wp)\wp'(u)$$

且以 $-u$ 代替 u. 这样得

$$f(-u) = R_1(\wp) - R_2(\wp)\wp'(u)$$

因 $\wp(u)$ 是偶函数,而 $\wp'(u)$ 是奇函数. 若 $f(u) = f(-u)$ 则将上二式相加,若 $f(u) = -f(-u)$ 则由第一式减去最后一式.

由式(3)可得出椭圆函数许多的一般性质.

一个最重要的性质是:任何两个椭圆函数若有相同的周期,则这两个函数之间有一代数关系式联系.

令 $f(u)$ 及 $g(u)$ 是这样的两个函数. 这时有

$$f(u) = R_1(\wp) + R_2(\wp)\wp' \tag{4}$$

$$g(u) = R_3(\wp) + R_4(\wp)\wp' \tag{5}$$

在另一方面

$$\wp'^2 = 4\wp^3 - g_2\wp - g_3 \tag{6}$$

由式(4),式(5)及式(6)可以消去 $\wp$ 及 $\wp'$. 这样就化成以下形状的关系式

$$F(f,g) = 0$$

其中 F 是 f 及 g 的多项式.

现在指出这个一般情形的两个特例. 先取 $g = f'$,其次取 $g(u) = f(u+v)$. 这样我们得出以下的事实:

Jacobi 定理

(a) 每一椭圆函数满足以下形状的一级微分方程
$$F(f, f') = 0$$
其中 F 是关于 f, f' 的多项式；(b) 每一椭圆函数具有代数的加法定理.

6. 椭 圆 积 分

我们已经讨论过第一种椭圆积分. 一般具有以下形状的积分叫作椭圆积分

$$\int R(z, w) \, dz \qquad (1)$$

其中
$$w^2 = a_0 z^4 + 4a_1 z^3 + 6a_2 z^2 + 4a_3 z + a_4 \equiv f(z)$$
还有附带的条件，就是多项式 $f(z)$ 不能有重根.

几何、解析及力学上的各种问题常可化为积分 (1). 最初这样的问题之一是求椭圆的弧长. 这一问题导出了术语——椭圆积分, 椭圆函数.

取椭圆
$$x = a \sin t, \quad y = b \cos t$$
且令
$$c^2 = a^2 - b^2, \quad \frac{c}{a} = k$$
对于弧长的微分有
$$ds^2 = dx^2 + dy^2 = (a^2 \cos^2 t + b^2 \sin^2 t) dt^2$$
$$= (a^2 - c^2 \sin^2 t) dt^2 = a^2 (1 - k^2 \sin^2 t) dt^2$$
所以

第 3 章　维尔斯特拉斯

$$s = a \int \sqrt{1 - k^2 \sin^2 t} \, dt$$

假定用公式

$$\xi = \sin t$$

导出 ξ 以代替 t，则想要求的弧长为

$$s = a \int \sqrt{\frac{1 - k^2 \xi^2}{1 - \xi^2}} \, d\xi$$

或

$$s = a \int \frac{1 - k^2 \xi^2}{\sqrt{(1 - \xi^2)(1 - k^2 \xi^2)}} \, d\xi$$

实际上，这是式(1)的特例.

我们已经证明，借助于适当的线性分式变换，可以把积分(1)里边的根式化成以下的形状

$$\sqrt{4x^3 - g_2 x - g_3}$$

令这个线性分式变换有下边的形状

$$z = \frac{\alpha x + \beta}{\gamma x + \delta}$$

这时有

$$\sqrt{a_0 z^4 + 4a_1 z^3 + 6a_2 z^2 + 4a_3 z + a_4} = \frac{\sqrt{4x^3 - g_2 x - g_3}}{(\gamma x + \delta)^2}$$

故

$$\int R(z, \sqrt{a_0 z^4 + 4a_1 z^3 + 6a_2 z^2 + 4a_3 z + a_4}) \, dz$$

$$= \int R\left(\frac{\alpha x + \beta}{\gamma x + \delta}, \frac{\sqrt{4x^3 - g_2 x - g_3}}{(\gamma x + \delta)^2}\right) \frac{\alpha \delta - \beta \gamma}{(\gamma x + \delta)^2} \, dx$$

在特殊情形有

Jacobi 定理

$$\int \frac{\mathrm{d}z}{\sqrt{a_0 z^4 + 4a_1 z^3 + 6a_2 z^2 + 4a_3 z + a_4}}$$
$$= (\alpha\delta - \beta\gamma) \int \frac{\mathrm{d}x}{\sqrt{4x^3 - g_2 x - g_3}}$$

这样,我们可以讨论下边的积分以替代式(1)

$$\int R(z, \sqrt{4z^3 - g_2 z - g_3}) \mathrm{d}z \qquad (2)$$

其中的 R 还是表明它所包含的两个变数的有理函数.

设导入相当于不变式 g_2, g_3 的函数 $\wp(u)$,且令 $z = \wp(u)$,则积分(2)变为以下的形状

$$\int R(\wp, -\wp')\wp' \mathrm{d}u = \int R_1(\wp, \wp') \mathrm{d}u \qquad (3)$$

即我们将得出椭圆函数的积分. 变换 $z = \wp(u)$ 表明

$$u = \int_z^\infty \frac{\mathrm{d}x}{\sqrt{4x^3 - g_2 x - g_3}} \qquad (4)$$

且由式(2)转到式(3)可以解释为想把一般的椭圆积分(2)看成对应的第一种椭圆积分(4)的函数.

想要求积分(3),最方便的是将椭圆函数 $R_1(\wp, \wp')$ 展成部分分式

$$R_1(\wp, \wp') = C + \sum_{k=1}^n A_k \zeta(u - a_k) + \sum_{k,r} A_k^{(r-1)} \wp^{(r-2)}(u - a_k)$$

两边积分得

$$\int R_1(\wp, \wp') \mathrm{d}u = C_1 + Cu + \sum_{k=1}^n A_k \ln \sigma(u - a_k) -$$

$$\sum_{k=1}^n A_k^{(1)} \zeta(u - a_k) +$$

$$\sum_{\substack{k,r \\ (r \geq 3)}} A_k^{(r-1)} \wp^{(r-3)}(u - a_k)$$

今注意函数 ζ 及 $\wp$ 的加法定理. 由这些定理有

$$\sum_{k=1}^{n} A_k^{(1)} \zeta(u - a_k) = -A\zeta(u) + R_2(\wp, \wp')$$

$$\sum_{\substack{k,r \\ (r \geq 3)}} A_k^{(r-1)} \wp^{(r-3)}(u - a_k) = R_3(\wp, \wp')$$

其中 A 是常数.

根据上述公式

$$\int R_1(\wp, \wp') \mathrm{d}u = Cu + \sum_{k=1}^{n} A_k \ln \sigma(u - a_k) + A\zeta(u) + R^*(\wp, \wp')$$

因

$$\sum_{k=1}^{n} A_k = 0$$

故这一公式更可写成以下的形状

$$\int R_1(\wp, \wp') \mathrm{d}u = Cu + A\zeta(u) + \sum_{k=1}^{n} A_k \ln \frac{\sigma(u - a_k)}{\sigma(u)} +$$
$$R^*(\wp, \wp') \tag{5}$$

右边最后的一项是椭圆函数. 最初三项非椭圆函数.

把变数 u 变回最初的变数 $z = \wp(u)$. 这时公式(5)右边的最后一项可写成以下的形状

$$R^*(z, w)$$

其中

$$w^2 = 4z^3 - g_2 z - g_3$$

这是积分(2)的代数部分.

至于超越部分, 它可由下边的元素构成

$$u, \zeta(u), \ln \frac{\sigma(u-a)}{\sigma(u)} + u\zeta(a)$$

这些函数的第一个是

Jacobi 定理

$$u = \int \frac{\mathrm{d}z}{w}$$

第二个等于

$$\zeta(u) = -\int \wp(u)\,\mathrm{d}u = -\int \frac{z\,\mathrm{d}z}{w}$$

而第三个是

$$\ln \frac{\sigma(u-a)}{\sigma(u)} + u\zeta(a) = \int \left\{ \frac{\sigma'(u-a)}{\sigma(u-a)} - \frac{\sigma'(u)}{\sigma(u)} + \zeta(a) \right\} \mathrm{d}u$$

$$= \int \{\zeta(u-a) - \zeta(u) + \zeta(a)\}\,\mathrm{d}u$$

$$= \frac{1}{2} \int \frac{\wp'(u) + \wp'(a)}{\wp(u) - \wp(a)}\,\mathrm{d}u$$

导入 $z = \wp(u), w = \wp'(u)$，令 $\wp(a) = z_0, \wp'(a) = w_0$. 这时第三个函数变为以下的形状

$$\frac{1}{2} \int \frac{w + w_0}{z - z_0} \cdot \frac{\mathrm{d}z}{w}$$

积分

$$u = \int \frac{\mathrm{d}z}{w}$$

以前叫作第一种椭圆积分，现今把积分

$$\int \frac{z\,\mathrm{d}z}{w}$$

叫作第二种标准椭圆积分，至于积分

$$\frac{1}{2} \int \frac{w + w_0}{z - z_0} \cdot \frac{\mathrm{d}z}{w}$$

则叫作第三种标准椭圆积分.

这样，全体的椭圆积分是由以上三种椭圆积分及 z 和 w 的某有理函数组成的.

借助于以上所建立的椭圆函数理论而得到的这一

结果也可以不依赖这个理论而得到,并且是关于导入椭圆积分与超椭圆积分的一般定理的特例,这种积分,就是具有以下形状的积分

$$\int R(z,Z)\mathrm{d}z$$

其中 Z^2 是 $n \geq 3$ 次的多项式,而 R 是有理函数.

7. Jacobi 的 θ 函数是次超越函数

滨州师范专科学校数学系的李文荣教授 2001 年系统介绍了函数方程与初等函数超越性.

7.1 代数函数与超越函数

初等函数又可分为代数函数与超越函数两类,分清哪些函数是代数函数,哪些函数是超越函数有着重要意义. 本节就是要提供几个依据函数方程的判别法则(参看文[14,15]),我们给出的这些判别法是新颖的. 我们先来叙述代数函数和超越函数的概念.

定义 1 若函数 $f:D \to R$(这里 $D \subset R$)满足某代数方程

$$P(x,f(x)) = 0, x \in D \quad (1)$$

其中 $P(x,y) = \sum_{k=0}^{n} p_k(x) y^k (n \geq 1)$ 是一个既约多项式,而 $p_k(x)$ ($k = 0,1,\cdots,n$) 都是 x 的多项式,且 $p_n(x) \neq 0$,则称函数 f 为代数函数.

顺便指出,所谓多项式 $P(x,y)$ 是既约的,是指

$P(x,y)$ 不能表示成两个非常数多项式之积. 定义 1 中关于 $P(x,y)$ 是既约的假定是非本质的,这只是为后面证明方便计.

从定义 1 可见,代数函数就是由代数隐函数式(1)所确定的函数.

例 1 显然,常函数 $y = c$(c 为常数)是代数函数,因为它满足最简单的代数方程 $y - c = 0$.

例 2 有理函数 $y = Q(x)/P(x)$(其中 P,Q 都是 x 的多项式)是代数函数. 因为它满足代数方程 $Q(x) - P(x)y = 0$.

例 3 无理函数也是代数函数. 例如,无理函数 $y = \sqrt{x + \sqrt{x}}$ 满足代数方程
$$(x^2 - x) - 2xy^2 + y^4 = 0$$

例 4 有理指数的幂函数 $y = x^{\frac{n}{m}}$ 也是代数函数,因为它满足代数方程 $y^m - x^n = 0$.

应该指出,并非所有的代数函数都能用常数及自变数 x 施行有限次代数运算(四则运算及开方运算)所构成的显函数来表达. 例如,由代数方程
$$y^5 + (x^2 - 1)y^2 + \sqrt{5}y = 2x$$
确定的函数 $y = f(x)$ 就是一个代数函数,但这个函数 f 却未必能用显函数表示,因为一般说来,五次以上的代数方程不能用根式求解. 因此,代数函数是一类比能用常数与自变数 x 经有限次代数运算表达的函数更加广泛的函数.

定义 2 非代数函数的函数,称为超越函数.

换言之,若函数 f 在其定义域或定义域的子区间

上不是任何形如(1)的代数方程的解,则这个函数f就是超越函数.可以说,超越函数"超出"了代数方法的范围,这正是给这类函数命名的数学家欧拉的原意.

由于判别一个函数是代数函数还是超越函数具有重要意义,所以二百多年前就吸引了许多数学家的注意.自从19世纪30年代法国数学家Liouville证明$\log x$的超越性以后,相继有人证明了一系列初等函数的超越性.但是通常的证明都是个别的进行的.也就是说对于不同的函数采用不同的证法,下面举一个例子.

例5 证明:$y = x^\mu$ ($x > 0$)是超越函数,这里μ是无理数.

证 假设$y = x^\mu$(μ为无理数)能满足代数方程(1),且$P(x,y)$与$p_k(x)(k = 0,1,\cdots,n)$都如定义1所设,如
$$p_n(x) = \alpha_m x^m + \alpha_{m-1} + \cdots + \alpha_0$$
其中$\alpha_i(0 \leqslant i \leqslant m)$是实常数,$\alpha_m \neq 0$.将$y = x^\mu$代入(1)得恒等式
$$\left(\sum_{i=0}^{m} \alpha_i x^i\right)(x^\mu)^n + \sum_{k=0}^{n-1} p_k(x)(x^n)^k \equiv 0$$
将左端整理可得
$$\alpha_m x^{n\mu+m} + \beta_1 x^{n\mu+m_1} + \beta_2 x^{n_2\mu+m_2} + \cdots + \beta_k x^{n_k\mu+m_k} + \cdots \equiv 0 \tag{2}$$
其中$\beta_1,\beta_2,\cdots$是实数,$m_1,m_2,\cdots$与$n_1,n_2,\cdots$都是非负整数.

既然恒等式(2)成立,那么首项$\alpha_m x^{n\mu+m}$必与后面某项相抵消,不妨设它与第$k+1$项$\beta_k x^{n_k\mu+m_k}$相抵消,

于是必成立 $n\mu + m = n_k\mu + m_k$,即
$$m - m_k = (n_k - n)\mu \qquad (3)$$

(i)若 $n_k \neq n$,则由(3)得到整数等于无理数的结果,这显然是荒谬的;

(ii)若 $n_k = n, m = m_k$,那么第 $k+1$ 项就是第一项,然而第一项不会同自身相消;

(iii)若 $n_k = n, m \neq m_k$,则由(3)又得非零整数等于 0 的错误结论.

综合(i)~(ii)知,(3)是不能成立的,即(2)中的首项是不能消去的,亦即 $y = x^\mu$(μ 为无理数)不能满足代数方程(1),故 $y = x^\mu$(μ 为无理数)是超越函数. 证毕.

7.2 函数超越性判别法

在本小节中,我们要借助于初等函数所满足的函数方程来判别该函数的超越性. 本段是笔者工作[14-16]的总结.

为给出下面的判别法,特作如下的说明.

附注 若 $f:D \to R$ 是一个代数函数,则方程 $f(x) = c$(c 为任一个常数)的解集是有穷的.

我们令 $\mathbf{R}_+ = \mathbf{R}_+ \setminus A$,其中 $\mathbf{R}_+$ 是正实数集,A 是一个含于 $\mathbf{R}_+$ 的可列集. 我们来证明下面的

定理 1 设 f 是一个非常数函数,它的定义域 $D \supset \mathbf{R}_+$,且 $F:D \to \mathbf{R}$ 满足 Poincaré 函数方程
$$f(ax) = G(f(x)), x \in D \qquad (4)$$
其中 $a > 1, G:E \to \mathbf{R}$ 且 $E \supset f(D)$. 若 f 与 G 符合条件:

(i)G 存在一个不动点 $\xi \in E \cap f(D)$,即 $G(\xi) = \xi$;

(ii) 存在 $x_0 \in \mathbf{R}_+$，使 $f(x_0) = \xi$；

(iii) $a^n x_0 \in \mathbf{R}_+$，$n = 1, 2, \cdots$.

则 f 是一个超越函数.

证 我们记 $U = \{x \mid f(x) = \xi, x \in \mathbf{R}_+\}$. 显然，$x_0 \in U$，且 $ax_0 \in \mathbf{R}_+ \subset D$. 由条件 (i) 和 (ii) 与方程 (4) 我们有
$$f(ax_0) = G(f(x_0)) = G(\xi) = \xi$$
因此，$ax_0 \in U$. 根据条件 (iii)，由归纳得
$$a^n x_0 \in U, n = 0, 1, 2, \cdots \qquad (5)$$
现在，注意到 $a > 1$，从 (5) 可知集 U 是无穷的. 因此，当 f 是非常数时，它就不是一个代数函数，这就证明了 f 是一个超越函数. 证毕.

我们还容易证明下面的

引理 1 若 $f: D \to \mathbf{R}$ 是超越函数，且它的反函数 $f^{-1}: f(D) \to \mathbf{R}$ 存在，则 f^{-1} 也是超越函数.

借助引理 1，我们能建立下面的

定理 2 设 $E, D \subset \mathbf{R}$，$f: D \to \mathbf{R}$ 是非常数函数，它的值域 $f(D \cap E) \supset \mathbf{R}_+$，它的反函数 $f^{-1}: f(D) \to \mathbf{R}$ 存在. 此外，设 f 满足 Schröder 函数方程
$$f(g(x)) = Af(x), x \in D \cap E \qquad (6)$$
其中 $A > 1$，$g: E \to D$，且 $g(E) \subset D$. 若 f 和 g 符合条件：

(i) 存在 g 的不动点 $\xi \in E \cap D$，即 $g(\xi) = \xi$；

(ii) 存在 $y_0 \in R^*$，使 $y_0 = f(\xi)$；

(iii) $A^n y_0 \in R^*$，$n = 1, 2, \cdots$.

则 f 是超越函数.

证 若记 $\varphi: f(D \cap E) \to D$ 为 $\varphi(y) = f^{-1}(y)$，则 (6) 就变为

Jacobi 定理

$$\varphi(Ay) = g(\varphi(y)), y \in f(D \cap E)$$

显然,函数 φ 符合定理 1 的全部条件,于是 φ 是超越函数. 根据引理 1, f 也是超越函数. 定理得证.

现在,我们举例说明定理 1 与定理 2 的应用.

例 6 正弦函数 $f(x) = \sin x (x \in \mathbf{R})$ 满足 Poincaré 方程

$$f(3x) = 3f(x) - 4[f(x)]^3$$

其中 $A = \varnothing, \mathbf{R}_+ = \mathbf{R}_+, D = \mathbf{R}, f(D) = [-1, 1], \alpha = 3, G(y) = 3y - 4y^3$, 而 $G: \mathbf{R} \to \mathbf{R}$. 明显地,有 $\xi_1 = 0 \in \mathbf{R} \cap f(D) = [-1, 1]$ 以及 $\xi_{2,3} = \pm\sqrt{\dfrac{1}{2}} \in [-1, 1]$ 是 G 的不动点,且存在 $x_0 = \pi \in \mathbf{R}_+$, 使 $f(x_0) = \xi_1$, 又 $3^n \pi \in \mathbf{R}_+ (n = 1, 2, \cdots)$. 根据定理 1 知, $f(x) = \sin x$ 是超越函数.

例 7 正切函数 $f(x) = \tan x$ 满足 Poincaré 方程

$$f(2x) = \frac{2f(x)}{1 - [f(x)]^2}$$

其中

$$D = \left\{ x \mid x \neq \frac{\pi}{2} + k\pi, k \in \mathbf{Z} \right\}, f(D) = \mathbf{R}$$

$$A = \left\{ x \mid x = \frac{\pi}{2} + k\pi, k \in \mathbf{N} \right\}$$

于是 $D \supset \mathbf{R}_+ = \mathbf{R}_+ \setminus A$. 此外, $\alpha = 2, G(y) = \dfrac{2y}{1 - y^2}$, $G: E \to R$, 这里 $E = R \setminus \{+1, 1\}$. 显然 $\xi = 0 \in E \cap f(D) = E$ 是 G 的不动点,且存在 $x_0 = \pi \in \mathbf{R}_+$, 使 $f(x_0) = \xi$, 又 $2^n \pi \in \mathbf{R}_+ (n = 1, 2, \cdots)$. 根据定理 1, $f(x) = \tan x$ 是超

越函数.

附注 指数函数 $f(x) = a^x$ ($a > 0, a \neq 1$) 满足 Poincaré 方程
$$f(2x) = [f(x)]^2$$
其中 $D = \mathbf{R}, f(D) = \mathbf{R}_+, A = \varnothing, E = \mathbf{R}, \alpha = 2$,且 $\xi = 1 \in E \cap f(D) = \mathbf{R}_+$ 是 $G(y) = y^2$ 的不动点,但是不存在 $x_0 \in \mathbf{R}_+$ 使 $f(x_0) = 1$,因此,定理 1 不能用来判别 $f(x) = a^x$ 是否具有超越性. 为了扩大判别的范围,我们要给出新的判别法则. 首先,直接引述高等代数上两个熟知的结论.

引理 2 若二元多项式 $P_1(x,y)$ 与 $P_2(x,y)$ 互质(即它们除了非零常数外没有别的公因式),则方程 $P_1(x,y) = 0$ 和 $P_2(x,y) = 0$ 只有有限组公共解.

引理 3 若对于两个多项式 $P_1(x,y)$ 和 $P_2(x,y)$,方程 $P_1(x,y) = 0$ 与 $P_2(x,y) = 0$ 有无穷组不同的公共解,$P_1(x,y)$ 是既约的,则存在多项式 $Q(x,y)$,使 $P_2(x,y) \equiv Q(x,y) \cdot P_1(x,y)$.

证 若不然,则 $P_1(x,y)$ 不是 $P_2(x,y)$ 的因式,又因 $P_1(x,y)$ 是既约的,故 $P_1(x,y)$ 与 $P_2(x,y)$ 必互质. 这样,由引理 2 知,方程 $P_1(x,y) = 0$ 与 $P_2(x,y) = 0$ 只有有限组公共解. 这与假设矛盾,结论得证.

定理 3 设 $f:D \to R$ 是非常数函数,其定义域 D 包含某一个区间 $(0,r)$ ($r > 0$). 假定函数 f 满足 Poincaré 方程
$$f(\alpha x) = G(f(x)) \quad (x \in D) \tag{7}$$
其中 $\alpha > 1, G: E \to R$ 且 $E \supset f(D)$. 此外,设 $G(y) =$

Jacobi 定理

$\dfrac{M(y)}{L(y)}$ 是既约分式，$L(y)$ 和 $M(y)$ 分别是 l 次和 m 次多项式，且对 $y \in E \cap f(D)$ 有 $L(y) \neq 0$. 若 $l \neq m$, $\max(l, m) > 1$, 则 f 是超越函数.

证 设 f 是代数函数，那么它必在区间 $(0, r)$ 内满足代数方程(1), 即

$$P(x, f(x)) \equiv 0, x \in (0, r) \qquad (8)$$

其中 $P(x, y) = \sum_{k=0}^{n} p_k(x) y^k$ $(n \geq 1)$ 是既约的, $p_k(x)$ $(k = 0, 1, 2, \cdots)$ 是多项式，且 $p_n(x) \neq 0$. 在 (8) 中以 ax 代替 x, 并利用 (7), 我们得到

$$P(ax, G(f(x))) = 0, x \in D_1 \qquad (9)$$

其中 $0 < r_1 = \dfrac{r}{\alpha} < r$, $D_1 = (0, r_1)$. 此外，对 $x \in D_1, y \in f(D_1)$, 我们有

$$P(ax, G(y)) = \sum_{k=0}^{n} p_k(ax) [G(y)]^k$$
$$= \sum_{k=0}^{n} p_k(ax) \left[\dfrac{M(y)}{L(y)}\right]^k$$

于是

$$P(ax, G(y)) = \dfrac{1}{[L(y)]^n} \sum_{k=0}^{n} p_k(ax) [M(y)]^k [L(y)]^{n-k} \qquad (10)$$

我们记

$$\overline{p_k}(x) = p_k(ax) \qquad (11)$$

$$\overline{P}(x, y) = \sum_{k=0}^{n} \overline{p_k}(x) [M(y)]^k [L(y)]^{n-k} \qquad (12)$$

因为对 $y \in f(D)$, 有 $L(y) \neq 0$, 所以表示式 (10) 可写成

$$\overline{P}(x,y) = [L(y)]^n P(\alpha x, G(y)) \quad (13)$$

依照(9)和(13),非常数函数 f 也满足代数方程

$$\overline{P}(x, f(x)) = 0, x \in D_1 \quad (14)$$

由于函数 f 在 $(0, r_1)$ 上同时满足代数方程(8)与(14),而 $P(x,y)$ 是既约的,根据引理3,必存在多项式 $Q(x, y)$,使

$$\overline{P}(x,y) \equiv Q(x,y) \cdot P(x,y) \quad (15)$$

因为 $\overline{P}(x,y)$ 与 $P(x,y)$ 关于 x 的次数是相同的,故而 $Q(x,y) \equiv Q(y)$,因此

$$\overline{P}(x,y) \equiv Q(y) \cdot P(x,y)$$

下面分情况进行讨论:

(1)设 $l > m$. 由 $\max(l, m) > 1$,有 $l > 1$. 因为 $P(x,y)$ 是既约的,故 $\overline{p_0}(x) = p_0(\alpha x) \neq 0$,根据(12),我们知道 $\overline{P}(x,y)$ 乃是关于 y 的 $l \cdot n$ 次多项式. 再次(15),不难看出, $Q(y)$ 是 $(l \cdot n - n)$ 次多项式. 由于 $l \cdot n - n = (l-1)n \geq 1$,所以方程 $Q(y) = 0$ 至少有一个根 y_0. 考虑到(15),对任意 x 就有

$$\overline{P}(x, y_0) \equiv 0, x \in D_1 \quad (16)$$

现在,我们来证明: $L(y_0) \neq 0$. 从(12)和(15)得

$$\sum_{k=0}^{n} \overline{p_k}(x)[M(y)]^k [L(y)]^{n-k} = Q(y) P(x,y)$$

若 $L(y_0) = 0$,在方程(12)中令 $y = y_0$,再注意到上式,我们得出

$$\overline{P}(x, y_0) = \overline{p_n}(x)[M(y_0)]^n \equiv 0$$

因 $\overline{p_n}(x) \neq 0$, 故 $M(y_0) = 0$, 这与 $M(y)/L(y)$ 是既约分式的假定矛盾. 由 $L(y_0) \neq 0$, 从(13)和(16)有
$$P(\alpha x, G(y_0)) \equiv 0$$
这意味着, $P(x,y)$ 有一个因式 $y - G(y_0)$, 而 $P(x,y)$ 是既约的, 故有
$$P(x,y) \equiv c(y - G(y_0))$$
其中 $c \neq 0$ 是一个常数. 鉴于此, 方程(8)有唯一解 $f(x) = G(y_0) (x \in D_1)$. 这个结论与所设 f 是满足方程(8)的非常数函数相矛盾. 从而证明了函数 f 在定义域的部分区域 $(0, r)$ 内是超越函数. 因此, 函数 f 是超越函数.

(2) 设 $l < m$, 同法可以证明结论是正确的, 至此, 定理证毕.

我们还有下面的

定理 4 设 $f: D \to \mathbf{R}$ 是非常数函数, $D, E \subset \mathbf{R}$, 且 $f(D \cap E)$ 包含某区间 $(0, r)(r > 0)$. 又设 f 存在反函数 f^{-1}. 设函数 f 满足 Schröder 方程
$$f(g(x)) = Af(x), x \in D \cap E \qquad (17)$$
其中 $A > 1, g: E \to D$ 且 $g(E) \subset D$. 此外, 设 $g(x) = \dfrac{m(x)}{l(x)}$ 是既约分式, $l(x)$ 与 $m(x)$ 分别是 l 次和 m 次多项式, 且对 $x \in D \cap E$, 有 $l(x) \neq 0$. 若 $l \neq m, \max(l, m) > 1$, 则 f 是超越函数.

证 由于 f 有反函数 f^{-1}, 所以我们可用 $\varphi(y) = f^{-1}(x)$ 记 $\varphi: f(D \cap E) \to D$. 从(17)能得到
$$g(x) = f^{-1}(Af(x)) \quad (x \in D \cap E)$$
或
$$\varphi(Ay) = g(\varphi(y)), y \in f(D \cap E)$$

这样，φ 就符合定理 3 的全部条件，因而 φ 是超越函数. 按照引理 1，f 也是超越函数，定理 4 得证.

最后，我们给出几个例子.

例 8 余弦函数 $f(x) = \cos x (x \in \mathbf{R})$ 满足 Poincaré 函数方程 $f(2x) = 2[f(x)]^2 - 1 (x \in \mathbf{R})$，其中 $\alpha = 2$，$G(y) = 2y^2 - 1$. 明显地，$L(y) = 1$，$M(y) = 2y^2 - 1$，$G(y)$ 为既约分式. 另外，$L = 0$，$m = 2$. 按照定理 3，$f(x) = \cos x$ 是超越函数.

例 9 反正切函数 $f(x) = \arctan x (x \in \mathbf{R})$ 满足 Schröder 函数方程 $f(\frac{2x}{1-x^2}) = 2f(x)$，其中 $A = 2$，$g(x) = \frac{2x}{1-x^2} (|x| < 1)$ 是既约分式. 另外，$m(x) = 2x$，$l(x) = 1 - x^2 \neq 0 (|x| \neq 1)$ 和 $l = 2$，$m = 1$. 按照定理 4，$f(x) = \arctan x$ 是超越函数.

例 10 指数函数 $y = a^x (a > 0, a \neq 1)$ 满足 Poincaré 方程 $f(2x) = [f(x)]^2$，$x \in \mathbf{R}$，其中 $\alpha = 2$，$G(y) = y^2$，$M(y) = y^2$，$L(y) = 1$. 我们设 $D = R$. 于是有 $0 \notin f(D) = R^+$. $G(y)$ 可以看作既约分式. 此外，$l = 0$，$m = 2$. 借助定理 3，$f(x) = a^x$ 也是超越函数.

我们看到，对于指数函数 $f(x) = a^x (a > 0, a \neq 1)$ 虽然不能应用定理 1，但是能够应用定理 3.

7.3 超超越函数

由前述可知，函数可分为代数函数与超越函数两类. 进一步探讨，人们发现不同的超越函数还存在着"超越程度"的差异，于是超越函数又能分为超超越函数与次超越函数.

定义 3 若一个函数(或幂级数)f 满足形如
$$P(x,y,y',\cdots,y^{(n)}) = 0 \tag{18}$$
(其中 P 是一个 $n+2$ 元的非平凡多项式)的微分方程,则称 f 为次超越函数或微分代数函数. 若 f 不满足任何代数微分方程(18),则称 f 为超超越函数.

次超越函数在数学分析中屡见不鲜,例如 e^x, $\log x$, $\sin x$, $\arctan x$, Bessel 函数等都是次超越函数. 另外,不难证明:次超越函数的和、差、积和商以及反函数、复合函数仍是次超越函数. 譬如,函数
$$J_0\left(\sec^{-1}\left(\frac{e^{x^2}+\sqrt{\ln x}}{e^{x^2}-\sqrt{\ln x}}\right)\right)$$
(其中 J_0 是 Bessel 函数)就是次超越函数.

Ritt 很早就求出了 Poincaré 函数方程
$$f(ax) = G(f(x))$$
的所有的次超越函数的解(看[17]).

出人意料的是,从文献:P. Chowda and S. Chowla On the algebraic differential equation satisfied by some elliptic functions Ⅱ. Hardy – Ramanujan Journal. 1984, 7: 13-16 中我们发现:从 1947 年到 1984 年先后五次证明了 Jacobi 的 θ 函数 $\theta(x) = \sum_{n=0}^{\infty} x^{n^2}$ 也是次超越函数.

1887 年 Hölder 在文献[20]中证明 Euler 的伽马函数
$$\Gamma(x) = \int_0^\infty t^{x-1} e^{-t} dt$$
是超超越函数. 这是历史上第一次证明一个函数是超

超越函数. 1925 年, Ostrowski 又借助 Γ 函数所满足的函数方程 $\Gamma(x+1) = x\Gamma(x)$ 给出了更方便的证明(参看[17]).

定理 5[20]　$\Gamma(x)$ 是超超越函数.

证　采用 Ostrowski 的证法. 以 y 记未知函数, 以 $y_1, y_2, \cdots, y_k, \cdots$ 分别记导数 $y', y'', \cdots, y^{(k)}, \cdots$

设两个关于 $y, y_1, y_2, \cdots$ 的不同的乘幂的积为
$$A(x) y^{n_0} y_1^{n_1} y_2^{n_2} \cdots$$
与
$$\overline{A}(x) y^{\overline{n}_0} y_1^{\overline{n}_1} y_2^{\overline{n}_2} \cdots$$
若在差 $n_0 - \overline{n}_0, n_1 - \overline{n}_1, \cdots$ 中最后一个非零的差是严格正的, 则称第一个"幂积"高于第二个"幂积". 这就明确地规定微分多项式中各项的排列顺序. 因此可以说某项是微分多项式的最高项.

当假定 $\Gamma(x)$ 是次超越函数, 我们在 $\Gamma(x)$ 所满足的所有的代数微分方程中选取一个方程, 使它的最高项是最低的(因此, 在最高阶导数中的那个阶数及其他阶数中间, 它是最低阶和最低次的, 等等). 表示方程如
$$f(y, y_1, y_2, \cdots, x) = 0$$
且最高项为
$$A(x) y^{n_0} y_1^{n_1} y_2^{n_2} \cdots$$
此外, 我还可假设 $A(x)$ 的次数尽量小, 且 $A(x)$ 的首项系数是 1. 于是, f 必定既不被 y 也不被线性因子 $x - a$ 所整除.

若 $\Gamma(x)$ 满足另一个代数微分方程 $\overline{f} = 0$, 这个方程有最高项 $\overline{A}(x) y^{\overline{n}_0} y_1^{\overline{n}_1} y_2^{\overline{n}_2}, \cdots$, 则 $A(x)$ 必是 $\overline{A}(x)$ 的一

Jacobi 定理

个因子,且有

$$\bar{f} = \frac{\overline{A(x)}}{A(x)} f$$

由欧几里得算法,我们可表示 $\overline{A(x)} = QA(x) + P$,其中 P 和 Q 都是多项式,且 P 的次数低于 $A(x)$ 的次数. 因而微分多项式 $\bar{f} - Qf$ 将有一个比 f 低的最高项,否则 $\bar{f} - Qf$ 关于 x 的最高项的次数要小于 $A(x)$ 的次数,使得 $\bar{f} - Qf$ 必恒等于零.

根据函数方程 $\Gamma(x+1) = x\Gamma(x)$ 知,$\Gamma(x)$ 也满足代数微分方程

$$f((x\Gamma(x)), (x\Gamma(x))', (x\Gamma(x))'', \cdots; x+1) = 0$$

若以分量

$$\bar{y} = xy, \bar{y_1} = xy_1 + y, \bar{y_2} = xy_2 + 2y_1$$

$$\bar{y_3} = xy_3 + 3y_1, \cdots; \bar{x} = x+1 \quad (19)$$

代替 $y, y_1, y_2, \cdots; x$,则 $f(\bar{y}, \bar{y_1}, \bar{y_2}, \cdots; \bar{x})$ 就变成上面方程的左边.

今以 S 表示这个替换,而 Sg 表示 S 应用于 $g(y, y_1, y_2, \cdots; x)$ 的结果. 若 $B(x) y^{m_0} y_1^{m_1} \cdots$ 是 $y, y_1, y_2, \cdots$ 的任意一个"幂积",则 $SB(x) y^{m_0} y_1^{m_1} \cdots$ 的最高项显然是 $x^m B(x+1) y^{m_0} y_1^{m_1} \cdots$,其中 $m = m_0 + m_1 + \cdots$. 因而,Sf 的最高项就是 $x^n A(x+1) y^{n_0} y_1^{n_1} \cdots$,其中 $n = n_0 + n_1 + \cdots$ 由上面讨论可知,$x^n A(x+1)/A(x)$ 必定是多项式 $D(x) = x^n + \cdots$,因此有

$$Sf \equiv D(x)f \quad (20)$$

为了从 Sf 倒推出 f,必须以

第3章 维尔斯特拉斯

$$x-1, \frac{y}{x-1}, \frac{(x-1)y_1-y}{(x-1)^2}, \cdots, \frac{g_k(y,y_1,\cdots;x)}{(x-1)^{n_k}}, \cdots$$

代替 $x, y, y_1, \cdots, y_k, \cdots$,其中 g_k 是 $y, y_1, \cdots; x$ 的多项式,n_k 是正整数.如果在(20)中实施这个替换,并且以 $x-1$ 的适当的幂乘两边,那么对某一个正整数 r,可得

$$(x-1)^r f(y, y_1, \cdots; x) \equiv D(x-1)g(y, y_1, \cdots; x)$$

其中 g 是 $y, y_1, \cdots; x$ 的多项式.

所以 $D(x-1)$ 除去 $\alpha = 1$ 外没有别的根,否则作为 $y, y_1, \cdots$ 的多项式 f 对 $x = \alpha$ 就恒等于零,因此 $D(x-1)$ 能被 $x-\alpha$ 整除.

$$f(xy, xy_1+y, xy_2+2y_1, \cdots; x+1) \equiv x^n f(y, y_1, y_2, \cdots; x)$$

(21)

我们在此令 $y=0$,并使所得方程

$$f(0, xy_1, xy_2+2y_1, \cdots; x+1) \equiv x^n f(0, y_1, y_2, \cdots; x)$$

的两边的最高项保持相等.如果说 $f(0, y_1, y_2, \cdots; x)$ 的最高项是 $C(x) y_1^{l_1} y_2^{l_2} \cdots$,那么我们有

$$x^{l_1+l_2+\cdots} C(x+1) y_1^{l_1} y_2^{l_2} \cdots \equiv x^n C(x) y_1^{l_1} y_2^{l_2} \cdots$$

因此,必有 $l_1 + l_2 + \cdots = n$,且 $C(x+1) = C(x)$,从而 $C(x)$ 是一个非零常数.所以 $f(0, y_1, y_2, \cdots; x)$ 不能被 $x-1$ 整除,且 $f(0, y_1, y_2, \cdots; 1)$ 不恒等于零.但是,我们如果在(21)中令 $x=0$,那么

$$f(0, y, 2y_1, 3y_2, \cdots; 1) \equiv 0$$

也就是说,当分别以 $y_1, y_2, y_3 \cdots$ 代替 $y, 2y_1, 3y_2, \cdots$,就能得到

$$f(0, y_1, y_2, \cdots; 1) \equiv 0$$

这样就产生了矛盾.于是 $\Gamma(x)$ 不是次超越函数,而是

超超越函数. 证毕.

附注 定理 5 的 Ostrowski 的证法是用反证法证明的,其最大特点是利用了关于 Γ 函数的函数方程 $\Gamma(x+1)=x\Gamma(x)$. 我们可以说,定理 5 的证明是函数方程应用的一个范例.

1927 年, Ritt 与 Gourin 还证明了一个定理:若 $f(x)$ 是任意次超越函数,则 f 必满足一个整系数的代数微分方程.

西塔函数

1. 西塔函数的无穷乘积表示

在第 3 节曾用无穷级数定义西塔函数. 现今我们想把西塔函数展成无穷乘积.

要想得出这些展开式,考察函数

$$f(s) = \prod_{k=1}^{\infty}(1-h^{2k-1}s)\prod_{h=1}^{\infty}(1-h^{2k-1}s^{-1}) \quad (1)$$

其中 h 是常数,它的模小于 1,而 s 是复变数. 上边写出的无穷乘积对于任意的 $s \neq 0$ 绝对收敛,且公式(1)所定义的函数 $f(s)$ 显然在每一异于零的有限点 s 是正则的. 其次,从式(1)的右边可以看出,$f(s)$ 满足下边的函数方程

$$f(s) = -hsf(h^2s) \quad (2)$$

函数 $f(s)$ 可以展成洛朗(Laurent)氏级数. 假定这一展开式具有下边的形状

$$f(s) = \sum_{k=-\infty}^{\infty} a_k s^k \quad (3)$$

注意式(2),得

$$\sum_{k=-\infty}^{\infty} a_k s^k = -\sum_{k=-\infty}^{\infty} a_k h^{2k+1} s^{k+1}$$

Jacobi 定理

故
$$a_k = -a_{k-1}h^{2k-1}$$
这个关系式可写成下边的形式
$$(-1)^k a_k h^{-k^2} = (-1)^{k-1} a_{k-1} h^{-(k-1)^2}$$
这样,量
$$(-1)^k a_k h^{-k^2}$$
与 k 无关,这就表明
$$(-1)^k a_k h^{-k^2} = a_0$$
我们的展开式(3)就取下边的形式
$$f(s) = a_0 \sum_{k=-\infty}^{\infty} (-1)^k h^{k^2} s^k$$
故
$$f(e^{2\pi i v}) = a_0 \Big\{ 1 + 2 \sum_{k=1}^{\infty} (-1)^k h^{k^2} \cos 2k\pi v \Big\}$$
大括号里边的式子就是 $\vartheta_0(v)$,故
$$\vartheta_0(v) = \frac{1}{a_0} f(e^{2\pi i v})$$
在另一方面
$$f(e^{2\pi i v}) = \prod_{k=1}^{\infty} (1 - h^{2k-1} e^{2\pi i v})(1 - h^{2k-1} e^{-2\pi i v})$$
$$= \prod_{k=1}^{\infty} (1 - 2h^{2k-1} \cos 2\pi v + h^{4k-2})$$
这样,就有
$$\vartheta_0(v) = \frac{1}{a_0} \prod_{k=1}^{\infty} (1 - 2h^{2k-1} \cos 2\pi v + h^{4k-2})$$

我们已经得出 $\vartheta_0(v)$ 的无穷乘积展开式,但里边的数字因子 $\frac{1}{a_0}$ 还没有确定. 现在想把它求出来. 为达到这目的,设

$$f_n(s) = \prod_{k=1}^{n} (1 - h^{2k-1}s)(1 - h^{2k-1}s^{-1}) \quad (4)$$

把式(4)的右边相乘,得

$$f_n(s) = a_0^{(n)} + a_1^{(n)}\left(s + \frac{1}{s}\right) + \cdots + a_n^{(n)}\left(s^n + \frac{1}{s^n}\right)$$

同时

$$a_n^{(n)} = (-1)^n h^{1+3+5+\cdots+(2n-1)} = (-1)^n h^{n^2} \quad (5)$$

在另一方面,由式(4)有

$$(sh - h^{2n})f_n(h^2 s) = -(1 - h^{2n+1}s)f_n(s)$$

故

$$(sh - h^{2n})\sum_{k=-n}^{n} a_k^{(n)} h^{2k} s^k = -(1 - h^{2n+1}s)\sum_{k=-n}^{n} a_k^{(n)} s^k$$

或

$$\sum_{k=-n}^{n} a_k^{(n)}(h^{2k+1} - h^{2n+1})s^{k+1} = \sum_{k=-n}^{n} a_k^{(n)}(h^{2k+2n} - 1)s^k$$

比较两边的系数,得

$$a_k^{(n)}(h^{2k+1} - h^{2n+1}) = a_{k+1}^{(n)}(h^{2(k+n+1)} - 1)$$

依次假定 $k = 0, 1, 2, \cdots, n-1$,且把得出的等式相乘,就有

$$(-1)^n a_0^{(n)} \prod_{k=1}^{n}(h^{2k-1} - h^{2n+1}) = a_n^{(n)} \prod_{k=1}^{n}(1 - h^{2(n+k)})$$

故由式(5),得

$$a_0^{(n)} = \frac{h^{n^2} \prod_{k=1}^{n}(1 - h^{2(n+k)})}{\prod_{k=1}^{n}(h^{2k-1} - h^{2n+1})}$$

或

Jacobi 定理

$$a_0^{(n)} = \frac{\prod_{k=1}^{n}(1-h^{2(n+k)})}{\prod_{k=1}^{n}(1-h^{2k})}$$

我们要求的量 a_0 等于

$$a_0 = \lim_{n\to\infty} a_0^{(n)}$$

事实上,由确定洛朗氏级数的系数的公式得

$$a_0 = \frac{1}{2\pi i}\oint f(s)\frac{ds}{s},\ a_0^{(n)} = \frac{1}{2\pi i}\oint f_n(s)\frac{ds}{s}$$

其中的积分路径是单位圆的圆周,但在该圆周上当 $n\to\infty$ 时 $f_n(s)$ 均趋近于 $f(s)$. 由以上所得到的 $a_0^{(n)}$ 的表达式推出

$$a_0 = \frac{1}{\prod_{k=1}^{\infty}(1-h^{2k})}$$

这样,最后的公式就是以下的形式

$$\vartheta_0(v) = H_0 \prod_{k=1}^{\infty}(1-h^{2k-1}e^{2\pi iv})(1-h^{2k-1}e^{-2\pi iv})$$
$$= H_0 \prod_{k=1}^{\infty}(1-2h^{2k-1}\cos 2\pi v + h^{4k-2})$$

其中

$$H_0 = \prod_{k=1}^{\infty}(1-h^{2k})$$

由此我们不难得到其他西塔函数类似的展开式. 兹取函数 $\vartheta_1(v)$ 的展开式为例. 为此目的,可应用下边的等式

$$\vartheta_1(v) = \frac{1}{i}h^{\frac{1}{4}}e^{\pi iv}\vartheta_0\left(v+\frac{\tau}{2}\right)$$

由这一等式得

$$\vartheta_1(v) = \frac{1}{i}H_0 h^{\frac{1}{4}}e^{\pi iv}\prod_{k=1}^{\infty}(1-h^{2k}e^{2\pi iv})(1-h^{2k-2}e^{-2\pi iv})$$

$$= \frac{1}{\mathrm{i}} H_0 h^{\frac{1}{4}} \mathrm{e}^{\pi\mathrm{i} v}(1-\mathrm{e}^{-2\pi\mathrm{i} v}) \prod_{k=1}^{\infty}(1-h^{2k}\mathrm{e}^{2\pi\mathrm{i} v})(1-h^{2k}\mathrm{e}^{-2\pi\mathrm{i} v})$$

$$= 2H_0 h^{\frac{1}{4}} \sin \pi v \prod_{k=1}^{\infty}(1-2h^{2k}\cos 2\pi v + h^{4k})$$

如有西塔函数的无穷乘积展开,就不难将它的全部零点的集合写出来,且可得出这些函数的零值,特别可证明

$$\vartheta_1'(0) = \pi \vartheta_0(0) \vartheta_2(0) \vartheta_3(0)$$

2. 西格玛函数与西塔函数的关系

今比较函数 $\sigma(u)$ 与函数 $\vartheta_1\left(\dfrac{u}{2\omega}\right)$. 这些函数的零点都是一级的,且是下边的形状

$$u = 2m\omega + 2m'\omega' \quad (m,m' = 0, \pm 1, \pm 2, \cdots)$$

考察下边的式子

$$f(u) = \frac{\mathrm{e}^{\alpha u^2}\sigma(u)}{\vartheta_1\left(\dfrac{u}{2\omega}\right)}$$

这是在有限的距离内没有奇异点的函数,因为分母和分子有相同的零点,且每零点的级也相同.

先求 $f(u+2\omega)$ 及 $f(u+2\omega')$ 有

$$f(u+2\omega) = \mathrm{e}^{\alpha(u+2\omega)^2}\frac{\sigma(u+2\omega)}{\vartheta_1\left(\dfrac{u}{2\omega}+1\right)}$$

$$= \mathrm{e}^{\alpha u^2}\mathrm{e}^{4\omega\alpha(u+\omega)}\mathrm{e}^{2\eta(u+\omega)}\frac{\sigma(u)}{\vartheta_1\left(\dfrac{u}{2\omega}\right)}$$

$$= \mathrm{e}^{2(2\omega\alpha+\eta)(u+\omega)}f(u)f(u+2\omega')$$

Jacobi 定理

$$= e^{\alpha(u+2\omega')^2} \frac{\sigma(u+2\omega')}{\vartheta_1\left(\dfrac{u}{2\omega}+\tau\right)}$$

$$= e^{\alpha u^2} e^{4\alpha\omega'(u+\omega')} \frac{e^{2\eta'(u+\omega')}}{h^{-1}e^{-\frac{2\pi i u}{2\omega}}} \frac{\sigma(u)}{\vartheta_1\left(\dfrac{u}{2\omega}\right)}$$

$$= e^{\left\{2(2\omega'\alpha+\eta')+\frac{\pi i}{\omega}\right\}(u+\omega')} f(u)$$

注意到等式

$$\eta\omega' - \eta'\omega = \frac{\pi i}{2}$$

这样得

$$2(2\omega'\alpha+\eta')+\frac{\pi i}{\omega}=2\tau(2\omega\alpha+\eta)$$

假定我们令

$$\alpha = -\frac{\eta}{2\omega}$$

则上边写出的等式变为下边的形状

$$f(u+2\omega)=f(u),\ f(u+2\omega')=f(u)$$

但因 $f(u)$ 是整函数,故适当选择 α 时可使 $f(u)$ 成为常数. 故

$$\sigma(u) = C e^{\frac{\eta u^2}{2\omega}} \vartheta_1\left(\frac{u}{2\omega}\right)$$

要想确定常数 C,可先将两边微分,再令 $u=0$. 这样得

$$1 = C \cdot \frac{1}{2\omega} \vartheta_1'(0)$$

故

$$C = \frac{2\omega}{\vartheta_1'(0)}$$

因此有

第 4 章 西塔函数

$$\sigma(u) = \frac{2\omega e^{\frac{\eta u^2}{2\omega}} \vartheta_1\left(\dfrac{u}{2\omega}\right)}{\vartheta_1'(0)} \quad (1)$$

同样可得出其他的西塔函数和西格玛函数的类似的关系式.

由关系式(1)可以知道,任意的椭圆函数如果知道它的零点和极点,则亦可用西塔函数表示出来以替代用西格玛函数的表示.

假定 $f(u)$ 是一个椭圆函数,且在基本平行四边形内

$$a_1, a_2, \cdots, a_n$$

是它的极点,及

$$b_1, b_2, \cdots, b_n$$

是它的零点,其次设

$$a_1 + a_2 + \cdots + a_n = b_1^* + b_2 + \cdots + b_n \quad (2)$$

前边已经得出

$$f(u) = C_1 \frac{\sigma(u - b_1^*)\sigma(u - b_2)\cdots\sigma(u - b_n)}{\sigma(u - a_1)\sigma(u - a_2)\cdots\sigma(u - a_n)}$$

其中 C_1 是常数.

现今得到下边的表示式

$$f(u) = C_1 e^{\frac{\eta}{2\omega}\{(u-b_1^*)^2 + \cdots + (u-b_n)^2 - (u-a_1)^2 - \cdots - (u-a_n)^2\}} \cdot$$

$$\frac{\vartheta_1\left(\dfrac{u-b_1^*}{2\omega}\right)\cdots\vartheta_1\left(\dfrac{u-b_n}{2\omega}\right)}{\vartheta_1\left(\dfrac{u-a_1}{2\omega}\right)\cdots\vartheta_1\left(\dfrac{u-a_n}{2\omega}\right)}$$

在式

$$(u-b_1^*)^2 + \cdots + (u-b_n)^2 - (u-a_1)^2 - \cdots - (u-a_n)^2$$

里边,所有 u^2 的项显然彼此相消. 由式(2)知道包含 u 的一次乘幂的项也相消. 这样就有

$$f(u) = C \frac{\vartheta_1\left(\dfrac{u-b_1^*}{2\omega}\right)\vartheta_1\left(\dfrac{u-b_2}{2\omega}\right)\cdots\vartheta_1\left(\dfrac{u-b_n}{2\omega}\right)}{\vartheta_1\left(\dfrac{u-a_1}{2\omega}\right)\vartheta_1\left(\dfrac{u-a_2}{2\omega}\right)\cdots\vartheta_1\left(\dfrac{u-a_n}{2\omega}\right)}$$

3. 函数 $\zeta(u)$ 及 $\wp(u)$ 的单级数展开式

今再转到公式

$$\sigma(u) = 2\omega e^{2\eta\omega v^2}\frac{\vartheta_1(v)}{\vartheta_1'(0)}$$

其中 $v = \dfrac{u}{2\omega}$. 两边取关于 u 的对数的导数,得

$$\zeta(u) = \frac{\eta}{\omega}u + \frac{1}{2\omega}\frac{\vartheta_1'(v)}{\vartheta_1(v)}$$

现今用函数 $\vartheta_1(v)$ 的无穷乘积的展开式代替 $\vartheta_1(v)$,则得到下边关于函数 $\zeta(u)$ 的展开式

$$\zeta(u) = \frac{\eta}{\omega}u + \frac{\pi}{2\omega}\left\{\cot \pi v + \sum_{k=1}^{\infty}\frac{4h^{2k}\sin 2\pi v}{1 - 2h^{2k}\cos 2\pi v + h^{4k}}\right\} \quad (1)$$

这里我们得出 $\zeta(u)$ 用单无穷级数的表示法而非前边用以定义函数 $\zeta(u)$ 的二重级数. 我们得到的这一级数还可用下边的形式表示出来,这对于许多目的来说,都是比较简便的

$$\zeta(u) = \frac{\eta}{\omega}u + \frac{\pi i}{2\omega}\left\{\frac{z+z^{-1}}{z-z^{-1}} + \sum_{k=1}^{\infty}\left(\frac{2h^{2k}z^{-2}}{1-h^{2k}z^{-2}} - \frac{2h^{2k}z^2}{1-h^{2k}z^2}\right)\right\}$$
$$(2)$$

其中

$$z = e^{\frac{\pi i u}{2\omega}}$$

为要得出函数 $\wp(u)$ 的类似展开式,两边对于 u 微

分. 这样得

$$\wp(u) = -\frac{\eta}{\omega} - \left(\frac{\pi}{\omega}\right)^2 \left\{\frac{1}{(z-z^{-1})^2} + \sum_{k=1}^{\infty}\left[\frac{h^{2k}z^{-2}}{(1-h^{2k}z^{-2})^2} + \frac{h^{2k}z^2}{(1-h^{2k}z^2)^2}\right]\right\} \quad (3)$$

为要把 η, e_1, e_2, e_3 用 h 表示出来,可应用已得出的级数. 在式(3)内假定 $u=\omega$,即 $z=i$,因此得

$$e_1 = -\frac{\eta}{\omega} + \left(\frac{\pi}{\omega}\right)^2 \left\{\frac{1}{4} + 2\sum_{k=1}^{\infty}\frac{h^{2k}}{(1+h^{2k})^2}\right\}$$

同样,假定 $u=\omega'$,即 $z=h^{\frac{1}{2}}$,因此得

$$e_3 = -\frac{\eta}{\omega} - 2\left(\frac{\pi}{\omega}\right)^2 \sum_{k=1}^{\infty}\frac{h^{2k-1}}{(1-h^{2k-1})^2}$$

最后,假定 $u=-\omega-\omega'$,即 $z=-ih^{-\frac{1}{2}}$,因此得

$$e_2 = -\frac{\eta}{\omega} + 2\left(\frac{\pi}{\omega}\right)^2 \sum_{k=1}^{\infty}\frac{h^{2k-1}}{(1+h^{2k-1})^2}$$

将上边得到的等式逐项的加起来,再注意到等式

$$e_1 + e_2 + e_3 = 0$$

则经过简单的计算后得

$$\eta\omega = \frac{\pi^2}{12}\left\{1 - 24\sum_{k=1}^{\infty}\frac{h^{2k}}{(1-h^{2k})^2}\right\}$$

4. 量 e_1, e_2, e_3 用西塔函数零值的表示式表示

回想起公式

$$\sqrt{\wp(u) - e_\alpha} = \frac{\sigma_\alpha(u)}{\sigma(u)} \quad (\alpha = 1, 2, 3)$$

这里假定 $u=\omega_\beta$,则得

Jacobi 定理

$$\sqrt{e_\beta - e_\alpha} = \frac{\sigma_\alpha(\omega_\beta)}{\sigma(\omega_\beta)}$$

兹将上式的右边用西塔函数表示出来. 例如, 令 $\beta = 1$, $\alpha = 2$ 则得

$$\sqrt{e_1 - e_2} = \frac{1}{2\omega} \cdot \frac{\vartheta_0(0)\vartheta_1'(0)}{\vartheta_2(0)\vartheta_3(0)} = \frac{1}{2\omega} \cdot \frac{\vartheta_0 \vartheta_1'}{\vartheta_2 \vartheta_3}$$

在这里以及以后各处, $\vartheta_0, \vartheta_2, \vartheta_3, \vartheta_1'$ 都分别表明函数 $\vartheta_0(v), \vartheta_2(v), \vartheta_3(v), \vartheta_1'(v)$ 在点 $v=0$ 处的值. 但因

$$\vartheta_1' = \pi \vartheta_0 \vartheta_2 \vartheta_3$$

故

$$\sqrt{e_1 - e_2} = \frac{\pi}{2\omega} \vartheta_0^2$$

同样可求得

$$\sqrt{e_2 - e_1} = i \frac{\pi}{2\omega} \vartheta_0^2$$

及

$$\sqrt{e_2 - e_3} = -i \sqrt{e_3 - e_2} = -\frac{\pi}{2\omega} \vartheta_2^2$$

$$\sqrt{e_3 - e_1} = -i \sqrt{e_1 - e_3} = -i \frac{\pi}{2\omega} \vartheta_3^2$$

由所写出的公式推出

$$e_1 - e_2 = \left(\frac{\pi}{2\omega}\right)^2 \vartheta_0^4$$

$$e_2 - e_3 = \left(\frac{\pi}{2\omega}\right)^2 \vartheta_2^4$$

$$e_1 - e_3 = \left(\frac{\pi}{2\omega}\right)^2 \vartheta_3^4$$

由此得到下面的重要关系式

$$\vartheta_3^4 = \vartheta_0^4 + \vartheta_2^4$$

第4章 西塔函数

5. 西塔函数的变换

直到现在,考察西塔函数时,只研究它和变数 v 的相关而并没有注意它和参数 τ(或与 $h = \mathrm{e}^{\pi \mathrm{i} \tau}$)的相关. 当研究它与 v 的相关时,顺便考察当变数 v 加上一个周期或半个周期时,西塔函数怎样变化.

现在就来研究西塔函数和参数 τ 的相关. 这里代替平移群(平移周期或半周期)出现的是全体变换

$$\tau^* = \frac{\alpha \tau + \beta}{\gamma \tau + \delta}$$

所成的模变换群 Σ,其中 $\alpha, \beta, \gamma, \delta$ 是整数,且满足关系式

$$\alpha \delta - \beta \gamma = 1$$

由前边(参看第 9 节)知道,群 Σ 是由下边的两个基本变换产生的

$$S = \begin{pmatrix} 1 & 1 \\ 0 & 1 \end{pmatrix}, T = \begin{pmatrix} 0 & 1 \\ -1 & 0 \end{pmatrix}$$

故只要研究当 τ 受这两个基本变换时西塔函数怎样变换就够了.

把 τ 变成 $\tau + 1$ 就是用 $-h$ 代替 h,变换后相当的公式很简单地根据西塔函数的无穷级数展开就可得出来. 这些公式具有下边的形状

$$\begin{cases} \vartheta_1(v|\tau+1) = \mathrm{i}^{\frac{1}{2}} \vartheta_1(v|\tau) \\ \vartheta_2(v|\tau+1) = \mathrm{i}^{\frac{1}{2}} \vartheta_2(v|\tau) \\ \vartheta_3(v|\tau+1) = \vartheta_0(v|\tau) \\ \vartheta_0(v|\tau+1) = \vartheta_3(v|\tau) \end{cases} \quad (1)$$

Jacobi 定理

且
$$i^{\frac{1}{2}} = e^{\frac{\pi}{4}i}$$

现今研究 τ 变成 $-\dfrac{1}{\tau}$，为方便起见并引用记号
$$\tau' = -\frac{1}{\tau}$$

取函数
$$f(v) = e^{\pi i \tau' v^2} \frac{\vartheta_3(\tau'v|\tau')}{\vartheta_3(v|\tau)}$$

不难检验出这一函数没有奇异点. 事实上, 它的分母的零点 (且都是一级的) 只是
$$v = \left(m + \frac{1}{2}\right)\tau + \left(n + \frac{1}{2}\right) \qquad (2)$$

其中 m, n 是整数. 同时这些点也是分子的零点, 因为当
$$\tau'v = \left(m' + \frac{1}{2}\right)\tau' + \left(n' + \frac{1}{2}\right)$$

时 (m', n' 是整数), 就是当
$$v = \left(m' + \frac{1}{2}\right) - \left(n' + \frac{1}{2}\right)\tau$$

时分子变为零. 假定
$$m' = n, n' = -m - 1$$

则这一式就成了式 (2) 的形状. 这样 $f(v)$ 就是一个超越整函数. 但容易验证: $f(v)$ 是一个椭圆函数. 故 $f(v)$ 是一个常数, 就是
$$\vartheta_3(\tau'v|\tau') = Ae^{-\pi i \tau' v^2} \vartheta_3(v|\tau) \qquad (3)$$

这里再用 $v + \dfrac{1}{2}, v - \dfrac{\tau}{2}, v + \dfrac{1-\tau}{2}$ 分别代替 v, 且引用第 3 节里边的关系, 则得出下边的公式

第4章 西塔函数

$$\begin{cases} \vartheta_2(\tau'v|\tau') = Ae^{-\pi i\tau'v^2}\vartheta_0(v|\tau) \\ \vartheta_0(\tau'v|\tau') = Ae^{-\pi i\tau'v^2}\vartheta_2(v|\tau) \\ \vartheta_1(\tau'v|\tau') = iAe^{-\pi i\tau'v^2}\vartheta_1(v|\tau) \end{cases} \quad (3')$$

因而一切都化为求常数 A 了. 要想达到这一目的, 写出这些公式当 $v=0$ 时的情形, 求出最后一式关于 v 的一级导数, 则得

$$\vartheta_3(0|\tau') = A\vartheta_3(0|\tau)$$
$$\vartheta_2(0|\tau') = A\vartheta_0(0|\tau)$$
$$\vartheta_0(0|\tau') = A\vartheta_2(0|\tau)$$
$$\tau'\vartheta_1'(0|\tau') = iA\vartheta_1'(0|\tau)$$

今再注意

$$\vartheta_1' = \pi\vartheta_0\vartheta_2\vartheta_3$$

由这一关系式得

$$\tau'\pi\vartheta_0(0|\tau')\vartheta_2(0|\tau')\vartheta_3(0|\tau') = iA\pi\vartheta_0(0|\tau)\vartheta_2(0|\tau)\vartheta_3(0|\tau)$$

故

$$A^2\tau' = i$$

因此有

$$A^2 = -i\tau$$

故

$$A = \pm\sqrt{-i\tau} \quad (3'')$$

其中根号下应取使它的实数部分为正的值.

现今想确定公式 $(3'')$ 里边的号, 即在等式

$$\vartheta_3(0|\tau') = \pm\sqrt{-i\tau}\vartheta_3(0|\tau) \quad (4)$$

里边的号. 下边的两个量

$$\vartheta_3(0|\tau'), \sqrt{-i\tau}\vartheta_3(0|\tau) \quad (5)$$

当 τ 在上半平面时是正则函数. 假定 τ 是纯虚数, 则 $h = e^{\pi i\tau}$ 及 $h' = e^{\pi i\tau'}$ 是正数, 故由函数 $\vartheta_3(v)$ 借助于三角

Jacobi 定理

级数的定义知道式(5)也是正数. 故假定 τ 在半虚轴上时,我们可以看出来,式(4)里边应该取正号,这就表明在上半平面内的任一点 τ,都应当取正号(因为是正则函数). 这样,公式(3)就取下边的形状

$$\begin{cases} \vartheta_3(\tau'v|\tau') = \sqrt{-i\tau}\,e^{-\pi i \tau' v^2}\vartheta_3(v|\tau) \\ \vartheta_2(\tau'v|\tau') = \sqrt{-i\tau}\,e^{-\pi i \tau' v^2}\vartheta_0(v|\tau) \\ \vartheta_0(\tau'v|\tau') = \sqrt{-i\tau}\,e^{-\pi i \tau' v^2}\vartheta_2(v|\tau) \\ \vartheta_1(\tau'v|\tau') = i\sqrt{-i\tau}\,e^{-\pi i \tau' v^2}\vartheta_1(v|\tau) \end{cases} \quad (6)$$

西塔函数的零值与用它们表出的各种量,都仅是 τ 的函数. 在这些函数里边一个重要的函数是

$$\lambda = \frac{\vartheta_2^4(0|\tau)}{\vartheta_3^4(0|\tau)} \equiv \lambda(\tau)$$

根据公式(1)

$$\lambda(\tau+1) = -\frac{\vartheta_2^4(0|\tau)}{\vartheta_0^4(0|\tau)}$$

但由前节有

$$\vartheta_0^4(0|\tau) = \vartheta_3^4(0|\tau) - \vartheta_2^4(0|\tau)$$

故

$$\lambda(\tau+1) = \frac{1}{1-\dfrac{1}{\lambda(\tau)}}$$

或

$$\lambda(\tau+1) = \frac{\lambda(\tau)}{\lambda(\tau)-1} \quad (7)$$

同样,由公式(6),有

$$\lambda\left(-\frac{1}{\tau}\right) = \frac{\vartheta_0^4(0|\tau)}{\vartheta_3^4(0|\tau)}$$

故

第4章 西塔函数

$$\lambda\left(-\frac{1}{\tau}\right) = 1 - \lambda(\tau) \qquad (8)$$

公式(7)及(8)表明,$\lambda(\tau)$关于模变换群并非不变.但可表明,从整个模群Σ里边可以取出某一子群(用Σ_2代表它)使函数$\lambda(\tau)$关于它是不变的.故$\lambda(\tau)$也叫作模函数.

模群里边的任一变换都可用下边二个基本变换的结合表示出来

$$S: \tau^* = \tau + 1$$

$$T: \tau' = -\frac{1}{\tau}$$

这些情况和式(7)及式(8)结合起来,可以建立起$\lambda(\tau)$在整个模变换群Σ里边变化的状况. 第一,我们有

$$\lambda(I\tau) = \lambda(\tau), \lambda(S\tau) = \frac{\lambda(\tau)}{\lambda(\tau)-1}, \lambda(T\tau) = 1 - \lambda(\tau)$$

其次,有

$$\lambda(ST\tau) = \frac{\lambda(\tau)-1}{\lambda(\tau)}, \lambda(TS\tau) = \frac{1}{1-\lambda(\tau)}, \lambda(TST\tau) = \frac{1}{\lambda(\tau)}$$

今将证明,我们的任务还不只是$\lambda(U\tau)$所取的一组数值,这里边U是群Σ的变换. 要达成我们需要的目的,首先有

$$\lambda(S^2\tau) = \frac{\lambda(S\tau)}{\lambda(S\tau)-1} = \frac{\lambda(\tau)}{[\lambda(\tau)-1]\left[\frac{\lambda(\tau)}{\lambda(\tau)-1}-1\right]} = \lambda(\tau)$$

但因群Σ里边的每一变换U都具有以下的形状

$$U = TS^i TS^k \cdots TS^m TS^n$$

故为了得出函数$\lambda(U\tau)$的不同的值,只需考察这种变换U,他们使数$i,k,\cdots,m,n$内的每一个是0或1,这是容易证明的. 其次,因$T^2 = I$,故考察的变换只具以下的各种形状

Jacobi 定理

$$TSTS\cdots T, TSTS\cdots TS, STS\cdots T, STS\cdots TS \quad (9)$$

但不难验证,下边的等式成立

$$STSTST = TSTSTS = I$$

故变换

$$STSTST, TSTSTS$$

使 $\lambda(\tau)$ 不变. 故在式(9)内所余的变换可分为五大类,即

$$(\alpha) \quad \begin{cases} S, T \\ ST, TS \\ TST \end{cases}$$

$$(\beta) \quad \begin{cases} TSTS, STST \\ TSTST, STSTS \end{cases}$$

上边(α)组里边的变换已被考察过了. 至于变换(β),它们并未得出新的变换,例如

$$\lambda(TSTS\tau) = \lambda(TSTSTSS\tau) = \lambda(ST\tau)$$

容易作出函数 $\lambda(\tau)$ 的基本领域. 这一领域,我们将要叫作 D_2,包含与整个模群Σ 的基本领域 D 等价的六个领域. 要想作出 D_2,取 D 的等价的领域 I 以替代 D(图7),这领域是由直线

$$\Re\tau = -1, \Re\tau = 0$$

和圆周

$$|\tau+1| = 1, |\tau| = 1$$

包围而成的.

其次,对于这领域的每一点都作变换 S. 简单地说,领域 I 受变换 S 所得的领域叫作 S. 同样可作出领域 $T, TS, S^{-1}T, STS$(图1). 结果得出函数 $\lambda(\tau)$ 的基本领域 D_2. 这是由直线

$$\Re\tau = -1, \Re\tau = 1$$

和圆周
$$\left|\tau+\frac{1}{2}\right|=\frac{1}{2}, \left|\tau-\frac{1}{2}\right|=\frac{1}{2}$$
围成的. 与领域 D_2 的边界有联系的变换是
$$\tau^* = \tau + 2 \quad \begin{pmatrix} 1 & 2 \\ 0 & 1 \end{pmatrix}$$
$$\tau^* = \frac{\tau}{2\tau+1} \quad \begin{pmatrix} 1 & 0 \\ 2 & 1 \end{pmatrix}$$

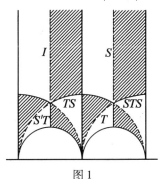

图 1

和变换 S,T 产生群 Σ 类似, 这两个变换产生群 Σ_2. 注意, 群 Σ_2 的特点完全决定于它的变换
$$\begin{pmatrix} \alpha & \beta \\ \gamma & \delta \end{pmatrix}$$
的性质. 第一, $\alpha,\beta,\gamma,\delta$ 全是整数且满足
$$\alpha\delta - \beta\gamma = 1$$
其次
$$\alpha \equiv 1 \pmod{2}, \beta \equiv 0 \pmod{2}$$
$$\gamma \equiv 0 \pmod{2}, \delta \equiv 1 \pmod{2}$$
换句话说, α,δ 是奇数, 而 β,γ 是偶数.

我们不去说这些事实的证明了, 因为我们不需用它们.

6. Jacobi 八平方定理的简证

中国科学院系统科学研究所的林甲富研究员 2002 年用留数定理,把一个无穷乘积及其平方展成无穷级数. 由此可以简单地证明表示正整数为四个,八个平方数的 Jacobi 定理.

6.1 介 绍

表示自然数为整数的平方和这一问题引起了众多学者的兴趣. Lagrange 证明了每一个正整数都能表示成四个整数的平方和(见[1]). 之后,Jacobi 用椭圆函数理论得到了更强的结论,他把每一个正整数 n 表示成四个,八个平方数的表法数用 n 的因子给出了具体的公式(见[2]). 至今为止,尚有不少文章用不同的方法来研究 Jacobi 定理以及相关问题(见[3~7]). 本文,从一个无穷乘积 $F(z)$(见式(1))出发,用留数定理,$F(z)$ 满足的函数方程分别给出了 $F(z)$,$F^2(z)$ 的无穷级数展开式. 由此可以很简单地证明上文提到的 Jacobi 定理.

6.2 两个无穷乘积的级数展开式

设 $|q|<1$,记
$$F(z;q) = F(z)$$
$$= \frac{1+z}{1-z} \prod_{n=1}^{\infty} \frac{(1+q^n z)(1+q^n z^{-1})(1-q^n)^2}{(1-q^n z)(1-q^n z^{-1})(1+q^n)^2} \quad (1)$$
则 $F(z)$ 有以下无穷级数展开式.

第4章 西塔函数

定理 1

$$F(z) = \frac{1+z}{1-z} + 2\sum_{n=1}^{\infty} \frac{q^n(z^{-n}-z^n)}{1+q^n},$$

$$|q| < |z| < |q|^{-1}, z \neq 1 \qquad (2)$$

证 设 $G(z) = F(z) - (1+z)/(1-z)$，则 $G(z)$ 分别在圆环 $|q| < |z| < 1$ 和 $|q|^2 < |z| < |q|$ 内解析。设它在此两个圆环内的 Laurent 级数分别为

$$G(z) = \sum_{n=-\infty}^{\infty} L_n z^n, |q| < |z| < 1 \qquad (3)$$

$$G(z) = \sum_{n=-\infty}^{\infty} L_n^{(1)} z^n, |q|^2 < |z| < |q| \qquad (4)$$

这里，$L_n, L_n^{(1)}$ 分别满足

$$L_n = \frac{1}{2c_i} \int_{|z|=|q|} G(z) z^{-n-1} \mathrm{d}z$$

$$L_n^{(1)} = \frac{1}{2c_i} \int_{|z|=|q|^3} G(z) z^{-n-1} \mathrm{d}z$$

由于 $G(z)$ 在 $|q|^2 < |z| < 1$ 内的所有极点为 $z = q$，因此

$$L_n - L_n^{(1)} = G(z) z^{-n-1}$$

根据式(1)及 $G(z)$ 的定义直接计算得

$$L_n - L_n^{(1)} = 2q^{-n} \qquad (5)$$

此外，根据 $F(z)$ 的定义式，$G(z)$ 满足如下函数方程

$$G(zq) = -G(z) - \frac{1+z}{1-z} - \frac{1+zq}{1-zq}$$

当 $|q| < |z| < 1$ 时，$|q|^2 < |zq| < |q|$，把(3),(4)的表达式代入上式比较 z^n 的系数得

$$\begin{cases} q^n L_n^{(1)} = -L_n, n < 0, \\ L_n^{(1)} = -L_n - 2, n = 0, \\ q^n L_n^{(1)} = -L_n - 2 - 2q^n, n > 0 \end{cases}$$

结合式(5)得

Jacobi 定理

$$L_n = \begin{cases} 2/(1+q^n), & n<0, \\ 0, & n=0 \\ -2q^n/(1+q^n), & n>0 \end{cases} \quad (6)$$

把式(6)代入式(3),经化简得$|q|<|z|<1$时,式(2)成立,注意到$z=1$为$G(z)$的可去奇点,$G(z)$在$|q|<|z|<|q|^{-1}$内解析,由解析函数的唯一性定理,知式(3)在$|q|<|z|<|q|^{-1}$内成立,从而式(2)在$|q|<|z|<|q|^{-1}, z\neq 1$内成立.

根据上面同样的方法,可以给出$F^2(z)$的无穷级数展开式.

定理 2 当$|q|<|z|<|q|^{-1}, z\neq 1$时

$$F^2(z) = \left(\frac{1+z}{1-z}\right)^2 + 8\sum_{n=1}^{\infty}\frac{(-1)^{n-1}nq^n}{1-q^n} +$$
$$4\sum_{n=1}^{\infty}\frac{nq^n}{1-q^n}(z^n+z^{-n}) \quad (7)$$

证 设$G(z) = F^2(z) - (1+z)^2/(1-z)^2$,它在圆环$|q|<|z|<|q|^{-1}$内解析,设其 Laurent 级数为

$$G(z) = \sum_{n=-\infty}^{\infty} L_n z^n, \quad |q|<|z|<|q|^{-1} \quad (8)$$

根据$F(z)$的定义可得到$G(z)z^{-n-1}$在$z=q$处的留数为

$$\frac{d}{dz}\{(z-q)^2 G(z) z^{-n-1}\}|_{z=q} = -4nq^{-n}$$

用与定理 1 同样的证明方法可得

$$L_n = \begin{cases} 4n/(1-q^n), & n<0 \\ 4nq^n/(1-q^n), & n>0 \end{cases}$$

按以上方法不能得出L_0的值,但注意到,当$z=-1$时,式(8)左边为 0,故右边亦为 0,由此可求得

$$L_0 = 8 \sum_{n=1}^{\infty} \frac{(-1)^{n-1} n q^n}{1-q^n}$$

由以上各式可知定理 2 成立.

6.3 表自然数为四个,八个平方数的表法数

有了定理 1,2,我们可以很简单地给出 Jacobi 公式的证明,为此先引入两个引理.

引理 1 (Jacobi)[1] 当 $|q|<1$ 时

$$\sum_{n=-\infty}^{\infty} q^{n^2} z^n = \prod_{n=1}^{\infty} (1-q^{2n})(1+q^{2n-1}z)(1+q^{2n-1}z^{-1})$$

$$z \neq 0$$

引理 2 (Gauss)[1] 当 $|q|<1$ 时

$$\prod_{n=1}^{\infty} (1-q^{2n-1})(1+q^n) = 1$$

定义

$$h(q) = \sum_{n=-\infty}^{\infty} q^{n^2}$$

由引理 1,2 得

$$h(-q) = \prod_{n=1}^{\infty} (1-q^{2n})(1-q^{2n-1})^2$$

$$= \prod_{n=1}^{\infty} \frac{(1-q^n)}{(1+q^n)} \tag{9}$$

有了以上准备工作就可以给出以下定理.

定理 3 (Jacobi)

$$h^4(q) = 1 + 8 \sum_{n=1}^{\infty} \frac{n q^n}{1-q^n} \tag{10}$$

证 式(2)两边同除以 $(1+z)$,并令 $z \to -1$,利用式(9)得

$$h^4(-q) = 1 + 8 \sum_{n=1}^{\infty} \frac{(-1)^n n q^n}{1+q^n}$$

Jacobi 定理

以 q 代 $-q$ 得

$$\begin{aligned}
h^4(q) &= 1 + 8 \sum_{n=1}^{\infty} \frac{nq^n}{1+(-q)^n} \\
&= 1 + 8 \sum_{n=1}^{\infty} \left(\frac{2nq^{2n}}{1+q^{2n}} + \frac{(2n-1)q^{2n-1}}{1-q^{2n-1}} \right) \\
&= 1 + 8 \left\{ \sum_{n=1}^{\infty} \left(\frac{2nq^{2n}}{1-q^{2n}} + \frac{(2n-1)q^{2n-1}}{1-q^{2n-1}} \right) + \sum_{n=1}^{\infty} \left(\frac{2nq^{2n}}{1+q^{2n}} - \frac{2nq^{2n}}{1-q^{2n}} \right) \right\} \\
&= 1 + 8 \left(\sum_{n=1}^{\infty} \frac{nq^n}{1-q^n} - \sum_{n=1}^{\infty} \frac{4nq^{4n}}{1-q^{4n}} \right) \\
&= 1 + 8 \sum_{n=1, 4 \nmid n}^{\infty} \frac{nq^n}{1-q^n}
\end{aligned}$$

定理 4（Jacobi）

$$h^8(q) = 1 + 16 \sum_{n=1}^{\infty} \frac{n^3 q^n}{1-(-q)^n} \tag{11}$$

证明 式(7)两边同除以 $(1+z)^2$，并令 $z \to -1$，用洛必达法则求极限. 并注意式(9)得

$$h^8(-q) = 1 + 16 \sum_{n=1}^{\infty} \frac{(-1)^n n^3 q^n}{1-q^n}$$

以 q 代 $-q$，由上式即知定理 4 成立.

记 $r_8(n)$ 为自然数 n 表示成八个平方数的表法数目，把式(11)两边同时展为 q 的幂级数，并比较同次幂的系数可得

定理 5 （Jacobi）设 n 为自然数，则

$$r_8(n) = 16(-1)^n \sum_{d \mid n} (-1)^d d^3$$

Jacobi 函数

1. Jacobi 及黎曼型的第一种椭圆积分

椭圆积分

$$u = \int_y^\infty \frac{\mathrm{d}s}{\sqrt{4s^3 - g_2 s - g_3}} \quad (1)$$

的反函数是维尔斯特拉斯函数 $y = \wp(u)$,在 Jacobi 理论中不去讨论它而讨论积分

$$w = \int_0^x \frac{\mathrm{d}t}{\sqrt{(1-t^2)(1-k^2 t^2)}} \quad (2)$$

它只包含一个参数 k,这个参数叫作被考察的积分的模.

假定 $x^2 = \xi, t^2 = z$,则积分(2)取以下的形状

$$w = \int_0^\xi \frac{\mathrm{d}z}{2\sqrt{z(1-z)(1-k^2 z)}} \quad (3)$$

这是黎曼型.

Jacobi 或黎曼型的积分共包含一个参数,而不像维尔斯特拉斯积分包含两个参数的那种情形,在各种计算中显出特别方便. 至于理论的研究,则维尔斯特

Jacobi 定理

拉斯型几乎经常是最可取的.

在构成维尔斯特拉斯理论以后,再独立地讨论积分(3)就是多余的事了. 最简单的是利用下列事实:必须实行变数 z 变为变数 s 的分式线性变换(也就是变数 ξ 变为变数 y),作此变换后使积分 w 恰变成积分 u 再乘一常数因子. 因当 $s = \infty$ 时 z 必须为零,故此变换必须具有以下的形状

$$z = \frac{\mu}{s - \lambda}$$

多项式 $4s^3 - g_2 s - g_3$ 的根 $s = e_1, e_2, e_3$ 必须和数值 $z = 1, \dfrac{1}{k^2}, \infty$ 相当. 故 λ 必须等于数值 e_α 中的一个. 假定 $\lambda = e_3, \mu = e_1 - e_3$. 则根 $s = e_1$ 变为 $z = 1$. 因此有

$$z = \frac{e_1 - e_3}{s - e_3} \tag{4}$$

及

$$\xi = \frac{e_1 - e_3}{y - e_3}$$

由式(4)得出

$$s - e_3 = \frac{e_1 - e_3}{z}$$

$$s - e_1 = \frac{(e_1 - e_3)(1 - z)}{z}$$

$$s - e_2 = \frac{(e_1 - e_3)\left(1 - \dfrac{e_2 - e_3}{e_1 - e_3} z\right)}{z}$$

$$\mathrm{d}s = -\frac{(e_1 - e_3)\,\mathrm{d}z}{z^2}$$

故

$$u = \frac{1}{\sqrt{e_1-e_3}} \int_0^\xi \frac{dz}{2\sqrt{z(1-z)\left(1-\frac{e_2-e_3}{e_1-e_3}z\right)}}$$

要想把这一公式和式(3)看作一个东西,只令

$$k^2 = \frac{e_2-e_3}{e_1-e_3} \tag{5}$$

及

$$w = \sqrt{e_1-e_3}\, u$$

就够了. 我们的结果可以表述如下:如有量 k^2(有限值,不等于 0 也不等于 1),则取某三个值 e_1, e_2, e_3,使他们的和等于零且满足式(5),然后作出相当的函数 $\wp(u)$,则

$$\xi = \frac{e_1-e_3}{\wp\left(\frac{w}{\sqrt{e_1-e_3}}\right)-e_3}$$

积分(2)的反形具有以下的形状

$$x = \frac{\sqrt{e_1-e_3}}{\sqrt{\wp\left(\frac{w}{\sqrt{e_1-e_3}}\right)-e_3}} \tag{6}$$

兹将这一函数用西塔函数表示出来. 我们的结果具有下边的形状

$$x = \frac{\pi}{2\omega}\vartheta_3^2 \frac{\sigma\left(\frac{w}{\sqrt{e_1-e_3}}\right)}{\sigma_3\left(\frac{w}{\sqrt{e_1-e_3}}\right)} = \frac{\pi\vartheta_0\vartheta_3^2}{\vartheta_1'} \frac{\vartheta_1\left(\frac{w}{2w\sqrt{e_1-e_3}}\right)}{\vartheta_0\left(\frac{w}{2w\sqrt{e_1-e_3}}\right)}$$

$$= \frac{\vartheta_3}{\vartheta_2} \frac{\vartheta_1\left(\frac{w}{2w\sqrt{e_1-e_3}}\right)}{\vartheta_0\left(\frac{w}{2w\sqrt{e_1-e_3}}\right)}$$

Jacobi 定理

勒让德(Legendre)早就详细地研究了积分(2),作为 x 及 k^2 的函数.这里特别注意的是被叫作标准的情形,这时 k^2 是正数且小于1,而 x 在区间[0,1]内.在这种情形内,自然可假定

$$t = \sin \psi, x = \sin \varphi$$

这时积分(2)变为以下的形状

$$w = \int_0^\varphi \frac{d\psi}{\sqrt{1 - k^2 \sin^2 \psi}} \tag{2'}$$

这一积分的反函数 φ,Jacobi 叫作 w 的辐角

$$\varphi = \operatorname{am} w$$

这时积分(2)反形的结果是

$$x = \sin \varphi = \sin \operatorname{am} w$$

这一函数 Jacobi 叫作辐角的正弦(sinus amplitudinis).
另一个函数是

$$\sqrt{1 - x^2} = \cos \varphi = \cos \operatorname{am} w \tag{7}$$

另外,Jacobi 还导入函数

$$\sqrt{1 - k^2 x^2} = \Delta \varphi = \Delta \operatorname{am} w \tag{8}$$

它叫作辐角的德尔塔(делъта).函数(7)及(8)当 $w = 0$ 时,两边都变为1.现今不采取 Jacobi 的表示法.古德尔曼(Gudermann)用下边的符号代替它们

$$x = \operatorname{sn} w, \sqrt{1 - x^2} = \operatorname{cn} w, \sqrt{1 - k^2 x^2} = \operatorname{dn} w$$

2. Jacobi 函数

前节内我们曾导出函数

第 5 章 Jacobi 函数

$$\operatorname{sn} w = \frac{\vartheta_3}{\vartheta_2} \frac{\vartheta_1\left(\dfrac{w}{2\omega\sqrt{e_1-e_3}}\right)}{\vartheta_0\left(\dfrac{w}{2\omega\sqrt{e_1-e_3}}\right)}$$

这是 w 的一个有理型函数,只依靠一个参数 $h = \mathrm{e}^{\pi\mathrm{i}\tau}$. 事实上,如果不计变数 $\dfrac{w}{2\omega\sqrt{e_1-e_3}}$,则西塔函数只与参数 h 有关而且 h 是 $2\omega\sqrt{e_1-e_3} = \pi\vartheta_3^2$ 所依赖的唯一的量. 但由前节的考察推出,作为 Jacobi 函数的参数可取模数 k 以替代 $h = \mathrm{e}^{\pi\mathrm{i}\tau}$ 或 τ. 事实上,由上节得出,有了 k 后,由上半平面可决定数 τ,使对于这个 τ 值所作成的,利用函数 $\wp$ 或西塔函数所表出的函数 $x = \operatorname{sn} w$ 是以下积分的反函数

$$w = \int_0^x \frac{\mathrm{d}t}{\sqrt{(1-t^2)(1-k^2 t^2)}}$$

这样,对于函数 $\operatorname{sn} w$ 除去符号 $\operatorname{sn}(w|\tau)$ 以外 $\operatorname{sn}(w;k)$ 是函数 $\operatorname{sn} w$ 更完全的符号. 关于函数 $\operatorname{cn} w, \operatorname{dn} w$ 也有类似的附注.

比

$$\frac{\vartheta_1(v)}{\vartheta_0(v)}$$

的原始周期是 $2, \tau$.

由此可知,函数 $\operatorname{sn} w$ 的原始周期是

$$4\omega\sqrt{e_1-e_3},\ 2\omega'\sqrt{e_1-e_3}$$

这是 h 的函数. 取以下的符号

$$\omega\sqrt{e_1-e_3} = K,\ \omega'\sqrt{e_1-e_3} = \mathrm{i}K'$$

这样,函数 $\operatorname{sn} w$ 的原始周期是 $4K, 2\mathrm{i}K'$.

通常写

Jacobi 定理

作为西塔函数的变数 $\dfrac{w}{2K}$ 是不方便的.

以下是黎曼的符号

$$\theta_\alpha(w) = \vartheta_\alpha\left(\dfrac{w}{2K}\right) \quad (\alpha = 0,1,2,3)$$

于是有

$$\operatorname{sn} w = \dfrac{\theta_3}{\theta_2} \cdot \dfrac{\theta_1(w)}{\theta_0(w)}$$

现今转到函数

$$1 - x^2,\ 1 - k^2 x^2$$

回想起第 22 节的公式(6),我们将有

$$1 - x^2 = 1 - \dfrac{e_1 - e_3}{\wp\left(\dfrac{w}{\sqrt{e_1 - e_3}}\right) - e_3} = \dfrac{\wp\left(\dfrac{w}{\sqrt{e_1 - e_3}}\right) - e_1}{\wp\left(\dfrac{w}{\sqrt{e_1 - e_3}}\right) - e_3}$$

$$= \left\{\dfrac{\sigma_1\left(\dfrac{w}{\sqrt{e_1 - e_3}}\right)}{\sigma_3\left(\dfrac{w}{\sqrt{e_1 - e_3}}\right)}\right\}^2 = \dfrac{\vartheta_0^2}{\vartheta_2^2}\left\{\dfrac{\vartheta_2\left(\dfrac{w}{2\omega\sqrt{e_1 - e_3}}\right)}{\vartheta_0\left(\dfrac{w}{2\omega\sqrt{e_1 - e_3}}\right)}\right\}^2$$

即

$$1 - x^2 = \dfrac{\theta_0^2}{\theta_2^2}\left\{\dfrac{\theta_2(w)}{\theta_0(w)}\right\}^2$$

由此有

$$\sqrt{1 - x^2} = \operatorname{cn} w = \dfrac{\theta_0}{\theta_2} \cdot \dfrac{\theta_2(w)}{\theta_0(w)}$$

同样求得

$$\operatorname{dn} w = \dfrac{\theta_0}{\theta_3} \cdot \dfrac{\theta_3(w)}{\theta_0(w)}$$

这些函数的原始周期是

第 5 章　Jacobi 函数

cn w	$4K$	$2K+2\mathrm{i}K'$
dn w	$2K$	$4\mathrm{i}K'$

图 1 表明这三个函数的基本平行四边形.

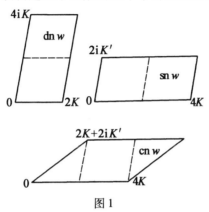

图 1

我们看出,这三个平行四边形是不同的,但它们具有相同的面积.

不难指出 Jacobi 函数的零点及极点,以及在其他某些点处的值.

应当着重指出的是,Jacobi 函数的极点是一级的.这样,在这里我们有按第 4 节分类的第二种型的函数.

在维尔斯特拉斯理论中,对于周期 $2\omega, 2\omega'$ 是可以任意取的. 所要求的只是比

$$\tau = \frac{\omega'}{\omega}$$

要有异于零的,平常是正的虚数部分.

现今对 Jacobi 函数的处理就不同了. 周期 $2K, 2\mathrm{i}K'$ 不能任意选择. 只是比

$$\tau = \frac{\mathrm{i}K'}{K}$$

Jacobi 定理

或者量

$$h = e^{\pi i \tau} = e^{-\frac{K'}{K}}$$

是可以任意的. 此后, 周期就确定了, 而且我们对于 K 有下边的公式

$$K = \omega \sqrt{e_1 - e_3} = \frac{\pi}{2} \vartheta_3^2 = \frac{\pi}{2}(1 + 2h + 2h^4 + \cdots)^2$$

在另一方面, 对于 k^2 也可用 h 的式子表示出来. 它具有下边的形状

$$k^2 = \frac{e_2 - e_3}{e_1 - e_3} = \frac{\vartheta_2^4}{\vartheta_3^4} = \left\{ \frac{2h^{\frac{1}{4}} + 2h^{\frac{9}{4}} + \cdots}{1 + 2h + 2h^4 + \cdots} \right\}^4 \quad (h^{\frac{1}{4}} = e^{\frac{\pi i \tau}{4}})$$

今再引几个 Jacobi 所创的西塔函数的最初的符号以结束本节

$$H(w) = \theta_1(w), \Theta(w) = \theta_0(w)$$
$$H_1(w) = \theta_2(w), \Theta_1(w) = \theta_3(w)$$

这些符号现今还与以上所说的符号并用.

3. Jacobi 函数的微分法

取积分

$$w = \int_0^x \frac{\mathrm{d}t}{\sqrt{(1-t^2)(1-k^2 t^2)}} \tag{1}$$

它的逆是函数

$$x = \operatorname{sn} w \tag{2}$$

由式(1)得

$$\frac{\mathrm{d}x}{\mathrm{d}w} = \sqrt{(1-x^2)(1-k^2 x^2)}$$

故由式(2)得

$$\frac{\mathrm{d}}{\mathrm{d}w}\operatorname{sn} w = \operatorname{cn} w \cdot \operatorname{dn} w$$

想要得出 cn w 及 dn w 的导数,需要微分下边的关系式

$$\operatorname{sn}^2 w + \operatorname{cn}^2 w = 1$$
$$k^2 \operatorname{sn}^2 w + \operatorname{dn}^2 w = 1$$

由此得

$$\frac{\mathrm{d}}{\mathrm{d}w}\operatorname{cn} w = -\operatorname{sn} w \cdot \operatorname{dn} w$$

$$\frac{\mathrm{d}}{\mathrm{d}w}\operatorname{dn} w = -k^2 \operatorname{sn} w \cdot \operatorname{cn} w$$

注意,函数 $\operatorname{sn}^2 w$ 的原始周期是数 $2K,2\mathrm{i}K'$,这是由第 23 节的公式(6)(没有作函数 sn w 的任何研究)推出的,它可以写成以下的形状

$$\operatorname{sn}^2 w = \frac{e_1 - e_3}{\wp\left(\dfrac{w}{\sqrt{e_1 - e_3}}\right) - e_3} \tag{3}$$

以 $2K,2\mathrm{i}K'$ 作周期的全体椭圆函数,由前边证明的一般定理知道,可以用下式表示出来

$$R_1(\wp) + R_2(\wp)\wp'$$

其中

$$\wp = \wp\left(\frac{w}{\sqrt{e_1 - e_3}}\right)$$

公式(3)表明,以 $2K,2\mathrm{i}K'$ 作周期的全体椭圆函数,都可用下式表示出来

$$R_1(\operatorname{sn}^2 w) + \operatorname{sn} w \cdot \operatorname{cn} w \cdot \operatorname{dn} w \cdot R_2(\operatorname{sn}^2 w)$$

由此得:以 $2K,2\mathrm{i}K'$ 作周期的偶椭圆函数等于 $R(\operatorname{sn}^2 w)$,而奇椭圆函数则等于 $\operatorname{sn} w \cdot \operatorname{cn} w \cdot \operatorname{dn} w \cdot R(\operatorname{sn}^2 w)$.

4. Jacobi 函数 $Z(w)$

这个函数与维尔斯特拉斯函数 $\zeta(u)$ 相似而且用下式定义

$$Z(w) = \frac{\theta_0'(w)}{\theta_0(w)}$$

这是一个奇函数,在周期平行四边形内有一个一级的极点 $w = iK'$. 因

$$\theta_0(w + 2K) = \theta_0(w)$$

$$\theta_0(w + 2iK') = -h^{-1}e^{-\frac{\pi i w}{K}}\theta_0(w)$$

故

$$Z(w + 2K) = Z(w)$$

$$Z(w + 2iK') = Z(w) - \frac{\pi i}{K}$$

利用函数 $\theta_0(w)$ 的无穷乘积展开式,得出 $Z(w)$ 的无穷级数展开式,它具有以下的形状

$$Z(w) = \frac{2\pi}{K}\sum_{n=1}^{\infty}\frac{h^{2n-1}\sin\frac{\pi w}{K}}{1 - 2h^{2n-1}\cos\frac{\pi w}{K} + h^{4n-2}}$$

与函数 $\zeta(u)$ 类似,可用函数 $Z(w)$ 表示任意的椭圆函数.

兹取函数

$$-k^2 \operatorname{sn} u \cdot \operatorname{sn} v \cdot \operatorname{sn}(u + v)$$

为例. 它的原始周期是 $2K, 2iK'$.

在周期平行四边形内它具有极点

$$u = iK', -v + iK'$$

这两个极点全是一级的,同时对应的留数各为 -1,1. 故
$$-k^2 \text{sn}\, u \cdot \text{sn}\, v \cdot \text{sn}(u+v) = Z(u+v) - Z(u) + C$$
想要决定常数 C,假定 $u=0$. 这样得
$$Z(v) + C = 0$$
于是
$$Z(u+v) - Z(u) - Z(v) = -k^2 \text{sn}\, u \cdot \text{sn}\, v \cdot \text{sn}(u+v) \quad (1)$$
同样不难得到下列部分分式展开式
$$Z(u+v) + Z(u-v) - 2Z(u) = -\frac{2k^2 \text{sn}^2 v \cdot \text{sn}\, u \cdot \text{cn}\, u \cdot \text{dn}\, u}{1 - k^2 \text{sn}^2 u \cdot \text{sn}^2 v}$$
$$(2)$$
但是这一展开式也可以由下边的函数式的零点和极点通过西塔函数得出
$$1 - k^2 \text{sn}^2 u \cdot \text{sn}^2 v$$
这一式具有下边的形状
$$1 - k^2 \text{sn}^2 u \cdot \text{sn}^2 v = \theta_0^2 \frac{\theta_0(u+v)\theta_0(u-v)}{\theta_0^2(u)\theta_0^2(v)}$$
由此,若两边全取关于 u 的对数的导数,则可得出式(2). 在式(2)中掉转量 u 及 v 的位置,得
$$Z(u+v) - Z(u-v) - 2Z(v) = -\frac{2k^2 \text{sn}^2 u \cdot \text{sn}\, v \cdot \text{cn}\, v \cdot \text{dn}\, v}{1 - k^2 \text{sn}^2 u \cdot \text{sn}^2 v}$$
$$(2')$$
今将(2),(2')加起来,则其结果具有以下的形状
$$Z(u+v) - Z(u) - Z(v) = -k^2 \text{sn}\, u \cdot \text{sn}\, v \cdot$$
$$\frac{\text{sn}\, u \cdot \text{cn}\, v \cdot \text{dn}\, v + \text{sn}\, v \cdot \text{cn}\, u \cdot \text{dn}\, u}{1 - k^2 \text{sn}^2 u \cdot \text{sn}^2 v} \quad (3)$$
将这一式与式(1)比较,得
$$\text{sn}(u+v) = \frac{\text{sn}\, u \cdot \text{cn}\, v \cdot \text{dn}\, v + \text{sn}\, v \cdot \text{cn}\, u \cdot \text{dn}\, u}{1 - k^2 \text{sn}^2 u \cdot \text{sn}^2 v} \quad (4)$$

Jacobi 定理

这一关系表明函数 sn u 的加法定理.

5. 欧 拉 定 理

由前节求出的关于函数 sn u 的加法定理可以得出其他函数的加法定理. 例如, 函数 cn u 的加法定理可以从关系 cn $u = \sqrt{1-\text{sn}^2 u}$ 得出来.

这里我们来谈谈问题的另一方面. 问题在于, 第 26 节的公式(4)可根据与我们所构造的理论毫无共同之点而是属于欧拉的理由而得到.

欧拉注意微分方程

$$\frac{\mathrm{d}x}{\sqrt{a_0 x^4 + 4a_1 x^3 + 6a_2 x^2 + 4a_3 x + a_4}} + \frac{\mathrm{d}y}{\sqrt{a_0 y^4 + 4a_1 y^3 + 6a_2 y^2 + 4a_3 y + a_4}} = 0$$

且指明, 它有代数积分. 将这一积分与下一超越积分比较

$$\int \frac{\mathrm{d}x}{\sqrt{f(x)}} + \int \frac{\mathrm{d}y}{\sqrt{f(y)}} = C$$

[这里 $f(x) = a_0 x^4 + 4a_1 x^3 + 6a_2 x^2 + 4a_3 x + a_4$], 即可得出 Jacobi 的加法公式. 从实质上说, 所说的欧拉定理首先推动了椭圆积分的研究.

欧拉定理最精致的证明是达布(Darboux)的方法.

照达布法, 注意方程

$$\frac{\mathrm{d}x}{\sqrt{(1-x^2)(1-k^2 x^2)}} + \frac{\mathrm{d}y}{\sqrt{(1-y^2)(1-k^2 y^2)}} = 0 \quad (1)$$

它有超越积分

$$\int_0^x \frac{\mathrm{d}x}{\sqrt{(1-x^2)(1-k^2x^2)}} + \int_0^y \frac{\mathrm{d}y}{\sqrt{(1-y^2)(1-k^2y^2)}} = A \tag{2}$$

其中 A 是任意的常数. 设

$$u = \int_0^x \frac{\mathrm{d}x}{\sqrt{(1-x^2)(1-k^2x^2)}} \tag{3}$$

$$v = \int_0^y \frac{\mathrm{d}y}{\sqrt{(1-y^2)(1-k^2y^2)}} \tag{3'}$$

则积分(2)变为以下的形状

$$u + v = A$$

在另一方面,方程(1)可用下方程组替代

$$\begin{cases} \dfrac{\mathrm{d}x}{\mathrm{d}t} = \sqrt{(1-x^2)(1-k^2x^2)} \\ \dfrac{\mathrm{d}y}{\mathrm{d}t} = -\sqrt{(1-y^2)(1-k^2y^2)} \end{cases} \tag{4}$$

将式(4)平方,得

$$\left(\frac{\mathrm{d}x}{\mathrm{d}t}\right)^2 = (1-x^2)(1-k^2x^2)$$
$$\left(\frac{\mathrm{d}y}{\mathrm{d}t}\right)^2 = (1-y^2)(1-k^2y^2) \tag{5}$$

微分这两个方程

$$\frac{\mathrm{d}^2 x}{\mathrm{d}t^2} = x(2k^2x^2 - 1 - k^2)$$

$$\frac{\mathrm{d}^2 y}{\mathrm{d}t^2} = y(2k^2y^2 - 1 - k^2)$$

故

$$y \frac{\mathrm{d}^2 x}{\mathrm{d}t^2} - x \frac{\mathrm{d}^2 y}{\mathrm{d}t^2} = 2k^2 xy(x^2 - y^2)$$

或

Jacobi 定理

$$\frac{\mathrm{d}}{\mathrm{d}t}\left(y\frac{\mathrm{d}x}{\mathrm{d}t} - x\frac{\mathrm{d}y}{\mathrm{d}t}\right) = 2k^2 xy(x^2 - y^2) \quad (6)$$

在另一方面,由式(5)得出

$$y^2\left(\frac{\mathrm{d}x}{\mathrm{d}t}\right)^2 - x^2\left(\frac{\mathrm{d}y}{\mathrm{d}t}\right)^2 = (y^2 - x^2)(1 - k^2 x^2 y^2) \quad (7)$$

用式(7)除式(6)得

$$\frac{\frac{\mathrm{d}}{\mathrm{d}t}\left(y\frac{\mathrm{d}x}{\mathrm{d}t} - x\frac{\mathrm{d}y}{\mathrm{d}t}\right)}{y\frac{\mathrm{d}x}{\mathrm{d}t} - x\frac{\mathrm{d}y}{\mathrm{d}t}} = \frac{2k^2 xy\left(y\frac{\mathrm{d}x}{\mathrm{d}t} + x\frac{\mathrm{d}y}{\mathrm{d}t}\right)}{k^2 x^2 y^2 - 1}$$

或

$$\frac{\mathrm{d}}{\mathrm{d}t}\ln\left(y\frac{\mathrm{d}x}{\mathrm{d}t} - x\frac{\mathrm{d}y}{\mathrm{d}t}\right) = \frac{\mathrm{d}}{\mathrm{d}t}\ln(k^2 x^2 y^2 - 1)$$

由此得

$$y\frac{\mathrm{d}x}{\mathrm{d}t} - x\frac{\mathrm{d}y}{\mathrm{d}t} = C(1 - k^2 x^2 y^2)$$

注意式(4),得

$$\frac{x\sqrt{(1-y^2)(1-k^2 y^2)} + y\sqrt{(1-x^2)(1-k^2 x^2)}}{1 - k^2 x^2 y^2} = C$$

(8)

这是方程(1)的积分的代数形式.

关系(2),(8)的每一个都应当是另外一个的推理. 由此得出函数 sn w 的加法定理.

事实上,由式(3),(3′)得

$$x = \mathrm{sn}\, u, \quad y = \mathrm{sn}\, v$$

故式(8)可用以下的形式表示出来

$$\frac{\mathrm{sn}\, u \cdot \mathrm{cn}\, v \cdot \mathrm{dn}\, v + \mathrm{sn}\, v \cdot \mathrm{cn}\, u \cdot \mathrm{dn}\, u}{1 - k^2 \mathrm{sn}^2 u \cdot \mathrm{sn}^2 v} = C \quad (8')$$

因(8′)是(2′)的推理,故 C 是 A 的函数

$$C = \varphi(A)$$

第5章　Jacobi 函数

换句话说,就是

$$\frac{\text{sn}\,u \cdot \text{cn}\,v \cdot \text{dn}\,v + \text{sn}\,v \cdot \text{cn}\,u \cdot \text{dn}\,u}{1 - k^2 \text{sn}^2 u \cdot \text{sn}^2 v} = \varphi(u+v)$$

想要决定函数 φ 的形状,假定 $v = 0$. 这样有

$$\text{sn}(u) = \varphi(u)$$

这意味着

$$\frac{\text{sn}\,u \cdot \text{cn}\,v \cdot \text{dn}\,v + \text{sn}\,v \cdot \text{cn}\,u \cdot \text{dn}\,u}{1 - k^2 \text{sn}^2 u \cdot \text{sn}^2 v} = \text{sn}(u+v)$$

6. Jacobi 定理的第二种及第三种标准椭圆积分

回想第四章第 6 节的内容,那里边已表明,每一个维尔斯特拉斯型的椭圆积分可用椭圆函数与下列三种积分表示出来

$$u = \int \frac{\mathrm{d}z}{w} \tag{1}$$

$$\zeta(u) = -\int \frac{z\mathrm{d}z}{w} \tag{2}$$

$$\ln \frac{\sigma(u - u_0)}{\sigma(u)} + u\zeta(u_0) = \frac{1}{2}\int \frac{w + w_0}{z - z_0} \cdot \frac{\mathrm{d}z}{w} \tag{3}$$

其中

$$w^2 = 4z^3 - g_2 z - g_3$$
$$z_0 = \wp(u_0), w_0 = \wp'(u_0)$$

现今我们想注意 Jacobi 及黎曼型的椭圆积分. 要将基本积分(1),(2),(3)变换成黎曼型,必须把 w^2 代替 $4z(1-z)(1-k^2z)$. 其次,作代替 $z = t^2$,由此导出下边的积分

Jacobi 定理

$$\int \frac{\mathrm{d}t}{\sqrt{(1-t^2)(1-k^2t^2)}} \qquad (1')$$

$$\int \frac{t^2\,\mathrm{d}t}{\sqrt{(1-t^2)(1-k^2t^2)}} \qquad (2')$$

$$\int \frac{t\sqrt{(1-t^2)(1-k^2t^2)} + t_0\sqrt{(1-t_0^2)(1-k^2t_0^2)}}{(t^2-t_0^2)\sqrt{(1-t^2)(1-k^2t^2)}} \mathrm{d}t \qquad (3')$$

积分(1′)可以写成下边的形状

$$u = \int_0^x \frac{\mathrm{d}t}{\sqrt{(1-t^2)(1-k^2t^2)}} \qquad (4)$$

这是 Jacobi 理论里边的第一种椭圆积分.

在 Jacobi 理论内取积分

$$\int_0^x \frac{(1-k^2t^2)\mathrm{d}t}{\sqrt{(1-t^2)(1-k^2t^2)}} \qquad (5)$$

作为第二种标准积分以代替(2′). 如果我们不顾及常数的因子,则这一式与(2′)的差是第一种积分.

积分(5)可以用第一种积分(4)的某一个函数表示出来. Jacobi 的对应符号是

$$E(u) = \int_0^x \sqrt{\frac{1-k^2t^2}{1-t^2}}\,\mathrm{d}t \quad [x = \mathrm{sn}(u;k)] \qquad (5')$$

或

$$E(u) = \int_0^u \mathrm{dn}^2(v;k)\,\mathrm{d}v$$

最后,Jacobi 取

$$\int_0^x \frac{k^2 b\sqrt{(1-b^2)(1-k^2b^2)}}{1-k^2b^2t^2} \frac{t^2\,\mathrm{d}t}{\sqrt{(1-t^2)(1-k^2t^2)}} \qquad (6)$$

作为第三种标准积分以替代(3′),如果我们不顾及常数的因子,则它与(3′)的差是初等函数及第一种积分.

第 5 章 Jacobi 函数

积分(6)可表为第一种积分(4)的某一个函数. 假定 $b = \text{sn}(a;k)$，Jacobi 用 $\prod(u;a)$ 表示它. 这样就有

$$\prod(u;a) = \int_0^x \frac{k^2 b \sqrt{(1-b^2)(1-k^2 b^2)}}{1-k^2 b^2 t^2} \frac{t^2 \mathrm{d}t}{\sqrt{(1-t^2)(1-k^2 t^2)}}$$

$$= \int_0^u \frac{k^2 \text{sn}\ a \cdot \text{cn}\ a \cdot \text{dn}\ a \cdot \text{sn}^2 v}{1-k^2 \text{sn}^2 a \cdot \text{sn}^2 v} \mathrm{d}v \qquad (6')$$

在第 26 节内已经证明[公式(2')]

$$\frac{k^2 \text{sn}\ a \cdot \text{cn}\ a \cdot \text{dn}\ a \cdot \text{sn}^2 v}{1-k^2 \text{sn}^2 a \text{sn}^2 v} = \frac{1}{2} Z(v-a) - \frac{1}{2} Z(v+a) + Z(a)$$

但因

$$Z(v) = \frac{\Theta'(v)}{\Theta(v)}$$

故

$$\prod(u;a) = \frac{1}{2} \ln \frac{\Theta(u-a)}{\Theta(u+a)} + uZ(a)$$

在 Jacobi 理论中的这一函数代替了维尔斯特拉斯理论内的函数

$$\ln \frac{\sigma(u-a)}{\sigma(u)} + u\zeta(a)$$

不难将第二种标准积分 $E(u)$ 用前边引用过的函数表示出来. 为此目的，再取公式(2')

$$Z(u+v) - Z(u-v) - 2Z(v) = -\frac{2k^2 \text{sn}^2 u \cdot \text{sn}\ v \cdot \text{cn}\ v \cdot \text{dn}\ v}{1-k^2 \text{sn}^2 u \text{sn}^2 v}$$

两边全用 $2\text{sn}\ v$ 除，且令 v 趋于零. 取其极限，得

$$\frac{\mathrm{d}}{\mathrm{d}u} Z(u) - Z'(0) = -k^2 \text{sn}^2 u$$

故

$$\text{dn}^2 u = 1 - Z'(0) + \frac{\mathrm{d}}{\mathrm{d}u} Z(u)$$

Jacobi 定理

因此有
$$E(u) = [1 - Z'(0)]u + Z(u)$$
右边第一项的另外表示法,在这里我们不谈了.

7. 第一种完全椭圆积分

在第 2 节里边我们已经导出量 K, K' 作为 τ 或 $h = e^{\pi i \tau} (\Im \tau > 0)$ 由下面的公式所决定的函数
$$K = \frac{\pi}{2}\vartheta_3^2(0|\tau) = \frac{\pi}{2}(1 + 2h + 2h^4 + \cdots)^2 \quad (1)$$
$$\frac{iK'}{K} = \tau$$

此外,我们还曾有公式
$$k^2 = \frac{\vartheta_2^4(0|\tau)}{\vartheta_3^4(0|\tau)} = \left\{\frac{2h^{\frac{1}{4}} + 2h^{\frac{9}{4}} + \cdots}{1 + 2h + 2h^4 + \cdots}\right\}^4 \quad (h^{\frac{1}{4}} = e^{\frac{\pi i \tau}{4}}) \quad (2)$$

这是连接量 τ 与模数 k 的关系. 在第 22 节内作为 τ 的函数我们曾研究量 k^2 的某些性质. 在本节内我们将从事研究作为 k 的函数的量 K 及与此有关的另外的问题.

首先取 Jacobi 型的第一种积分作出发点
$$u = \int_0^x \frac{dt}{\sqrt{(1-t^2)(1-k^2t^2)}} \quad (3)$$
其中根式当 $t = 0$ 时等于 1. 这一积分的逆是函数
$$x = \operatorname{sn} u$$
我们知道,这是一个周期函数,即对于任意整数 m, m',有
$$\operatorname{sn}(u + 4mK + 2m'iK') = \operatorname{sn} u$$

这一事实还可表达如下:积分(3)是多值函数,而且如对于某一 x,它的值是 u,则对于此同一 x,它有无穷多值

$$u + 4mK + 2m'\mathrm{i}K'$$

因为只当积分(3)有不同的积分路时才能有不同的积分值,故对于任意整数 m, m',必须有这样的由点 $t = 0$ 到点 $t = x$ 的积分路存在,使积分(3)经过这一积分路时,它有值

$$u + 4mK + 2m'\mathrm{i}K'$$

积分依赖于积分路的研究在复变函数论内有专章讲述,在这里我们从略. 我们只证明,如 k^2 不是大于 1 或等于 1 的正数,则

$$\int_0^1 \frac{\mathrm{d}t}{\sqrt{(1-t^2)(1-k^2t^2)}} = K \qquad (4)$$

其条件为积分路是直线,而且根式在区间 $[0,1]$ 内是连续函数,且在点 $t = 0$ 处等于 1. 作变换 $t = \sin\psi$,则我们得出已证明的等式(4)具有以下形状

$$\int_0^{\frac{\pi}{2}} \frac{\mathrm{d}\psi}{\sqrt{1-k^2\sin^2\psi}} = K$$

如上所述,勒让德将积分

$$\int_0^\varphi \frac{\mathrm{d}\psi}{\sqrt{1-k^2\sin^2\psi}} = F(\varphi, k)$$

看成 φ 及模数 k 的函数. φ 在区间 $\left[0, \dfrac{\pi}{2}\right]$ 内变化. 令 $\varphi = \dfrac{\pi}{2}$ 即可得出

$$K = F\left(\frac{\pi}{2}, k\right)$$

Jacobi 定理

故勒让德把这一量叫作模数 k 的第一种完全椭圆积分.

为了着重指出积分路取是直线且根式具有以上指明的值,有时积分号前加上一撇. 这样,我们应证明

$$\int_0^1 \frac{\mathrm{d}t}{\sqrt{(1-t^2)(1-k^2t^2)}} = K$$

在变数 λ 平面上作由 $\lambda = 1$ 沿实数半轴至 $\lambda = \infty$ 的切断,则左边得 $k^2 = \lambda$ 的函数,它在该平面上是正则的. 用 $\varphi(\lambda)$ 表明这一函数,而 K 理解为由公式(1)所确定的量.

若我们已证明下边的式(1),式(2),则我们的结论就证明了:

(1) 当 $0 \leqslant \lambda < 1$ 时,下边的等式成立

$$\varphi(\lambda) = K$$

(2) 由公式(1)规定的量 K 是由公式(2)确定的 $k^2 = \lambda$ 的正则函数,此处变数 λ 所在的平面应顺着实数半轴由点 $\lambda = 1$ 到点 $\lambda = \infty$ 作一切断.

我们知道,量 k^2 在复变数 τ 的上半平面内是 τ 的正则函数. 在第 22 节已说明,研究这一函数在领域 D_2 内的情况就够了,此 D_2 系由以下各线包围而成的:直线

$$\Re\tau = -1, \Re\tau = 1$$

以及点 $\tau = -\frac{1}{2}, \tau = \frac{1}{2}$ 为圆心,$\frac{1}{2}$ 为半径的两个半圆周. 这一领域 D_2 是以 A, O, B, C 作顶点的四角形(图2).

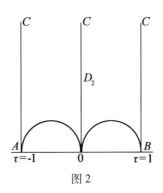

图 2

今拟将公式（2）略加变换. 为了这个目的, 利用下边的等式

$$\vartheta_3^4 = \vartheta_0^4 + \vartheta_2^4$$

由此得

$$k^2 = 1 - \frac{\vartheta_0^4(0|\tau)}{\vartheta_3^4(0|\tau)}$$

或

$$1 - k^2 = \frac{\vartheta_0^4(0|\tau)}{\vartheta_3^4(0|\tau)}$$

由此, 注意到西塔函数的无穷乘积, 就可写出

$$1 - k^2 = \prod_{n=1}^{\infty} \left(\frac{1 - h^{2n-1}}{1 + h^{2n-1}} \right)^8$$

令 τ 经过正的半虚轴 CO. 则 h 单调地由 0 变化到 1, 因此 $\lambda = k^2$ 也单调地由 0 变化到 1（图 3）.

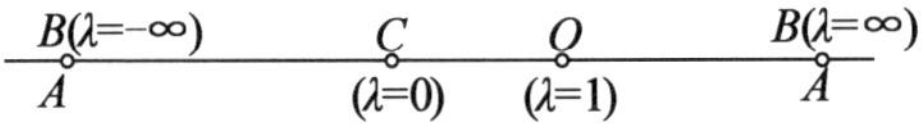

图 3

今取直线 CB, 在这一直线上有

$$\tau = 1 + i\eta$$

其中 η 由 $+\infty$ 变化到 0. 故在 CB 上有

211

Jacobi 定理

$$1 - k^2 = \prod_{n=1}^{\infty} \left[\frac{1 + e^{-2\pi\eta(2n-1)}}{1 - e^{-2\pi\eta(2n-1)}} \right]^8$$

因之,当 τ 经过 CB 时,量 $\lambda = k^2$ 单调地由 0 变化到 $-\infty$. 同样当 τ 画直线 CA 时也可得出 $\lambda = k^2$ 的变化.

最后,研究半圆周 OA. 设

$$\tau = -\frac{1}{\tau'}$$

则当点 τ' 由点 C 到点 B 画直线 CB 时,点 τ 沿正向画圆弧 OA. 今注意(参阅第 22 节)

$$\vartheta_3(0|\tau) = (-i\tau)^{-\frac{1}{2}} \vartheta_3\left(0 \left| -\frac{1}{\tau}\right.\right)$$

$$\vartheta_0(0|\tau) = (-i\tau)^{-\frac{1}{2}} \vartheta_2\left(0 \left| -\frac{1}{\tau}\right.\right)$$

所以

$$1 - k^2 = \frac{\vartheta_2^4(0|\tau')}{\vartheta_3^4(0|\tau')}$$

因此有

$$k^2 = \frac{\vartheta_0^4(0|\tau')}{\vartheta_3^4(0|\tau')}$$

或

$$k^2 = \prod_{n=1}^{\infty} \left(\frac{1 - h'^{2n-1}}{1 + h'^{2n-1}} \right)^8$$

其中 $h' = e^{\pi i \tau'}$. 这一公式表明,当点 τ 沿正向画出圆弧 OA 时,$\lambda = k^2$ 由点 $\lambda = 1$ 经过半实数轴至点 $\lambda = \infty$;当 τ 由点 O 沿圆弧 OB 到 B 时,λ 仍画上述的半轴.

由上所述得,当 τ 沿正向画出领域 D_2 右边一半的边界 $COBC$ 时 $\lambda = k^2$ 由点 $-\infty$ 到点 $+\infty$ 画出实数轴. 由此推出,函数

第 5 章 Jacobi 函数

$$k^2 = \frac{\vartheta_2^4(0|\tau)}{\vartheta_3^4(0|\tau)}$$

给与 $\lambda = k^2$ 的上半平面在领域 D_2 右边一半的共形写像. 这个函数也把 λ 的下半平面写像在领域 D_2 左边一半. 沿着线分 CO(由 $\lambda = 0$ 至 $\lambda = 1$)接合 λ 上半平面和下半平面,得出 λ 平面,沿半直线 BC(或 AC)及 OB(或 OA)有一切断. 函数(2)将它写像在领域 D_2 内. 在所说的作出切断的 λ 平面上,τ 是 $\lambda = k^2$ 的单值解析函数. 因此,在这一切断了的 λ 平面上,由公式(1)所决定的量 K 是 $\lambda = k^2$ 的正则函数.

今可看出,函数 K 在切断 BC(由 $\lambda = -\infty$ 至 $\lambda = 0$)的两侧相对的两点上有相同的值. 事实上,这样的一对点,对应领域 D_2 直线边界上关于虚轴对称的一对点,但这些点对应同一个值 $h = \mathrm{e}^{\pi i \tau}$,因之,由公式(1),对应量 K 的同一值. 故 K 在 λ 平面上是关于 $\lambda = k^2$ 的正则函数,这一 λ 平面应作一沿半轴 OB(由 $\lambda = 1$ 至 $\lambda = \infty$)的切断. 在这同一领域内 $\varphi(\lambda)$ 也是正则函数.

我们现在只剩下当 $0 < \lambda < 1$ 时证明等式

$$\varphi(\lambda) = K$$

今即开始这一证明.

使

$$\operatorname{sn} u = 1$$

的 u 的仅有的值是

$$u = (4m+1)K + 2m'\mathrm{i}K'$$

其中 m, m' 是整数.

事实上,函数 $\operatorname{sn} u$ 是二级的,即在周期平行四边形内对于每一值具有两点. 方程

Jacobi 定理

$$\text{sn } u - 1 = 0 \qquad (5)$$

也具有根 $u = K$,且这一根是二级的,因当 $u = K$ 时,下式变为零

$$\frac{\mathrm{d}}{\mathrm{d}u} \text{sn } u = \text{cn } u \cdot \text{dn } u$$

故在以 $0, 4K, 4K + 2\mathrm{i}K', 2\mathrm{i}K'$ 为顶点的基本平行四边形内,点 $u = K$ 是方程(5)的仅有的根(二级的).

因

$$\int_0^1 \frac{\mathrm{d}t}{\sqrt{(1-t^2)(1-k^2 t^2)}}$$

等于方程(5)的根中的一个,故根据所证明的有

$$\int_0^1 \frac{\mathrm{d}t}{\sqrt{(1-t^2)(1-k^2 t^2)}} = (4m+1)K + 2m'\mathrm{i}K'$$

令 $0 < k^2 < 1$. 则 τ 是纯虚数且 K, K' 是实数. 因之,$m' = 0$ 即

$$\int_0^1 \frac{\mathrm{d}t}{\sqrt{(1-t^2)(1-k^2 t^2)}} = (4m+1)K$$

故所余的只是证明 $m = 0$ 了.

假定 $m \neq 0$,此时 m 是正整数.

量

$$\int_0^x \frac{\mathrm{d}t}{\sqrt{(1-t^2)(1-k^2 t^2)}}$$

在区间 $[0,1]$ 内是 x 的连续函数. 当量 x 由 0 增大到 1 时,上积分单调地由 0 增大到 $(4m+1)K > 0$. 这就是说,有一数 $\xi(0 < \xi < 1)$ 存在,使

$$\int_0^\xi \frac{\mathrm{d}t}{\sqrt{(1-t^2)(1-k^2 t^2)}} = K$$

但此时有

$$0 < \xi = \operatorname{sn} K < 1$$

这显然不合理. 故 $m = 0$, 因之, 当 $0 < k^2 < 1$ 时, 证明了等式

$$\int_0^1 \frac{\mathrm{d}t}{\sqrt{(1-t^2)(1-k^2t^2)}} = K$$

与模数 k 相伴有时必须考察所谓补充模数 k', 它是用以下公式定义的

$$k^2 + k'^2 = 1$$

今将证明

$$\int_0^1 \frac{\mathrm{d}t}{\sqrt{(1-t^2)(1-k'^2t^2)}} = K' \qquad (6)$$

这里是假定 k'^2 不在由点 $\lambda = 1$ 到点 $\lambda = \infty$ 的半实轴上. 这是由于 k^2 不应该在由点 $\lambda = 0$ 到点 $\lambda = -\infty$ 的半实轴上. 这样,当同时研究两个量 K, K' 时, 就必须假定变数 $\lambda = k^2$ 平面沿两个半轴:由 $\lambda = 1$ 到 $\lambda = \infty$ 及由 $\lambda = 0$ 到 $\lambda = -\infty$ 作切断.

为了要证明式(6), 再注意关系式

$$\vartheta_3(0|\tau) = (-\mathrm{i}\tau)^{-\frac{1}{2}} \vartheta_3\left(0 \Big| -\frac{1}{\tau}\right)$$

由此得

$$\vartheta_3^2(0|\tau) = \frac{\mathrm{i}}{\tau} \vartheta_3^2\left(0 \Big| -\frac{1}{\tau}\right)$$

但因

$$K' = \frac{1}{\mathrm{i}}\tau K = \frac{\tau}{\mathrm{i}} \frac{\pi}{2} \vartheta_3^2(0|\tau)$$

故

$$K' = \frac{\pi}{2} \vartheta_3^2\left(0 \Big| -\frac{1}{\tau}\right) \qquad (1')$$

在另一方面, 我们已看到

Jacobi 定理

$$1 - k^2 = \frac{\vartheta_0^4(0|\tau)}{\vartheta_3^4(0|\tau)} = \frac{\vartheta_2^4\left(0\left|-\frac{1}{\tau}\right.\right)}{\vartheta_3^4\left(0\left|-\frac{1}{\tau}\right.\right)}$$

即

$$k'^2 = \frac{\vartheta_2^4\left(0\left|-\frac{1}{\tau}\right.\right)}{\vartheta_3^4\left(0\left|-\frac{1}{\tau}\right.\right)} \tag{2'}$$

把一对公式(1′)及(2′)和一对公式(1)及(2)比较,看出 K' 依赖于 k'^2 如同 K 依赖于 k^2,这就证明了我们的断言.

本节结束前,我们提出有关维尔斯特拉斯公式到 Jacobi 公式的过程的一点注意.

我们已知,量 k^2 用一定的方式可被多项式

$$4x^3 - g_2 x - g_3$$

的根 e_α 表示出来,即

$$k^2 = \frac{e_2 - e_3}{e_1 - e_3}$$

设我们想要 k^2 的值不在由点 $\lambda = 1$ 至点 $\lambda = \infty$ 的实数半轴及由点 $\lambda = 0$ 至点 $\lambda = -\infty$ 的实数半轴上,则根的编号服从以下的条件:若点 e_1, e_2, e_3 在一直线上,则 e_2 应处在他们的中间.

我们也注意,在应用上的最重要情形是 $0 < k^2 < 1$.若根 e_α 全是实数,则我们将有这一情形.在这一情形下一般地有

$$e_1 > e_2 > e_3$$

有时这一情形叫作标准型

8. 第二种完全椭圆积分

这些积分对于模数 k 及补充模数 k' 用下边的公式定义

$$E = \int_0^1 \sqrt{\frac{1-k^2 t^2}{1-t^2}} \, dt, E' = \int_0^1 \sqrt{\frac{1-k'^2 t^2}{1-t^2}} \, dt$$

容易看出

$$E = E(K)$$

其中 $E(u)$ 表明第 28 节内研究过的第二种椭圆积分. 在那里曾证明

$$E(u) = [1 - Z'(0)] u + Z(u)$$

因

$$Z(K) = 0$$

故

$$E = [1 - Z'(0)] K$$

因之,有

$$E(u) = Z(u) + \frac{E}{K} u \qquad (1)$$

在第 12 节内曾证明,如果 $\Im \tau > 0$,则

$$\eta \omega' - \eta' \omega = \frac{\pi i}{2}$$

对于这个维尔斯特拉斯理论内的关系式应当在 Jacobi 理论中也有相当的关系式. 这里应当有量 K, K', E, E' 以替代量 $\omega, \omega', \eta, \eta'$.

它是由勒让德发现,并用他的名字称作勒让德关系式,其形状是

Jacobi 定理

$$EK' + E'K - KK' = \frac{\pi}{2}$$

为了证明勒让德关系式,考察函数 $Z(u)$ 及 $E(u)$ 的某些联系到由 τ 变到 $\tau' = -\dfrac{1}{\tau}$ 的变换公式. 故代替 $Z(u), E(u)$ 我们写成 $Z(u;k), E(u;k)$,应理解由 τ 变到 τ' 对应于由 k 变到 k'.

在第 22 节中曾证明

$$\vartheta_0(\tau' v | \tau') = \sqrt{-i\tau}\, \vartheta_2(v|\tau)\, e^{-\pi i \tau' v^2}$$

这里如用 $\dfrac{iu}{2K}$ 代替 v,则得

$$\vartheta_0\left(\frac{u}{2K'} \Big| \tau'\right) = \sqrt{-i\tau}\, \vartheta_2\left(\frac{iu}{2K} \Big| \tau\right) e^{-\frac{\pi u^2}{4KK'}}$$

或

$$\Theta(u;k') = \sqrt{-i\tau}\, H_1(iu;k)\, e^{-\frac{\pi u^2}{4KK'}}$$

量

$$H_1(iu;k)$$

等于

$$\sqrt{\frac{k}{k'}}\,\mathrm{cn}(iu;k)\,\Theta(iu;k)$$

故

$$\Theta(u;k') = 常数 \cdot \mathrm{cn}(iu;k)\,\Theta(iu;k)\, e^{-\frac{\pi u^2}{4KK'}}$$

由此,两边关于 u 取对数的导数,得

$$Z(u;k') = -i\frac{\mathrm{sn}(iu;k)\mathrm{dn}(iu;k)}{\mathrm{cn}(iu;k)} + iZ(iu;k) - \frac{\pi u}{2KK'} \quad (2)$$

今转到函数

$$(\alpha): -i\frac{\mathrm{sn}(iu;k)\cdot \mathrm{dn}(iu;k)}{\mathrm{cn}(iu;k)}$$

假定这一函数用西塔函数表示出来,然后将 τ 变为 τ',利用第 22 节的关系,最后再采用函数 $\mathrm{sn}(u;k')$, $\mathrm{cn}(u;k'),\mathrm{dn}(u;k')$,则上式变为

$$(\beta):\frac{\mathrm{sn}(u;k')\mathrm{dn}(u;k')}{\mathrm{cn}(u;k')}$$

$(\alpha),(\beta)$ 相等是某些关系式的特殊情形,这些关系式有必要来研究.

这样,式(2)可写成以下的形状

$$Z(u;k')=\frac{\mathrm{sn}(u;k')\mathrm{dn}(u;k')}{\mathrm{cn}(u;k')}+\mathrm{i}Z(\mathrm{i}u;k)-\frac{\pi u}{2KK'} \quad (3)$$

将 (β) 关于 u 微分

$$\frac{\mathrm{d}}{\mathrm{d}u}\frac{\mathrm{sn}(u;k')\mathrm{dn}(u;k')}{\mathrm{cn}(u;k')}=-1+\mathrm{dn}^2(u;k')+\frac{\mathrm{dn}^2(u;k')}{\mathrm{cn}^2(u;k')}$$

用 (α) 变为 (β) 的那个方法可证明

$$\frac{\mathrm{dn}^2(u;k')}{\mathrm{cn}^2(u;k')}=\mathrm{dn}^2(\mathrm{i}u;k)$$

这样就有

$$\frac{\mathrm{d}}{\mathrm{d}u}\frac{\mathrm{sn}(u;k')\mathrm{dn}(u;k')}{\mathrm{cn}(u;k')}=-1+\mathrm{dn}^2(u;k')+\mathrm{dn}^2(\mathrm{i}u;k)$$

由此得

$$(\gamma):\frac{\mathrm{sn}(u;k')\mathrm{dn}(u;k')}{\mathrm{cn}(u;k')}=-u+\int_0^u\mathrm{dn}^2(u;k')\mathrm{d}u+\int_0^u\mathrm{dn}^2(\mathrm{i}u;k)\mathrm{d}u$$

注意

$$E(u;k')=\int_0^u\mathrm{dn}^2(u;k')\mathrm{d}u$$

$$E(\mathrm{i}u;k)=\int_0^{\mathrm{i}u}\mathrm{dn}^2(t;k)\mathrm{d}t=\mathrm{i}\int_0^u\mathrm{dn}^2(\mathrm{i}u;k)\mathrm{d}u$$

我们可将 (γ) 写成以下的形状

Jacobi 定理

$$\frac{\operatorname{sn}(u;k')\operatorname{dn}(u;k')}{\operatorname{cn}(u;k')} = -u + E(u;k') - \mathrm{i}E(\mathrm{i}u;k)$$

故等式(3)给出

$$Z(u;k') - E(u;k') = \mathrm{i}\{Z(\mathrm{i}u;k) - E(\mathrm{i}u;k)\} - u\left(1 + \frac{\pi}{2KK'}\right) \quad (4)$$

根据公式(1),由关系式(4)可得

$$-\frac{E'}{K'}u = \frac{E}{K}u - u\left(1 + \frac{\pi}{2KK'}\right)$$

由此得

$$-E'K = EK' - KK' - \frac{\pi}{2}$$

这就是勒让德公式,这样它被证明了.

本节的结束,我们提出关系式

$$\begin{cases} E(u+2K) = E(u) + 2E \\ E(u+2\mathrm{i}K') = E(u) + 2\mathrm{i}(K' - E') \end{cases} \quad (5)$$

其中 $E(u) = E(u;k)$. 由这些关系式可见,量 $E, \mathrm{i}(K' - E')$ 在 Jacobi 理论内起的作用就如同量 η, η' 在维尔斯特拉斯理论中所起的作用一样. 由式(1),根据

$$Z(u+2K) = Z(u)$$

可推出关系式(5)的第一个. 想要得出关系式(5)的第二个,必须取等式

$$Z(u+2\mathrm{i}K') = Z(u) + Z(2\mathrm{i}K')$$

$$Z(2\mathrm{i}K') = -\frac{\pi \mathrm{i}}{K}$$

由这些等式得

$$E(u+2\mathrm{i}K') = E(u) + \frac{2\mathrm{i}\left(EK' - \frac{\pi}{2}\right)}{K}$$

所遗留下的问题,只是根据勒让德关系式,有

$$\frac{EK' - \dfrac{\pi}{2}}{K} = K' - E'$$

9. 椭圆函数的变态

当椭圆函数的一个或两个周期变为无穷大时,则变态为初等函数. 在第一种情形,变态的函数将为三角函数,而在第二种情形则为有理函数.

令 ω 保持有限值,同时 ω' 趋于无穷大. 由定义西格马函数的无穷乘积,容易看出,这时函数 $\sigma(u)$ 变态为

$$\frac{2\omega}{\pi} e^{\frac{1}{3!}\left(\frac{\pi u}{2\omega}\right)^2} \sin\frac{\pi u}{2\omega} \tag{1}$$

同样,由定义 $\zeta(u)$,$\wp(u)$ 的级数,容易看出,$\zeta(u)$ 变态为

$$\frac{1}{3}\left(\frac{\pi}{2\omega}\right)^2 u + \frac{\pi}{2\omega}\cot\frac{\pi u}{2\omega} \tag{2}$$

而 $\wp(u)$ 则变态为

$$-\frac{1}{3}\left(\frac{\pi}{2\omega}\right)^2 + \left(\frac{\pi}{2\omega}\right)^2 \frac{1}{\sin^2\dfrac{\pi u}{2\omega}} \tag{3}$$

假定第二个周期也趋于无穷大,则代替式(1),(2),(3)来谈

$$u \tag{1'}$$

$$\frac{1}{u} \tag{2'}$$

Jacobi 定理

$$\frac{1}{u^2} \qquad (3')$$

这些式可由式(1),(2)及(3)得出,也可直接由函数 $\sigma(u),\zeta(u),\wp(u)$ 借助于无穷乘积及无穷级数得出.

今转到作为 k^2 的函数的量

$$h,K,K',E,E'$$

并研究当 $k\to 0$ 时他们自己将要怎样.

由等式

$$K = \int_0^1 \frac{\mathrm{d}t}{\sqrt{(1-t^2)(1-k^2t^2)}}$$

得出

$$\lim_{k\to 0} K = \frac{\pi}{2}$$

同样

$$\lim_{k\to 0} E = \frac{\pi}{2}$$

及

$$\lim_{k\to 0} E' = 1$$

今转向公式

$$k^2 = \left(\frac{2h^{\frac{1}{4}}+2h^{\frac{9}{4}}+\cdots}{1+2h+2h^4+\cdots}\right)^4$$

由这一公式得

$$\lim_{k\to 0}\frac{h}{k^2} = \frac{1}{16}$$

但在另一方面

$$K' = \frac{\tau}{\mathrm{i}}K = -\frac{K}{\pi}\ln h$$

故
$$K' - \frac{2K}{\pi}\ln\frac{4}{k} = -\frac{K}{\pi}\ln\frac{16h}{k^2}$$

当 $k \to 0$ 时，右边趋近于零．因此
$$\lim_{k \to 0}\left(K' - \frac{2K}{\pi}\ln\frac{4}{k}\right) = 0$$

由此易得以下的结论
$$\lim_{k \to 0}\left(K' - \ln\frac{4}{k}\right) = 0$$

当 $k^2 \to 1$ 时，这一情形没有特别研究的必要，因为当 $k' \to 0$ 时有 $k^2 \to 1$．

当 $k \to 0$ 及 $k \to 1$ 时函数 $\mathrm{sn}(u;k)$，$\mathrm{cn}(u;k)$，$\mathrm{dn}(u;k)$ 的变态最好借助于下边的积分关系式来研究
$$u = \int_0^x \frac{\mathrm{d}t}{\sqrt{(1-t^2)(1-k^2t^2)}}$$

这个公式联系函数 $x = \mathrm{sn}(u;k)$ 和它的自变数 u．由此显知
$$\lim_{k \to 0}\mathrm{sn}(u;k) = \sin u$$

其次，设
$$\xi = \lim_{k \to 1}\mathrm{sn}(u;k)$$
则
$$u = \int_0^\xi \frac{\mathrm{d}t}{1-t^2} = \frac{1}{2}\ln\frac{1+\xi}{1-\xi}$$

因此有
$$\lim_{k \to 1}\mathrm{sn}(u;k) = \frac{\mathrm{e}^u - \mathrm{e}^{-u}}{\mathrm{e}^u + \mathrm{e}^{-u}} = \frac{\sin\mathrm{hyp}\,u}{\cos\mathrm{hyp}\,u}$$

Jacobi 定理

10. 单　　摆

解微分方程或计算积分的椭圆函数的知识是力学和工程上最常用的方法. 按照一般的传统, 我们把单摆的摆动的问题看成同类应用里边典型的例子.

将挂单摆的点取为坐标原点, 并沿 Z 轴铅垂向下 (图3). 令摆线的长等于 l 及摆的原始位置是在它自己的最低位置 ($z = l$). 摆的速度叫作 v, 初速度是 v_0. 令 g 表示重力加速度, 我们将获得动能积分

$$\frac{v^2}{2} - gz = -ga \tag{1}$$

因当 $z = l$ 时有 $v = v_0$, 故

$$a = l - \frac{v_0^2}{2g}$$

取摆线与 Z 轴的交角 φ 为未知函数以替代 z. 则

$$z = l \cos \varphi$$

及

$$v = l \frac{\mathrm{d}\varphi}{\mathrm{d}t}$$

因之, 动能的方程可写成以下的形状

$$\frac{l^2}{2}\left(\frac{\mathrm{d}\varphi}{\mathrm{d}t}\right)^2 - gl\cos \varphi = -ga$$

或

$$\frac{l\mathrm{d}\varphi}{\sqrt{2g(l\cos \varphi - a)}} = \mathrm{d}t$$

所以

$$t = \frac{l}{\sqrt{2g}} \int_0^\varphi \frac{\mathrm{d}\psi}{\sqrt{l\cos\psi - a}} \qquad (2)$$

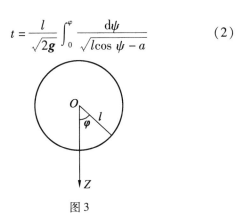

图 3

按照常数 a 的大于、等于或小于 $-l$,我们分成三种情形来研究.

第一种情形

$$a > -l$$

若

$$v_0 < 2\sqrt{gl}$$

即假定初速度 v_0 不很大时,则发生这一情形. 由关系式

$$a = l\cos\alpha$$

导出 α. 则方程(2)有以下的形状

$$t = \sqrt{\frac{l}{2g}} \int_0^\varphi \frac{\mathrm{d}\psi}{\sqrt{\cos\psi - \cos\alpha}}$$

或

$$t = \frac{1}{2}\sqrt{\frac{l}{g}} \int_0^\varphi \frac{\mathrm{d}\psi}{\sqrt{\sin^2\frac{\alpha}{2} - \sin^2\frac{\psi}{2}}}$$

令

$$k^2 = \sin^2\frac{\alpha}{2}$$

Jacobi 定理

及

$$\sin\frac{\psi}{2} = x\sin\frac{\alpha}{2}$$

$$\sin\frac{\varphi}{2} = u\sin\frac{\alpha}{2}$$

则得

$$t = \sqrt{\frac{l}{g}}\int_0^u \frac{\mathrm{d}x}{\sqrt{(1-x^2)(1-k^2x^2)}}$$

所以

$$u = \mathrm{sn}\left(\sqrt{\frac{g}{l}}t;k\right)$$

因此得

$$\sin\frac{\varphi}{2} = \sin\frac{\alpha}{2}\mathrm{sn}\left(\sqrt{\frac{g}{l}}t;\sin\frac{\alpha}{2}\right)$$

这一公式表示摆的运动的规律,由它容易考察这一运动所有的特殊性:

第一,运动是周期性的,且周期等于

$$4\sqrt{\frac{l}{g}}K$$

第二,如当 $t = 0$ 时,摆取最低位置,则摆经过周期四分之一达到它的最高位置($\varphi = \alpha$). 然后再经过周期的四分之一又回到最低位置. 最后,再经过周期的四分之一以达到铅垂轴另一方面的最高位置($\varphi = -\alpha$). 第三,摆在最高位置的速度等于零.

第二种情形

$$a = -l$$

这一情形是上一情形的极限情形,且有

$$v_0 = 2\sqrt{gl}$$

今因 $\alpha = \pi$，故我们将有方程

$$\sin \frac{\varphi}{2} = u$$

及

$$t = \sqrt{\frac{l}{g}} \int_0^u \frac{\mathrm{d}x}{1 - x^2}$$

求积分得

$$t = \frac{1}{2} \sqrt{\frac{l}{g}} \ln \frac{1 + u}{1 - u}$$

故

$$\sin \frac{\varphi}{2} = \operatorname{tg hyp}\left(t \sqrt{\frac{g}{l}}\right)$$

这一公式指出，当 t 由 0 增加到 ∞ 时，φ 单调地由 0 增加到 π，即摆恒向一方面移动，而且最高的位置是它永远达不到的极限位置.

第三种情形

$$a < -l$$

当

$$v_0 > 2\sqrt{gl}$$

时发生这一情形，这时方程(2)可写成以下的形式

$$t = \frac{l}{\sqrt{2g}} \int_0^\varphi \frac{\mathrm{d}\psi}{\sqrt{l\left(1 - 2\sin^2 \frac{\psi}{2}\right) - a}} \qquad (3)$$

令

$$k^2 = \frac{2l}{l - a}$$

则

$$0 < k < 1$$

及

Jacobi 定理

$$\sin\frac{\psi}{2}=x,\sin\frac{\varphi}{2}=u$$

此时式(3)取以下的形状

$$t=\sqrt{\frac{2l}{l-a}}\sqrt{\frac{l}{g}}\int_0^u\frac{\mathrm{d}x}{\sqrt{(1-x^2)(1-k^2x^2)}}$$

由此

$$u=\operatorname{sn}\left(\sqrt{\frac{l-a}{2l}}\sqrt{\frac{g}{l}}t;k\right)$$

因此,有

$$\sin\frac{\varphi}{2}=\operatorname{sn}\left(\sqrt{\frac{l-a}{2l}}\sqrt{\frac{g}{l}}t;\sqrt{\frac{2l}{l-a}}\right)$$

这一公式指出,对于等于

$$\frac{\sqrt{2l}}{\sqrt{g(l-a)}}K$$

的 t,摆达到它的最高位置.但在这一位置,它的速度异于零.一般,速度永远不能为零,因为,像方程(1)指出的,当 $z=a<-l$ 时才可能发生.但同时 z 永远包含在 $-l$ 及 l 之间.这样,现今将发生永远沿同一方向的圆周运动以替代摆动.

11. 椭圆函数的性质及其在偏微分方程中的应用

11.1 椭圆函数 $\theta(z)$ 的性质

在这一节中,我们要考虑一个全纯函数 $\theta(z)$,它依赖于满足两个函数方程

$$\theta(z+\pi)=\theta(z)$$

第 5 章 Jacobi 函数

$$\theta(z+\pi t) = \mathrm{cons}\, t \times \mathrm{e}^{-2\mathrm{i}z}\theta(z)$$

的一个非实的参变量.

θ 的对数导数是

$$\frac{\theta'(z+\pi t)}{\theta(z+\pi t)} = -2\mathrm{i} + \frac{\theta'(z)}{\theta(z)}$$

由此推出, $\varphi(z) = (\mathrm{d}/\mathrm{d}z)[\theta'(z)/\theta(z)]$ 是以 πt 为周期的周期函数, 现在, $\theta(z)$ 是以 π 为周期的周期函数, $\varphi(z)$ 也是周期函数. 这样一来, $\varphi(z)$ 是一个双周期的亚纯函数, 这两个周期的比是一个复数 t. 它是一个椭圆函数. 本节的目的是要证明当函数 $\theta(z)$ 由傅里叶展开式给出时, $\theta(z)$ 的某些性质.

我们还需注意到, θ 是偏微分方程

$$\frac{1}{\mathrm{i}}\frac{\partial \theta}{\partial t} = -\frac{\pi}{4}\frac{\partial^2 \theta}{\partial z^2}$$

的一个解. 当 t 是一个纯虚数 $t = \mathrm{i}t'$ 时, 这个方程化为热传导方程

$$\frac{\partial \theta}{\partial t'} = \frac{\pi}{4}\frac{\partial^2 \theta}{\partial z^2}$$

在这个问题中, 我们要用到下述结果: 如果 $\theta(z)$ 在区域 $\mathscr{D}$ 中是全纯的, 而且在 $\mathscr{D}$ 的边界 Γ 上不为零, 则积分

$$\frac{1}{2\mathrm{i}\pi}\int_\Gamma \frac{\theta'(z)}{\theta(z)}\mathrm{d}z$$

是 $\theta(z)$ 的辐角在 Γ 上的改变量, 它等于 $\theta(z)$ 在 $\mathscr{D}$ 的内部的零点的个数.

问题 A 用 q 表示一个绝对值小于 1 的复数. 考虑复变量 z 的函数

$$\theta(z) = 1 - 2q\cos 2z + \cdots + (-1)^n 2q^{n^2}\cos 2nz + \cdots$$

证明 $\theta(z)$ 是以 π 为周期的周期函数, 它在每一个有界

Jacobi 定理

的区域上是全纯的.

问题 B 设 $q = e^{i\pi t}$,这里 t 是一个具有正虚部的复数,证明公式

$$\theta(z + \pi t) = -\frac{1}{q}e^{-2iz}\theta(z)$$

问题 C 证明,$\pi t/2$ 是 $\theta(z)$ 的零点.证明,在一般情况下,$\theta(z)$ 在复平面上以

$$z_0, z_0 + \pi, z_0 + \pi t, z_0 + \pi + \pi t$$

为顶点的平行四边形的内部恰有一个零点,这里 z_0 是一个给定的复数.求 $\theta(z)$ 的零点.

将 $\theta(z)$ 表示为下面的形式

$$\theta(z) = \sum_{n=-\infty}^{\infty}(-1)^n e^{i\pi t n^2} e^{2inz}$$

问题 D 假设 Γ 是以

$$-\frac{\pi}{2}, \frac{\pi}{2}, -\frac{\pi}{2} + \pi t, \frac{\pi}{2} + \pi t$$

为顶点的平行四边形.证明

$$\int_{\Gamma} \frac{\theta'(z)}{\theta(z)} e^{-2inz} dz = 2i\pi e^{-ni\pi t}$$

这里 n 是一个任意的整数.证明左边的积分可化为

$$\int_{-\pi/2}^{\pi/2} \frac{\theta'(z)}{\theta(z)} e^{-2inz} dz$$

由此求函数 $\theta'(z)/\theta(z)$ 的傅里叶级数展开式.

解答 A 设 q 是一个复数,满足 $|q| < 1$. 考虑由级数

$$\theta(z) = 1 - 2q\cos 2z + \cdots + (-1)^n 2q^{n^2}\cos 2nz + \cdots \tag{1}$$

定义的函数 $\theta(z)$,这里 $z = x + iy$ 是复数.

我们有

$$2\cos 2nz = e^{2inz} + e^{-2inz} = e^{-2ny}e^{2inx} + e^{2ny}e^{-2inx}$$
$$2|\cos 2nz| < e^{2ny} + e^{-2ny} < 2e^{2n|y|}$$

这个级数的一般项的绝对值小于
$$2|q|^{n^2}e^{2n|y|} < 2[|q|^n e^{2|y|}]^n$$

对每一个固定的 y,当 $|q|^n$ 趋向于 0 时,可以找到一个充分大的 n,使得 $|q|^n e^{2|y|}$ 小于一个比 1 小的给定的正数 r. 于是这个级数的一般项有上估计 $2r^n$,而级数 $\sum_{n=1}^{\infty} 2r^n$ 收敛.

如果对这一级数逐项求微商,那么用类似的理由可以证明:微商后所得的级数在每一个有界区域上是一致收敛的. 因此,$\theta(z)$ 在每一个点 z 处是可微的. 换言之,它是全纯函数.

最后,$\theta(z+\pi)$ 显然等于 $\theta(z)$.

这样一来,$\theta(z)$ 是以 π 为周期的偶的全纯函数.

解答 B 设 $q = e^{i\pi t}$. 因为 $|q| < 1$,所以 t 的虚部是正的. 我们首先注意到,将 $\theta(z)$ 写成
$$\theta(z) = \sum_{n=-\infty}^{\infty} (-1)^n q^{n^2} e^{2inz} = \sum_{n=-\infty}^{\infty} (-1)^n e^{i\pi t n^2} e^{2inz}$$
的形式是方便的. 于是
$$\theta(z+\pi t) = \sum_{n=-\infty}^{\infty} (-1)^n e^{i\pi t n^2} e^{2in(z+\pi t)}$$
$$= \sum_{n=-\infty}^{\infty} (-1)^n e^{i\pi t(n^2+2n)} e^{2inz}$$
$$= -\sum_{n=-\infty}^{\infty} (-1)^{n+1} e^{i\pi t(n+1)^2} e^{2i(n+1)z} e^{-i\pi t} e^{-2iz}$$

或者,最后
$$\theta(z+\pi t) = -\frac{1}{q} e^{-2iz} \theta(z) \qquad (2)$$

我们记得
$$\theta(z+\pi) = \theta(z) \tag{3}$$

解答 C　当 $z = -\pi t/2$ 时，由前一公式可得
$$\theta\left(\frac{\pi t}{2}\right) = -\frac{1}{q}e^{i\pi t}\theta\left(-\frac{\pi t}{2}\right) = -\theta\left(-\frac{\pi t}{2}\right)$$

但是 $\theta(z)$ 是一个偶函数. 因此, $\theta(\pi t/2) = 0$, 从而 $\pi t/2$ 是 $\theta(z)$ 的一个零点.

在复平面上, 考虑以
$$A(z_0), B(z_0+\pi), C(z_0+\pi+\pi t), D(z_0+\pi t)$$
为顶点的平行四边形 Γ (见图 4). 因为全纯函数的零点是孤立的, 所以总可以这样选择 z_0, 使得在 Γ 上没有 $\theta(z)$ 的零点.

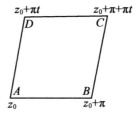

图 4

我们知道, 全纯函数 $\theta(z)$ 在闭曲线 Γ 的内部的零点的个数由下述积分给出
$$N = \frac{1}{2i\pi}\int_\Gamma \frac{\theta'(z)}{\theta(z)}dz$$
这里在 Γ 上的积分沿正向进行. 积分
$$\int_\Gamma \frac{\theta'(z)}{\theta(z)}dz$$
是平行四边形四个边上积分的和. 先考虑水平边上的积分

(a) $\quad \int_{AB}\frac{\theta'(z)}{\theta(z)}dz = \int_{z_0}^{z_0+\pi}\frac{\theta'(z)}{\theta(z)}dz$

(b) $\int_{CD} \dfrac{\theta'(z)}{\theta(z)} dz.$

设 $z = \pi t + u$, 这个积分化为

$$-\int_{z_0}^{z_0+\pi} \dfrac{\theta'(u+\pi t)}{\theta(u+\pi t)} du$$

但是 $\theta(u+\pi t) = -\dfrac{1}{q} e^{-2iu} \theta(u)$

由此可得

$$\dfrac{\theta'(u+\pi t)}{\theta(u+\pi t)} = -2i + \dfrac{\theta'(u)}{\theta(u)}$$

因此

$$\int_{CD} \dfrac{\theta'(z)}{\theta(z)} dz = -\int_{AB} \dfrac{\theta'(u)}{\theta(u)} du + 2i\pi$$

将两个边 AB 与 CD 合起来, 则在它上面的积分

$$\dfrac{1}{2i\pi} \int \dfrac{\theta'(z)}{\theta(z)} dz$$

等于 1.

因为 $\theta(z)$ 的周期是 π, 所以在边 AD 与 BC 上的积分彼此相消. 最后得到 $N=1$. 这样一来, 在平行四边形 Γ 的内部恰有一个零点.

因为 $\pi t/2$ 是 $\theta(z)$ 的一个零点, 所以根据 $\theta(z)$ 的周期性. 形如 $\dfrac{\pi t}{2} + n_1 \pi$ 的每一个复数也都是 $\theta(z)$ 的零点, 这里 n_1 是一个整数.

但是, 如果 z 是零点, 则公式

$$\theta(z+\pi t) = -\dfrac{1}{q} e^{-2iz} \theta(z)$$

指出 $z+\pi t$ 也是零点. 这样一来, 更一般地, $z+n_2 \pi t$ 也是零点, 这里 n_2 是一个整数. 所有形如

$$\dfrac{\pi t}{2} + n_1 \pi + n_2 \pi t \tag{4}$$

的复数都是 $\theta(z)$ 的零点. 现在, 在每一个平行四边形 Γ 中恰有一个零点. 从而, 我们找出了 $\theta(z)$ 的全部零点.

解答 D　取 $z_0 = -\pi/2$. 于是我们得到了一个特殊的平行四边形(见图 5).

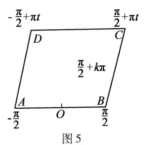

图 5

我们来算积分

$$\int_\Gamma \frac{\theta'(z)}{\theta(z)} e^{-2niz} \mathrm{d}z$$

在 Γ 的内部, 函数 $\theta(z)$ 在点 z_0 处为零, z_0 是形如 $\pi t/2 + k\pi$ 的点, 这里 k 是一个特殊的整数. 在这一点的留数是

$$\exp(-2niz_0) = \exp\left[-2ni\left(\frac{\pi t}{2} + k\pi\right)\right] = e^{-ni\pi t}$$

因此, 我们有

$$\int_\Gamma \frac{\theta'(z)}{\theta(z)} e^{-2niz} \mathrm{d}z = 2i\pi e^{-ni\pi t}$$

因为 $\theta'(z) e^{-2niz}/\theta(z)$ 是以 π 为周期的周期函数, 所以在边 BC 与 AD 上的积分互相抵消. 在 CD 上, 设 $z = \pi t + u$. 于是

$$\int_{CD} = -\int_{-\pi/2}^{\pi/2} \frac{\theta'(\pi t + u)}{\theta(\pi t + u)} e^{-2ni(\pi t + u)} \mathrm{d}u$$

现在　　　　$\dfrac{\theta'(u + \pi t)}{\theta(u + \pi t)} = -2i + \dfrac{\theta'(u)}{\theta(u)}$

这样一来, 我们有

第 5 章　Jacobi 函数

$$\int_{CD} = -e^{-2ni\pi t}\int_{AB}\frac{\theta'(u)}{\theta(u)}e^{-2niu}du + 2ie^{-2ni\pi t}\int_{-\pi/2}^{\pi/2}e^{-2niu}du$$

当 $n \neq 0$ 时,最后一个积分为零. 最后

$$\int_{\Gamma}\frac{\theta'(z)}{\theta(z)}e^{-2niz}dz = (1-e^{-2ni\pi t})\int_{-\pi/2}^{\pi/2}\frac{\theta'(z)}{\theta(z)}e^{-2niz}dx$$
$$= 2i\pi e^{-ni\pi t}$$

或

$$\int_{-\pi/2}^{\pi/2}\frac{\theta'(z)}{\theta(z)}e^{-2niz}dz = \frac{\pi}{\sin n\pi t} = 2i\pi\frac{q^n}{q^{2n}-1} \quad (5)$$

现在我们来考虑 z 只取实值的情况:函数 $\theta'(z)/\theta(z)$ 是连续的、可微的,并且以 π 为周期,它有形如

$$\frac{\theta'(z)}{\theta(z)} = \sum_{n=-\infty}^{\infty}c_n e^{2ni\pi} \quad (6)$$

的傅里叶展开式,其中 c_n 由公式

$$c_n = \frac{1}{\pi}\int_{-\pi/2}^{\pi/2}\frac{\theta'(z)}{\theta(z)}e^{-2\pi iz}dz$$

给出.

于是当 $n \neq 0$ 时

$$c_n = \frac{2iq^n}{q^{2n}-1}$$

当 $n = 0$ 时

$$\int_{-\pi/2}^{\pi/2}\frac{\theta'(z)}{\theta(z)}dz = \log\left[\frac{\theta(\pi/2)}{\theta(-\pi/2)}\right]$$

因为 θ 以 π 为周期,所以有 $\theta(\pi/2)/\theta(-\pi/2) = 1$, $c_0 = 0$.

我们给出实数形式的展开式(如果 q 是实的,它将是实的展开式). 因为 $\theta'(z)/\theta(z)$ 是奇函数,所以 $\cos 2nx$ 的项不出现,从而得到

$$\frac{\theta'(z)}{\theta(z)} = 4\sum_{n=1}^{\infty}\frac{q^n}{1-q^{2n}}\sin 2nz = 2i\sum_{n=1}^{\infty}\frac{\sin 2nz}{\sin \pi tn}$$

这样一来,我们得到 $\theta'(z)/\theta(z)$ 的傅里叶级数展开式.

椭圆函数的变换

1. 椭圆函数变换的问题

问题可表述如下:求出条件,使微分方程

$$\frac{dx}{\sqrt{f(x)}} = \frac{dy}{\sqrt{g(y)}} \qquad (1)$$

其中 $f(x),g(y)$ 是四次或三次多项式具有代数的积分,即具以下形状的积分

$$F(x,y) = 0$$

其中 F 是它的变数的多项式,若指定的条件满足了,试求此积分. 换句话说,这里所讲的是,用代数的关系式

$$F(x,y) = 0$$

变换椭圆微分

$$\frac{dx}{\sqrt{f(x)}} \qquad (2)$$

为椭圆微分

$$\frac{dy}{\sqrt{g(y)}} \qquad (2')$$

我们在上边已经考察过这个一般问题的某些特例.

第 6 章

第6章 椭圆函数的变换

第一,在第 17 节内已经证明过,微分(2)用适当的一次分式或如现今将要说的,一次变换

$$x = \frac{\alpha y + \beta}{\gamma y + \delta} \qquad (3)$$

可以完全化成维尔斯特拉斯函数的标准形状

$$M \frac{\mathrm{d}y}{\sqrt{4y^3 - g_2 y - g_3}}$$

这样,微分方程

$$\frac{\mathrm{d}x}{\sqrt{f(x)}} = M \frac{\mathrm{d}y}{\sqrt{4y^3 - g_2 y - g_3}}$$

是方程(1)的特殊情形,且有分式积分(3),当然,多项式 $f(x)$ 的系数和量 M, g_2, g_3 之间系假定存在着某些关系.

第二,在第 27 节内已证明欧拉定理,由此定理,方程

$$\frac{\mathrm{d}x}{\sqrt{f(x)}} = \frac{\mathrm{d}y}{\sqrt{f(y)}}$$

具有代数的积分. 欧拉方程是方程(1)的特殊情形,此时 $g(y) = f(y)$.

关于变换的一般问题的重要性,由这两个特殊情形就可以看出来,这两种情形之一包含椭圆函数的一个基本性质——代数的加法定理的存在;另一情形提供了可能,使椭圆积分的研究只限于某些标准型式,这样在一般计算的时候,以及特别借助附表来计算时是很有益的.

把已知的椭圆微分(2)化为尽量简单的型(2′)的企图,纵使用 x 及 y 的复杂的代数关系,毫无疑问,刺激了椭圆函数变换的一般理论的发展,这一般理论主要地

Jacobi 定理

是由于阿贝尔(Abel)及 Jacobi 的努力所创造的.

要解决变换的一般问题,先必须将这一问题化成比较简单的问题.

我们有权作的第一个化简是将方程(1)换为方程

$$\frac{\mathrm{d}x}{\sqrt{4x(1-x)(1-k^2x)}} = M \frac{\mathrm{d}y}{\sqrt{4y(1-y)(1-\lambda^2y)}} \quad (4)$$

事实上,用最初变数的适当的变换常可把方程(1)化为这种形式.

此外,我们可只限于求使点 $y=0$ 相当于点 $x=0$ 的方程(4)之积分,换句话说,我们可只限于求 x 与 y 之间的;由下关系式推出的代数关系

$$\int_0^x \frac{\mathrm{d}t}{\sqrt{4t(1-t)(1-k^2t)}} = M \int_0^y \frac{\mathrm{d}t}{\sqrt{4t(1-t)(1-\lambda^2t)}}$$
$$(5)$$

事实上, x 与 y 的一般关系具有以下的形状

$$\int_a^x \frac{\mathrm{d}t}{\sqrt{4t(1-t)(1-k^2t)}} = M \int_0^y \frac{\mathrm{d}t}{\sqrt{4t(1-t)(1-\lambda^2t)}}$$

其中 a 是常数. 设我们可以求出 z 与 y 的,由下边的特殊关系式推出的代数关系

$$\int_0^z \frac{\mathrm{d}t}{\sqrt{4t(1-t)(1-k^2t)}} = M \int_0^y \frac{\mathrm{d}t}{\sqrt{4t(1-t)(1-\lambda^2t)}}$$

则一切就化为求由下列关系所推出来的 x 与 z 的代数关系了

$$\int_0^z \frac{\mathrm{d}t}{\sqrt{4t(1-t)(1-k^2t)}} =$$
$$\int_0^x \frac{\mathrm{d}t}{\sqrt{4t(1-t)(1-k^2t)}} - \int_0^a \frac{\mathrm{d}t}{\sqrt{4t(1-t)(1-k^2t)}}$$

这一最后的问题可根据欧拉的定理(椭圆函数的加法

定理)解决.

2. 一般问题的简化

按前节的研究,取方程

$$\int_0^x \frac{\mathrm{d}t}{\sqrt{4t(1-t)(1-k^2 t)}} = M \int_0^y \frac{\mathrm{d}t}{\sqrt{4t(1-t)(1-\lambda^2 t)}} \tag{1}$$

令

$$\int_0^x \frac{\mathrm{d}t}{\sqrt{4t(1-t)(1-k^2 t)}} = u$$

用参数方程

$$\begin{cases} x = \mathrm{sn}^2(u;k) \equiv \varphi(u) \\ y = \mathrm{sn}^2\left(\dfrac{u}{M};\lambda\right) \equiv \psi(u) \end{cases} \tag{2}$$

替代方程(1).

现今我们的问题是求使两个椭圆函数 $\varphi(u)$, $\psi(u)$ 有代数关系式的条件.

在变为参数方程(2)以前,参数 k,λ,M 之间的某些关系可能是所求的条件. 现今可以求这些条件,它是参数 k,λ,M 之间的关系或是函数 $\varphi(u)$ 的周期 2ω, $2\omega'$ 与函数 $\psi(u)$ 的周期 $2\tilde{\omega}, 2\tilde{\omega}'$ 之间的关系.

我们看出来,与参数 k,λ,M 的复杂关系不同,周期之间的关系有简单的且容易看出的形状,因之,首先可分解问题为若干特殊问题,然后再用椭圆函数论的一般方法解此等特殊问题.

这样,就可假设函数 $x=\varphi(u), y=\psi(u)$ 之间可以

Jacobi 定理

有代数的关系

$$F[\varphi(u), \psi(u)] = 0$$

在这恒等式里如用 $u + 2m\omega'$ 代替 u，其中 $m = \pm 1, \pm 2, \cdots$，则得出无数个恒等式

$$F[\varphi(u), \psi(u + 2m\omega')] = 0$$

设

$$F(x, y) = 0$$

是关于 y 的 n 次方程，则对于已知的 x 所得到 y 的不同的值不能多于 n 个. 即在点

$$v, v \pm 2\omega', v \pm 4\omega', \cdots \tag{3}$$

处函数 $\psi(u)$ 的不同数值不能多于 n 个. 这只在数值组 (3) 中关于周期 $2\widetilde{\omega}, 2\widetilde{\omega}'$ 作模数为同余时的那种情形才有可能. 假定

$$v + 2b\omega' = v + 2a\omega' + 2\alpha\widetilde{\omega}' + 2\beta\widetilde{\omega}$$

其中 a, b, α, β 是整数，则得出关系式

$$r\omega' = \alpha\widetilde{\omega}' + \beta\widetilde{\omega}$$

同样可求得

$$s\omega = \gamma\widetilde{\omega}' + \delta\widetilde{\omega}$$

这样，我们得到下面的结果：设在函数 (2) 之间有代数关系式存在，则这些函数的周期满足关系式

$$\begin{cases} r\omega' = \alpha\widetilde{\omega}' + \beta\widetilde{\omega} \\ s\omega = \gamma\widetilde{\omega}' + \delta\widetilde{\omega} \end{cases} \tag{4}$$

其中 $r, s, \alpha, \beta, \gamma, \delta$ 是整数.

逆命题也正确：设函数 (2) 的周期之间存在整系数的关系式 (4)，则函数 (2) 之间有代数关系式.

为了证明，令

第 6 章 椭圆函数的变换

$$\Omega' = r\omega'$$
$$\Omega = s\omega$$

如此就有

$$\Omega' = \alpha \tilde{\omega}' + \beta \tilde{\omega}$$
$$\Omega = \gamma \tilde{\omega}' + \delta \tilde{\omega}$$

作函数 $\Phi(u) = \wp(u|\Omega,\Omega')$. 因为函数 $\varphi(u),\psi(u)$ 都是偶函数且周期为 $2\Omega,2\Omega'$, 故这些函数的每一个都可用 $\Phi(u)$ 的有理函数表示出来

$$\varphi(u) = R_1[\Phi(u)], \psi(u) = R_2[\Phi(u)]$$

由这些关系式消去函数 $\Phi(u)$, 我们就得出函数 $\varphi(u)$ 及 $\psi(u)$ 之间的代数关系式. 这样, 我们的断言就证明了.

我们顺便证明方程(1)所化成的代数方程

$$F(x,y) = 0 \qquad (5)$$

即椭圆函数变换理论的方程的重要性质: 这些方程可有参数的表示

$$x = R_1(z), y = R_2(z) \qquad (6)$$

其中 R_1, R_2 是有理函数.

代数曲线(5)的点的坐标满足表示式(6), 叫作有理曲线(unicursal curve). 它们具有许多美妙的性质.

由我们的研究得出重要的结果: 可以只限定研究有理变换. 最后这些相当于由公式

$$\omega' = \alpha \tilde{\omega}' + \beta \tilde{\omega}$$
$$\omega = \gamma \tilde{\omega}' + \delta \tilde{\omega}$$

所表示出来的周期变换, 其中 $\alpha, \beta, \gamma, \delta$ 是整数, 而且我们经常认为行列式

Jacobi 定理

$$\begin{vmatrix} \alpha & \beta \\ \gamma & \delta \end{vmatrix} = n$$

是正数.

周期 $2\omega, 2\omega'$ 的平行四边形的面积显然等于周期 $2\tilde{\omega}, 2\tilde{\omega}'$ 的平行四边形面积的 n 倍. 我们将研究的变换叫作 n 级的变换. 我们在第 8 及 9 节内曾研究模群及模函数时, 以及在第 22 节内研究西塔函数的变换时, 曾遇到一级变换 ($n=1$). 在第 9 节内尤其是会建立, 任意一级变换可连续应用以下的两个基本的(或主要的)一级变换得出来

$$\begin{cases} \omega' = \tilde{\omega}' + \tilde{\omega} \\ \omega = \tilde{\omega} \end{cases}$$

$$\begin{cases} \omega' = -\tilde{\omega} \\ \omega = \tilde{\omega}' \end{cases}$$

原来, 任意 n 级变换都可重复用一级变换及以下的两个变换(叫作 m 级主要的变换)表示出来

$$\begin{cases} \omega' = \tilde{\omega}' \\ \omega = m\tilde{\omega} \end{cases} \text{或} \begin{cases} \tilde{\omega}' = \omega' \\ \tilde{\omega} = \dfrac{1}{m}\omega \end{cases} \tag{7}$$

及

$$\begin{cases} \omega' = m\tilde{\omega}' \\ \omega = \tilde{\omega} \end{cases} \text{或} \begin{cases} \tilde{\omega}' = \dfrac{1}{m}\omega' \\ \tilde{\omega} = \omega \end{cases} \tag{8}$$

其中 m 是自然数. 第一变换是第一个周期 (2ω) 被整数 m 除. 第二变换是第二周期 ($2\omega'$) 被整数 m 除.

我们将证明这一断言. 若有变换

第6章 椭圆函数的变换

$$\begin{cases} \omega' = \alpha\widetilde{\omega}' + \beta\widetilde{\omega} \\ \omega = \gamma\widetilde{\omega}' + \delta\widetilde{\omega} \end{cases}$$

用 r 表明数 α,β 的最大公约数，使

$$\alpha = ra, \beta = rb$$

其中 a,b 是互质的数. 则有二整数 c,d 存在，使

$$ad - bc = 1$$

令

$$\begin{cases} \omega_1' = a\widetilde{\omega}' + b\widetilde{\omega} \\ \omega_1 = c\widetilde{\omega}' + d\widetilde{\omega} \end{cases}$$

则

$$\begin{cases} \omega' = r\omega_1' \\ \omega = q\omega_1' + s\omega_1 \end{cases} \tag{9}$$

用一级变换可把数对 $(\widetilde{\omega},\widetilde{\omega}')$ 变为数对 (ω_1,ω_1'). 故我们应当只研究变换(9). 为了确定起见采取 $r>0$，令

$$\begin{cases} \omega' = r\omega_3' \\ \omega = \omega_3 \end{cases}$$

$$\begin{cases} \omega_2' = \omega_1' \\ \omega_2 = s\omega_1 \end{cases}$$

我们现在有周期对 $(2\omega, 2\omega')$ 的第二个周期与周期对 $(2\omega_2, 2\omega_2')$ 的第一个周期的除法变换. 用这些变换，(9)取以下的形式

$$\begin{cases} \omega_3' = \omega_2' \\ \omega_3 = q\omega_2' + \omega_2 \end{cases}$$

这是一级的变换.

我们看出来，将数对 $(2\omega, 2\omega')$ 变为数对 $(2\widetilde{\omega},\widetilde{\omega}')$ 可以分为下列的变换：第二周期的除法变换，其次，是

一级变换,再其次是第一周期的除法变换,最后,再一次一级的变换.

这样我们的断言就证明了.

不难看到
$$n = r \cdot s$$
我们也看出,如讨论变换(7),(8),可采取:m 是质数及在任何情形下可单独研究 m 是奇数及 $m = 2$ 的情形.

严格地说,二个变换(7)及(8)的研究不是必须的,因为,例如,变换(8)归结于变换(7)及一级变换.

我们在第 38 节内将说明这个附记. 但照例,直接研究变换(8)而不把它归结于另一变换是比较方便的.

3. 第一个主要的一级变换

考察函数
$$x = \operatorname{sn}^2(u; k), y = \operatorname{sn}^2\left(\frac{u}{M}; \lambda\right)$$

函数 $\operatorname{sn}^2(u;k)$ 的周期是 $2K, 2iK'$. 同样用 $2L, 2iL'$ 表明函数 $\operatorname{sn}^2(v;\lambda)$ 的周期. 这样,y 有周期 $2LM, 2iL'M$. 对于第一个一级变换
$$\begin{cases} iML' = iK' + K \\ ML = K \end{cases}$$

考察比 $\dfrac{y}{x}$. 这是用 $2K, 2iK'$ 作周期的偶椭圆函数. 因此它可用 $\operatorname{sn}^2(u;k)$ 的有理函数表示出来. 在周期

$2K, 2\mathrm{i}K'$ 的平行四边形内,函数 $\dfrac{y}{x}$ 在点 $u = \mathrm{i}L'M = \mathrm{i}K' + K$ 处具有二级的极点,这是因为分子 y 在该点有二级的极点,而分母在该处异于零且为有限. 其次,函数 $\dfrac{y}{x}$ 在点 $u = \mathrm{i}K'$ 处具有二阶的二级零点,这是因为在这一点处,分子是有限且异于零,而分母则有二阶的极点.
根据所证明过的

$$\frac{y}{x} = \frac{C}{\mathrm{sn}^2(u;k) - \mathrm{sn}^2(\mathrm{i}K'+K;k)}$$

或

$$\frac{y}{x} = \frac{A}{1 - k^2 x}$$

其中 A 与 C 都是常数. 为了决定这常数,令 $u = K$. 由此得

$$1 = \frac{A}{1 - k^2}$$

于是

$$A = k'^2$$

就是

$$\frac{\mathrm{sn}^2\left(\dfrac{v}{M};\lambda\right)}{\mathrm{sn}^2(u;k)} = \frac{k'^2}{1 - k^2 \mathrm{sn}^2(u;k)} \quad (1)$$

即

$$\mathrm{sn}\left(\frac{u}{M};\lambda\right) = \frac{k'\mathrm{sn}(u;k)}{\mathrm{dn}(u;k)}$$

现在只剩下用 k 表示量 M 及 λ 了. 将写出的等式用 u 除,再令 u 趋于零,得

$$\frac{1}{M} = k'$$

其次,在公式(1)内令 $u = 2K + iK'$,得

$$\frac{1}{\lambda^2} = -\frac{k'^2}{k^2}$$

因之

$$\lambda = \frac{ik}{k'}$$

故有

$$\operatorname{sn}\left(k'u; \frac{ik}{k'}\right) = \frac{k'\operatorname{sn}(u;k)}{\operatorname{dn}(u;k)}$$

同样[或由(1)]可证

$$\operatorname{cn}\left(k'u; \frac{ik}{k'}\right) = \frac{\operatorname{cn}(u;k)}{\operatorname{dn}(u;k)}$$

$$\operatorname{dn}\left(k'u; \frac{ik}{k'}\right) = \frac{1}{\operatorname{dn}(u;k)}$$

令 k 在由 0 到 1 的区间变化. 这点,我们已提过,对应用是最重要的情形. 量

$$\frac{k}{\sqrt{1-k^2}} = \frac{k}{k'}$$

同时将由 0 变化至 ∞. 这样,在本节内我们所得到的公式将具有纯虚数的模的 Jacobi 函数变为模数在区间 [0,1] 内的 Jacobi 函数.

注意,我们在本节内求得的变换公式也可以由第前几节内引出的西塔函数变换的公式得出. 这个附注也属于下一节.

4. 第二个主要的一级变换

这一变换对应于下边的关系式

$$ML = iK', \quad iML' = -K$$

同时,和上边一样,$2K, 2iK'$ 是函数

$$x = \text{sn}^2(u; k)$$

的周期,而 $2ML, 2iML'$ 是函数

$$y = \text{sn}^2\left(\frac{u}{M}; \lambda\right)$$

的周期.

再研究比

$$\frac{y}{x}$$

这是 $\text{sn}^2(u; k)$ 的有理函数,在周期 $2K, 2iK'$ 的四边形内的点 $u = iK'$ 处具有二级的零点,因为这个点是函数 x 的二级极点且在点 $u = K$ 处具有二级的极点. 故

$$\frac{y}{x} = \frac{A}{\text{sn}^2(u; k) - 1}$$

令 u 趋于零,得

$$\frac{1}{M^2} = -A$$

因

$$y = \frac{A \text{sn}^2(u; k)}{\text{sn}^2(u; k) - 1}$$

故令 $u = iK'$,求得 $1 = A$.

更用 $-K + iK'$ 代替 u,得

$$\text{sn}^2(L + iL'; \lambda) = \frac{\text{sn}^2(K + iK'; k)}{\text{sn}^2(K + iK'; k) - 1}$$

或

$$\frac{1}{\lambda^2} = \frac{\dfrac{1}{k^2}}{\dfrac{1}{k^2} - 1}$$

Jacobi 定理

故
$$\lambda = k', M = \frac{1}{i}$$

而我们所得到的结果化为
$$\operatorname{sn}(iu;k') = i\frac{\operatorname{sn}(u;k)}{\operatorname{cn}(u;k)} \qquad (1)$$

同样[或根据(1)]可证
$$\operatorname{cn}(iu;k') = \frac{1}{\operatorname{cn}(u;k)}$$

$$\operatorname{dn}(iu;k') = \frac{\operatorname{dn}(u;k)}{\operatorname{cn}(u;k)}$$

这些公式的作用在于,它将纯虚变数的 Jacobi 函数变为实变数的 Jacobi 函数.

5. 朗 道 变 换

第一个主要的二级变换,朗道①(Landen)早在 1775 年就发现了.对应这一变换有以下的公式
$$x = \operatorname{sn}^2(u;k); 2K, 2iK'$$
$$y = \operatorname{sn}^2\left(\frac{u}{M};\lambda\right); 2ML = K, 2iML' = 2iK'$$

由此看出,问题是关于函数 x 除以两个第一周期.

比
$$\frac{y}{x}$$

---

① 显然朗道并未致力于椭圆函数,他所致力的是椭圆积分的研究.

是 $\operatorname{sn}^2(u;k)$ 的有理函数. 在周期 $2K,2\mathrm{i}K'$ 的平行四边形内这一函数在点 $u=K$ 处具有二级的零点且在点 $u=K+\mathrm{i}K'$ 处有二级的极点.

这样
$$\frac{y}{x} = C\frac{\operatorname{sn}^2(K;k) - \operatorname{sn}^2(u;k)}{\operatorname{sn}^2(K+\mathrm{i}K';k) - \operatorname{sn}^2(u;k)}$$

或
$$\frac{y}{x} = \frac{A(1-x)}{1-k^2 x}$$

依次令 $u=0,\mathrm{i}K',\dfrac{K}{2}$, 得出以下的等式

$$\frac{1}{M^2} = A, \frac{k^2 M^2}{\lambda^2} = \frac{A}{k^2}, 1 = \frac{A\operatorname{sn}^2\left(\dfrac{K}{2};k\right)\operatorname{cn}^2\left(\dfrac{K}{2};k\right)}{\operatorname{dn}^2\left(\dfrac{K}{2};k\right)}$$

现今可以利用容易导出的公式

$$\operatorname{sn}\left(\frac{K}{2};k\right) = \frac{1}{\sqrt{1+k'}}$$

$$\operatorname{cn}\left(\frac{K}{2};k\right) = \sqrt{\frac{k'}{1+k'}}$$

$$\operatorname{dn}\left(\frac{K}{2};k\right) = \sqrt{k'}$$

由这些公式, 最后的方程取以下的形状

$$1 = \frac{A}{(1+k')^2}$$

故
$$A = (1+k')^2$$

今由前两个方程得
$$M = \frac{1}{1+k'}$$

Jacobi 定理

$$\lambda = \frac{k^2}{(1+k')^2} = \frac{1-k'^2}{(1+k')^2} = \frac{1-k'}{1+k'}$$

故我们所得到的结果化为

$$\mathrm{sn}\left[u(1+k');\frac{1-k'}{1+k'}\right] = \frac{(1+k')\mathrm{sn}(u;k)\mathrm{cn}(u;k)}{\mathrm{dn}(u;k)}$$

其次的公式具以下的形状

$$\mathrm{cn}\left[u(1+k');\frac{1-k'}{1+k'}\right] = \frac{1-(1+k')\mathrm{sn}^2(u;k)}{\mathrm{dn}(u;k)}$$

$$\mathrm{dn}\left[u(1+k');\frac{1-k'}{1+k'}\right] = \frac{1-(1-k')\mathrm{sn}^2(u;k)}{\mathrm{dn}(u;k)}$$

请读者验证它们.

6. 高 斯 变 换

这一变换是除以两个第二周期. 故它可由一级变换及朗道变换(除以两个第一周期)的组合得出.

和前边一样,原来的模数是 k,而变换以后我们得到模数 λ. 取旧的和新的周期位置互换的一级变换公式. 它们具有以下的形状

$$\begin{cases} \mathrm{sn}(\mathrm{i}u;k') = \mathrm{i}\dfrac{\mathrm{sn}(u;k)}{\mathrm{cn}(u;k)} \\ \mathrm{cn}(\mathrm{i}u;k') = \dfrac{1}{\mathrm{cn}(u;k)} \\ \mathrm{dn}(\mathrm{i}u;k') = \dfrac{\mathrm{dn}(u;k)}{\mathrm{cn}(u;k)} \end{cases} \quad (1)$$

及

第 6 章　椭圆函数的变换

$$\begin{cases} \operatorname{sn}\left(\dfrac{\mathrm{i}u}{M};\lambda'\right) = \mathrm{i}\,\dfrac{\operatorname{sn}\left(\dfrac{u}{M};\lambda\right)}{\operatorname{cn}\left(\dfrac{u}{M};\lambda\right)} \\[2ex] \operatorname{cn}\left(\dfrac{\mathrm{i}u}{M};\lambda'\right) = \dfrac{1}{\operatorname{cn}\left(\dfrac{u}{M};\lambda\right)} \\[2ex] \operatorname{dn}\left(\dfrac{\mathrm{i}u}{M};\lambda'\right) = \dfrac{\operatorname{dn}\left(\dfrac{u}{M};\lambda\right)}{\operatorname{cn}\left(\dfrac{u}{M};\lambda\right)} \end{cases} \quad (2)$$

这里 λ 及 M 暂时是任意的. 现今我们必须要求,使式(1)及式(2)的左边的函数由朗道变换联系起来,就这样来确定 λ 及 M.

回想起朗道变换,现今的 k' 及 λ' 起着以前的 k 及 λ 的作用,立刻求得

$$\lambda' = \frac{1-k}{1+k},\; M = \frac{1}{1+k}$$

及

$$\lambda = \sqrt{1-\lambda'^{2}} = \frac{2\sqrt{k}}{1+k}$$

这样,两个参数 λ 及 M 都被确定了. 变换的公式具有以下形状

$$\operatorname{sn}\left(\frac{\mathrm{i}u}{M};\lambda'\right) = \frac{1}{M}\,\frac{\operatorname{sn}(\mathrm{i}u;k')\operatorname{cn}(\mathrm{i}u;k')}{\operatorname{dn}(\mathrm{i}u;k')}$$

$$\operatorname{cn}\left(\frac{\mathrm{i}u}{M};\lambda'\right) = \frac{1-(1+k)\operatorname{sn}^{2}(\mathrm{i}u;k')}{\operatorname{dn}(\mathrm{i}u;k')}$$

$$\operatorname{dn}\left(\frac{\mathrm{i}u}{M};\lambda'\right) = \frac{1-(1-k)\operatorname{sn}^{2}(\mathrm{i}u;k')}{\operatorname{dn}(\mathrm{i}u;k')}$$

现今只要再利用关系式(1)及(2)就可以得

Jacobi 定理

$$\frac{\operatorname{sn}\left(\dfrac{u}{M};\lambda\right)}{\operatorname{cn}\left(\dfrac{u}{M};\lambda\right)} = \frac{1}{M} \frac{\operatorname{sn}(u;k)}{\operatorname{cn}(u;k)\cdot\operatorname{dn}(u;k)}$$

$$\frac{1}{\operatorname{cn}\left(\dfrac{u}{M};\lambda\right)} = \frac{\operatorname{cn}^2(u;k)+(1+k)\operatorname{sn}^2(u;k)}{\operatorname{cn}(u;k)\cdot\operatorname{dn}(u;k)}$$

$$\frac{\operatorname{dn}\left(\dfrac{u}{M};\lambda\right)}{\operatorname{cn}\left(\dfrac{u}{M};\lambda\right)} = \frac{\operatorname{cn}^2(u;k)+(1-k)\operatorname{sn}^2(u;k)}{\operatorname{cn}(u;k)\cdot\operatorname{dn}(u;k)}$$

最后的公式具有以下的形状

$$\operatorname{sn}\left(\dfrac{u}{M};\lambda\right) = \frac{1}{M}\frac{\operatorname{sn}(u;k)}{1+k\operatorname{sn}^2(u;k)}$$

$$\operatorname{cn}\left(\dfrac{u}{M};\lambda\right) = \frac{\operatorname{cn}(u;k)\operatorname{dn}(u;k)}{1+k\operatorname{sn}^2(u;k)}$$

$$\operatorname{dn}\left(\dfrac{u}{M};\lambda\right) = \frac{1-k\operatorname{sn}^2(u;k)}{1+k\operatorname{sn}^2(u;k)}$$

我们故意化高斯变换为朗道变换,为的是说明在第 34 节最后所作的附注. 容易看出,最后这些公式,直接推求更快.

7. 主要的 n 级变换

这些变换是周期之一被数 n 除. 得出与这个变换对应的公式的方法在前几节已充分地说明了. 故在这里我们限定类似情形之一加以分析. 我们将研究第二周期除以数 n 的除法变换,且 n 可为偶数也可为奇数.

我们取以下的公式

第6章 椭圆函数的变换

$$L = \frac{K}{M}, L' = \frac{K'}{nM}$$

$$x = \operatorname{sn}(u;k), y = \operatorname{sn}\left(\frac{u}{M};\lambda\right)$$

比

$$\frac{y}{x}$$

是 u 的偶函数，而且容易看出，它具有周期 $2K, 2\mathrm{i}K'$，因

$$\operatorname{sn}(u + 2mK + 2m'\mathrm{i}K';k) = (-1)^m \operatorname{sn}(u;k)$$

$$\operatorname{sn}\left(\frac{u + 2mK + 2m'\mathrm{i}K'}{M};\lambda\right) = (-1)^m \operatorname{sn}\left(\frac{u}{M};\lambda\right)$$

因此

$$\frac{y}{x}$$

是 $\operatorname{sn}^2(u;k)$ 的有理函数. 在周期 $2K, 2\mathrm{i}K'$ 的基本平行四边形内被研究的函数在点

$$u = \frac{\mathrm{i}\mu K'}{n}\left(\mu = \pm 2, \pm 4, \cdots, \pm 2\left[\frac{n}{2}\right]\right)$$

处具有一级的零点，而且在点

$$u = \frac{\mathrm{i}\nu K'}{n}\left\{\nu = \pm 1, \pm 3, \cdots, \pm\left(2\left[\frac{n}{2}\right] - 1\right)\right\}$$

处具有一级的极点. 由此得

$$\frac{\operatorname{sn}\left(\dfrac{u}{M};\lambda\right)}{\operatorname{sn}(u;k)} = \frac{1}{M} \prod_{r=1}^{\left[\frac{n}{2}\right]} \frac{1 - \dfrac{\operatorname{sn}^2(u;k)}{\operatorname{sn}^2\left(\dfrac{2\mathrm{i}r}{n}K';k\right)}}{1 - \dfrac{\operatorname{sn}^2(u;k)}{\operatorname{sn}^2\left(\dfrac{2r-1}{n}\mathrm{i}K';k\right)}} \quad (1)$$

为了确定 M，令 $u = K$. 得

Jacobi 定理

$$M = \prod_{r=1}^{[\frac{n}{2}]} \frac{\operatorname{cn}^2\left(\frac{2\mathrm{i}r}{n}K';k\right) \cdot \operatorname{sn}^2\left(\frac{2r-1}{n}\mathrm{i}K';k\right)}{\operatorname{sn}^2\left(\frac{2\mathrm{i}r}{n}K';k\right) \cdot \operatorname{cn}^2\left(\frac{2r-1}{n}\mathrm{i}K';k\right)}$$

注意

$$\frac{\operatorname{sn}(\mathrm{i}u;k)}{\operatorname{cn}(\mathrm{i}u;k)} = \mathrm{i}\,\operatorname{sn}(u;k')$$

则可将得到的式子改写成以下的形状

$$M = \prod_{r=1}^{[\frac{n}{2}]} \frac{\operatorname{sn}^2\left(\frac{2r-1}{n}K';k'\right)}{\operatorname{sn}^2\left(\frac{2r}{n}K';k'\right)} \tag{2}$$

为了确定 λ, 在公式(1)内令 $u = K + \frac{\mathrm{i}K'}{n}$. 因

$$\operatorname{sn}\left(K + \frac{\mathrm{i}K'}{n};k\right) = \frac{1}{\operatorname{dn}\left(\frac{K'}{n};k'\right)}$$

$$\operatorname{sn}(L + \mathrm{i}L';\lambda) = \frac{1}{\lambda}$$

故我们得

$$\frac{\operatorname{dn}\left(\frac{K'}{n};k'\right)}{\lambda} = \frac{1}{M} \prod_{r=1}^{[\frac{n}{2}]} \frac{1 + \dfrac{\operatorname{cn}^2\left(\frac{2r}{n}K';k'\right)}{\operatorname{dn}^2\left(\frac{K'}{n};k'\right)\operatorname{sn}^2\left(\frac{2r}{n}K';k'\right)}}{1 + \dfrac{\operatorname{cn}^2\left(\frac{2r-1}{n}K';k'\right)}{\operatorname{dn}^2\left(\frac{K'}{n},k'\right)\operatorname{sn}^2\left(\frac{2r-1}{n}K';k'\right)}}$$

或

$$\lambda = \operatorname{dn}\left(\frac{K'}{n};k'\right) \cdot$$

$$\prod_{r=1}^{[\frac{n}{2}]} \frac{\operatorname{cn}^2\left(\frac{2r-1}{n}K';k'\right) + \operatorname{dn}^2\left(\frac{K'}{n};k'\right)\operatorname{sn}^2\left(\frac{2r-1}{n}K';k'\right)}{\operatorname{cn}^2\left(\frac{2r}{n}K';k'\right) + \operatorname{dn}^2\left(\frac{K'}{n};k'\right)\operatorname{sn}^2\left(\frac{2r}{n}K';k'\right)}$$

现在要留意

$$\operatorname{cn}^2\alpha + \operatorname{dn}^2\beta \cdot \operatorname{sn}^2\alpha = 1 - k^2\operatorname{sn}^2\alpha \cdot \operatorname{sn}^2\beta = \frac{\Theta^2(0)\Theta(\alpha+\beta)\Theta(\alpha-\beta)}{\Theta^2(\alpha)\Theta^2(\beta)}$$

由此关系式得

$$\lambda = \operatorname{dn}\left(\frac{K'}{n};k'\right) \prod_{r=1}^{[\frac{n}{2}]} \frac{\Theta^3\left(\frac{2r}{n}K'\mid\tau'\right)\Theta\left(\frac{2r-2}{n}K'\mid\tau'\right)}{\Theta^3\left(\frac{2r-1}{n}K'\mid\tau'\right)\Theta\left(\frac{2r+1}{n}K'\mid\tau'\right)}$$

今注意

$$\operatorname{dn}\left(\frac{K'}{n};k'\right) = \frac{\Theta\left(\frac{n\pm 1}{n}K'\mid\tau'\right)\Theta(0\mid\tau')}{\Theta\left(\frac{K'}{n}\mid\tau'\right)\Theta(K'\mid\tau')}$$

这使模数 λ 具有以下的形状

$$\lambda = \left\{\prod_{r=1}^{n} \frac{\Theta\left(\frac{2r}{n}K'\mid\tau'\right)}{\Theta\left(\frac{2r-1}{n}K'\mid\tau'\right)}\right\}^2$$

这样无论 n 是偶数或奇数都可.

8. 椭圆积分的一个性质

若 $p(z)$ 是一个四次多项式,则函数 $[p(z)]^{1/2}$ 具有四个临界点(只要 $p(z)$ 的零点是不同的). 在复平面上切两个口,就可以使这个函数单值,切口是一对零点间的连线. 若 $p(z)$ 是三次多项式,则仍可将它视为有四

Jacobi 定理

个临界点,第四个临界点是无穷远点. 在此我们将以三次多项式为例,证明椭圆积分

$$\int \frac{\mathrm{d}z}{\sqrt{p(z)}}$$

的一个性质,积分是在上述的联结临界点的弧上取的.

注意,我们曾用实单应变换的方法证明过这一性质.

问题 设 a,b,c 是三个实数,满足 $a<b<c$. 在复平面上取一个合适的回路,用对函数 $f(z) = 1/[(z-a)(z-b)(z-c)]^{1/2}$ 求积分的办法证明恒等式.

$$\int_a^b \frac{\mathrm{d}x}{[(x-a)(b-x)(c-x)]^{1/2}}$$
$$= \int_c^\infty \frac{\mathrm{d}x}{[(x-a)(b-x)(c-x)]^{1/2}}$$

解答 函数

$$f(z) = \frac{1}{[(z-a)(z-b)(z-c)]^{1/2}}$$

具有三个临界点 a,b,c. 沿线段 $[a,b]$, $[c,\infty)$ 切开复平面,取出一个单值分支.

例如,如果 a,b,c 都是实数,满足 $a<b<c$,则可以沿着实轴上的线段 $[a,b]$ 与 c 的右侧沿实轴伸向无穷的射线切开复平面. 用回路围住这些切口,并沿图 1 所示的回路 γ 求积分.

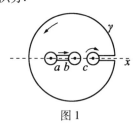

图 1

第6章 椭圆函数的变换

我们这样选取 $f(z)$ 的分支,使得它沿切口 $[a,b]$ 的上方的实点 z 取正实值.因为 $f(z)$ 在 γ 所围的区域的内部是全纯的,所以沿 γ 的积分是 0.

因为 $|z|\to\infty$ 时,函数

$$|zf(z)| = \frac{|z|}{[\,|(z-a)(z-b)(z-c)|\,]^{1/2}}$$

趋向于 0,所以由约当引理,沿大圆的积分趋向于 0. 类似地,在以 a 为心的小圆上,当 $|z-a|\to 0$ 时,函数

$$|(z-a)f(z)| = \frac{(|z-a|)^{1/2}}{(|z-b||z-c|)^{1/2}}$$

趋向于 0. 当三个小圆的半径都趋向于 0 时,沿三个小圆的积分也趋向于 0.

在位于切口 $[a,b]$ 下方的点 z 处,函数 $f(z)$ 的值与它的切口上方的对应点所取的值相反.因此,对正的和实的 $f(x)$ 在包围 $[a,b]$ 的回路上的积分是

$$\int_a^b f(x)\,\mathrm{d}x - \int_a^b [-f(x)]\,\mathrm{d}x = 2\int_a^b f(x)\,\mathrm{d}x$$

现在我们来求:在切口 $[c,\infty)$ 的上方的点 z 处 $f(z)$ 的值. 位于 a,b 之间在切口上方的点 z_0 处, $f(z)$ 是实的而且是正的. 当我们从 z_0 走到 z 时, $z-b$ 与 $z-c$ 的辐角增加 $-\pi$(见图 2).

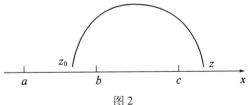

图 2

于是,我们用 $\mathrm{e}^{-\mathrm{i}\pi}$ 乘 $z-b$ 与 $z-c$;用 $\mathrm{e}^{-2\mathrm{i}\pi}$ 乘这个积;用 $\mathrm{e}^{-\mathrm{i}\pi} = -1$ 乘 $f(z)$ 的平方根. 这样一来, $f(z)$ 在点

Jacobi 定理

z 处是实的而且是负的.

在围绕切口 $[c, \infty)$ 的回路上,我们有

$$\int f(z)\,dz = -2\int_0^\infty \frac{dx}{[(x-a)(b-x)(c-x)]^{1/2}}$$

合在一起,我们有

$$\int_a^b \frac{dx}{[(x-a)(b-x)(c-x)]^{1/2}} - \int_c^\infty \frac{dx}{[(x-a)(b-x)(c-x)]^{1/2}} = 0$$

这就是所求的结果.

关于椭圆积分的补充知识

1. 第一种椭圆积分的一般反演公式

研究积分

$$u = \int \frac{\mathrm{d}x}{w}$$

其中

$$w^2 = x^4 + 4a_1 x^3 + 6a_2 x^2 + 4a_3 x + a_4 \equiv \varphi(x)$$

是没有重根的四次多项式. 假定这一多项式至少有一个根是已知的,则如同前面看到的,对于变数 x 施行某一个线形变换可将积分写成维尔斯特拉斯标准形状,其次它的反演就可直接借助于函数 $\wp$ 来实现.

本节中我们将说明,若多项式 $\varphi(x)$ 的任何一个根也不知道[①],则所研究积分的反演将如何产生. 在那些情形下,即多项式 $\varphi(x)$ 的系数是不确定的数而为某些参数,例如为任意常数时,反演问题的解非常重要,像这样的情形常伴

[①] 假定 $w^2 = \varphi(x)$ 是三次多项式,则我们的问题用初等方法可以解决. 所以我们要研究四次多项式的情形.

Jacobi 定理

随在力学中.

设
$$x = -a_1 - y$$

则 w^2 将具有以下的形状
$$w^2 = y^4 + 6b_2 y^2 + 4b_3 y + b_4 \equiv \psi(y)$$

其中
$$b_2 = a_2 - a_1^2 = -S$$
$$b_3 = 3a_1 a_2 - 2a_1^3 - a_3 = -T$$
$$b_4 = a_4 - 4a_1 a_3 + 6a_1^2 a_2 - 3a_1^4$$

导出多项式 $\varphi(x)$ 的不变式 g_2, g_3,我们已经知道,它们等于①

$$\begin{cases} g_2 = a_4 - 4a_1 a_3 + 3a_2^2 \\ g_3 = \begin{vmatrix} 1 & a_1 & a_2 \\ a_1 & a_2 & a_3 \\ a_2 & a_3 & a_4 \end{vmatrix} \end{cases} \quad (1)$$

列出方程
$$4z^3 - g_2 z - g_3 = 0$$

它的根用 e_1, e_2, e_3 表示. 这一方程是下边每一方程的豫解式
$$\varphi(x) = 0, \psi(y) = 0$$

[阿隆霍特(Aronhold)豫解式]. 事实上,假定用 x_0, x_1, x_2, x_3 表示方程
$$\varphi(x) = 0 \quad (2)$$

的根,而用 y_0, y_1, y_2, y_3 表示方程
$$\psi(y) = 0 \quad (3)$$

---

① 这里要注意 $a_0 = 1$

的对应根,则
$$x_k = -a_1 - y_k \quad (k=0,1,2,3)$$
于是,如代数学教程内所证,下边的等式成立
$$\begin{cases} y_0 = \sqrt{S-e_1} + \sqrt{S-e_2} + \sqrt{S-e_3} \\ y_1 = \sqrt{S-e_1} - \sqrt{S-e_2} - \sqrt{S-e_3} \\ y_2 = -\sqrt{S-e_1} + \sqrt{S-e_2} - \sqrt{S-e_3} \\ y_3 = -\sqrt{S-e_1} - \sqrt{S-e_2} + \sqrt{S-e_3} \end{cases} \quad (4)$$

我们再提出一个容易验证的关系式
$$4S^3 - g_2 S - g_3 = T^2 \quad (5)$$
这在后边是有用处的.

我们导出函数 $\wp(u;g_2,g_3)$,它的构成只需要多项式 $\varphi(x)$ 的不变式 g_2,g_3. 关系式(5)指出,有适合于
$$S = \wp(v), T = -\wp'(v) \quad (6)$$
的 v 存在.

现今我们可将方程(3)的根的公式(4)化为以下的形状
$$y_0 = f(v), y_1 = f(v+2\omega_1), y_2 = f(v+2\omega_2), y_3 = f(v+2\omega_3)$$
其中
$$f(v) = \frac{\sigma_1(v) + \sigma_2(v) + \sigma_3(v)}{\sigma(v)}$$

我们已得出,方程的超越形式的解,即用椭圆函数表出的解.

为了今后的目的,变换量 $f(v)$ 为另一形状,是有用的. 为此目的,注意
$$f(u) = \frac{\sigma_1(u) + \sigma_2(u) + \sigma_3(u)}{\sigma(u)}$$
是以 $4\omega, 4\omega'$ 作周期的椭圆函数. 在周期 $4\omega, 4\omega'$ 的平

Jacobi 定理

行四边形内,它具有简单极点 $0, 2\omega, 2\omega', 2\omega + 2\omega'$. 相当的留数等于 $3, -1, -1, -1$. 容易看出,与 $f(u)$ 具有相同的周期的椭圆函数

$$2\zeta\left(\frac{u}{2}\right) - \zeta(u)$$

也具有相同的性质. 故

$$\frac{\sigma_1(u) + \sigma_2(u) + \sigma_3(u)}{\sigma(u)} = 2\zeta\left(\frac{u}{2}\right) - \zeta(u) + C$$

其中 C 是常数. 容易求出这一常数. 事实上,在点 $u = 0$ 的邻域内有

$$2\zeta\left(\frac{u}{2}\right) - \zeta(u) = \frac{3}{u} + Au^3 + \cdots$$

及

$$\frac{\sigma_1(u) + \sigma_2(u) + \sigma_3(u)}{\sigma(u)} = \frac{3 + \alpha u^2 + \cdots}{u + \beta u^5 + \cdots} = \frac{3}{u} + \alpha u + \cdots$$

我们看出 $C = 0$(以及 $\alpha = 0$,但这对于我们无任何价值).

这样

$$f(u) = 2\zeta\left(\frac{u}{2}\right) - \zeta(u)$$

今利用函数 ζ 的加法定理. 由这一定理得

$$\zeta(u) = 2\zeta\left(\frac{u}{2}\right) + \frac{1}{2}\lim_{h\to 0}\frac{\wp'\left(\frac{u}{2} + h\right) - \wp'\left(\frac{u}{2}\right)}{\wp\left(\frac{u}{2} + h\right) - \wp\left(\frac{u}{2}\right)}$$

$$= 2\zeta\left(\frac{u}{2}\right) + \frac{1}{2}\frac{\wp''\left(\frac{u}{2}\right)}{\wp'\left(\frac{u}{2}\right)}$$

即

第7章 关于椭圆积分的补充知识

$$f(u) = -\frac{1}{2}\frac{\wp''\left(\dfrac{u}{2}\right)}{\wp'\left(\dfrac{u}{2}\right)}$$

精致的关系式

$$\frac{\sigma_1(u)+\sigma_2(u)+\sigma_3(u)}{\sigma(u)} = -\frac{1}{2}\frac{\wp''\left(\dfrac{u}{2}\right)}{\wp'\left(\dfrac{u}{2}\right)}$$

是属于柯瓦列夫斯卡娅(С. В. Ковалевская)的.

这样,方程(3)的根可写成以下的形状

$$y_0 = -\frac{1}{2}\frac{\wp''\left(\dfrac{v}{2}\right)}{\wp'\left(\dfrac{v}{2}\right)}, \quad y_k = -\frac{1}{2}\frac{\wp''\left(\dfrac{v}{2}+\omega_k\right)}{\wp'\left(\dfrac{v}{2}+\omega_k\right)} (k=1,2,3)$$

到现在为止我们的研究还只是辅助的性质. 现今开始解反演的问题. 我们在这里所注意的解是以下列恒等式为根据

$$\left[\wp\left(u-\frac{c}{2}\right)-\wp\left(u+\frac{c}{2}\right)\right]^2 = \left\{\frac{1}{4}\left[\frac{\wp'\left(u-\dfrac{c}{2}\right)-\wp'(c)}{\wp\left(u-\dfrac{c}{2}\right)-\wp(c)}\right]^2 - 3\wp(c)\right\}^2 + 2\wp'(c)\frac{\wp'\left(u-\dfrac{c}{2}\right)-\wp'(c)}{\wp\left(u-\dfrac{c}{2}\right)-\wp(c)} + g_2 - 12[\wp(c)]^2$$

(7)

为了验证这一恒等式,可利用函数$\wp$的加法定理. 由该定理有

Jacobi 定理

$$\frac{1}{4}\left[\frac{\wp'\left(u-\frac{c}{2}\right)-\wp'(c)}{\wp\left(u-\frac{c}{2}\right)-\wp(c)}\right]^2 - 3\wp(c) =$$

$$\left\{\wp\left(u+\frac{c}{2}\right)-\wp\left(u-\frac{c}{2}\right)\right\} + 2\left\{\wp\left(u-\frac{c}{2}\right)-\wp(c)\right\}$$

故我们的恒等式和下边的等式等价

$$2\left\{\wp(c)-\wp\left(u-\frac{c}{2}\right)\right\}\left\{\wp\left(u+\frac{c}{2}\right)-\wp\left(u-\frac{c}{2}\right)\right\} -$$

$$2\left[\wp(c)-\wp\left(u-\frac{c}{2}\right)\right]^2 = \wp'(c)\frac{\wp'\left(u-\frac{c}{2}\right)-\wp'(c)}{\wp\left(u-\frac{c}{2}\right)-\wp(c)} -$$

$$6[\wp(c)]^2 + \frac{1}{2}g_2$$

或

$$-\frac{1}{2}\frac{\left[\wp'\left(u-\frac{c}{2}\right)-\wp'(c)\right]^2}{\wp\left(u-\frac{c}{2}\right)-\wp(c)} -$$

$$2\left\{\wp(c)-\wp\left(u-\frac{c}{2}\right)\right\}\left\{2\wp(c)+\wp\left(u-\frac{c}{2}\right)\right\} =$$

$$\frac{\wp'(c)\left[\wp'\left(u-\frac{c}{2}\right)-\wp'(c)\right]}{\wp\left(u-\frac{c}{2}\right)-\wp(c)} - 6[\wp(c)]^2 + \frac{1}{2}g_2$$

这一式可写成以下的形状

$$-\frac{1}{2}\frac{\wp'^2\left(u-\frac{c}{2}\right)-\wp'^2(c)}{\wp\left(u-\frac{c}{2}\right)-\wp(c)} + 2[\wp(c)]^2 +$$

第7章 关于椭圆积分的补充知识

$$2\wp\left(u-\frac{c}{2}\right)\wp(c) + 2\left[\wp\left(u-\frac{c}{2}\right)\right]^2 = \frac{1}{2}g_2$$

根据函数 $\wp$ 的微分方程立刻知道这一恒等式为真.

注意,在恒等式(7)内函数 $\wp$ 的不变式 g_2, g_3 是前所导出的量(1). 此外,由等式(6)所确定的量 v 以替代 c,最后再令

$$y = \frac{1}{2} \frac{\wp'\left(u-\frac{v}{2}\right) - \wp'(v)}{\wp\left(u-\frac{v}{2}\right) - \wp(v)}$$

于是恒等式(7)取下边的形状

$$\left[\wp\left(u-\frac{v}{2}\right) - \wp\left(u+\frac{v}{2}\right)\right]^2$$
$$= y^4 - 6\wp(v)y^2 + 4\wp'(v)y + g_2 - 3[\wp(v)]^2$$

由等式(6)及量 S, T 的定义

$$-\wp(v) = b_2, \wp'(v) = b_3$$

此外,因为

$$g_2 = b_0 b_4 - 4b_1 b_3 + 3b_2^2$$

及

$$b_0 = 1, b_1 = 0$$

故

$$g_2 - 3[\wp(v)]^2 = g_2 - 3b_2^2 = b_4$$

这样,我们就得出

$$\left[\wp\left(u-\frac{v}{2}\right) - \wp\left(u+\frac{v}{2}\right)\right]^2 = y^4 + 6b_2 y^2 + 4b_3 y + b_4$$

这一等式的右边是 w^2. 因此我们的结果构成这样:若令

$$x = -a_1 - \frac{1}{2} \frac{\wp'\left(u-\frac{v}{2}\right) - \wp'(v)}{\wp\left(u-\frac{v}{2}\right) - \wp(v)}$$

Jacobi 定理

则
$$w = \wp\left(u + \frac{v}{2}\right) - \wp\left(u - \frac{v}{2}\right)$$

今注意，由函数 $\wp$ 按行列式的形式的加法定理，下边等式成立

$$\frac{\wp'\left(u - \frac{v}{2}\right) - \wp'(v)}{\wp\left(u - \frac{v}{2}\right) - \wp(v)} = -\frac{\wp'\left(u + \frac{v}{2}\right) + \wp'\left(u - \frac{v}{2}\right)}{\wp\left(u + \frac{v}{2}\right) - \wp\left(u - \frac{v}{2}\right)}$$

故

$$x = -a_1 + \frac{1}{2}\frac{\wp'\left(u + \frac{v}{2}\right) + \wp'\left(u - \frac{v}{2}\right)}{\wp\left(u + \frac{v}{2}\right) - \wp\left(u - \frac{v}{2}\right)} = f(u,v)$$

其次注意，当 $u = 0$ 时则函数 $f(u,v)$ 取以下的值
$$-a_1 - f(v)$$
这里边 $f(v)$ 是先前导出的函数，而且在我们的所有讨论中可以用 $v + 2\omega_k$ 代替 $v(k = 1,2,3)$。

最后，注意

$$\frac{\mathrm{d}x}{\mathrm{d}u} = \frac{\partial}{\partial u}f(u,v) = \frac{1}{2}\frac{\partial}{\partial u}\frac{\wp'\left(u + \frac{v}{2}\right) + \wp'\left(u - \frac{v}{2}\right)}{\wp\left(u + \frac{v}{2}\right) - \wp\left(u - \frac{v}{2}\right)}$$

$$= \wp\left(u + \frac{v}{2}\right) - \wp\left(u - \frac{v}{2}\right) = w$$

故
$$u = \int \frac{\mathrm{d}x}{w}$$

最后的等式指出，函数
$$x = f(u,v)$$

第7章 关于椭圆积分的补充知识

是反演问题的解,而且当 $u=0$ 时变成方程(2)的根 x_0. 函数
$$f(u, v+2\omega_k) \quad (k=1,2,3)$$
也给与反演问题的解,且当 $u=0$ 时变成已知方程其余的根.

2. 具有实不变式的函数 $\wp(u)$

设不变式 g_2, g_3 是实数,则多项式
$$4z^3 - g_2 z - g_3$$
的三根 e_1, e_2, e_3 或全是实根,或有一实根,而其余二者是共轭复根.

若判别式是正数,即
$$g_2^3 - 27 g_3^2 > 0$$
则第一情形成立;在这一情形中,我们将这些根附以足码,使
$$e_1 > e_2 > e_3$$
应当注意,假设所有的根 e_i 彼此不相同,就表明判别式异于零.

若判别式是负数,则第二情形成立.

这些事实可直接用下边的公式推出来
$$g_2^3 - 27 g_3^2 = 16(e_1-e_2)^2(e_2-e_3)^2(e_3-e_1)^2$$
带有实不变式的函数 $\wp(u)$,对于判别式的任意符号在实轴上只取实数值. 这可由以下事实推出:在不变式为实数的情形,则展开式
$$\wp(u) = \frac{1}{u^2} + \frac{g_2}{20}u^2 + \frac{g_3^2}{28}u^4 + \cdots$$

Jacobi 定理

的全体系数都是实数.

同样,函数 $\wp(u)$ 在虚轴上也取实数值,由下边的关系式即可看出

$$\wp(iu;g_2,g_3) = -\wp(u;g_2,-g_3) \qquad (1)$$

今将引出函数 $\wp(u)$ 的周期 $2\omega_1,2\omega_3$ 用不变式表出的式子.

从判别式为正数的情形开始. 由公式

$$u = \int_\wp^\infty \frac{dx}{\sqrt{4x^3 - g_2 x - g_3}}$$

(其中根号当 $x > e_1$ 时,取它的算术值) 推出:当 $\wp$ 由 ∞ 缩小到 e_1 时,量 u 单调地由 0 增大到 ω_1. 因之

$$\omega_1 = \int_{e_1}^\infty \frac{dx}{\sqrt{4x^3 - g_2 x - g_3}} \qquad (2)$$

今取函数 $\wp(u;g_2,-g_3)$ 且用 $2\widetilde{\omega}_1,2\widetilde{\omega}_3$ 表明它的周期. 多项式

$$4x^3 - g_2 x + g_3$$

的根,按递减的顺序排列,将为

$$\widetilde{e}_1 = -e_3,\widetilde{e}_2 = -e_2,\widetilde{e}_3 = -e_1$$

同时,关系式(1)表明

$$\widetilde{\omega}_1 = \frac{\omega_3}{i},\widetilde{\omega}_3 = -\frac{\omega_1}{i} \qquad (3)$$

与公式(2)同样可写出

$$\widetilde{\omega}_1 = \int_{\widetilde{e}_1}^\infty \frac{dx}{\sqrt{4x^3 - g_2 x + g_3}}$$

故

$$\omega_3 = i\int_{-e_3}^\infty \frac{dx}{\sqrt{4x^3 - g_2 x + g_3}} \qquad (4)$$

第 7 章　关于椭圆积分的补充知识

这样,周期 $2\omega_1$,$2\omega_3$ 经过不变式 g_2,g_3 用积分形式表示出来了. 我们看出,$2\omega_1$ 是实数,而 $2\omega_3$ 是纯虚数. 这表明,在研究判别式为正数的情形中,周期平行四边形是矩形.

利用维尔斯特拉斯函数及 Jacobi 函数间的关系,可写出

$$\omega = \sqrt{\lambda} K$$

$$\omega' = \sqrt{\lambda} K'$$

其中

$$k^2 = \frac{e_2 - e_3}{e_1 - e_3}, \lambda = \frac{1}{\sqrt{e_1 - e_3}} > 0$$

今转到判别式是负数的情形.

这里由类似的理由得出公式

$$\omega_2 = \int_{e_2}^{\infty} \frac{\mathrm{d}x}{\sqrt{4x^3 - g_2 x - g_3}} \tag{5}$$

再取函数 $\wp(u; g_2, -g_3)$. 保持以前的记号,得

$$\frac{\widetilde{\omega}_2}{\mathrm{i}} = \int_{-e_2}^{\infty} \frac{\mathrm{d}x}{\sqrt{4x^3 - g_2 x - g_3}} \tag{6}$$

今注意等式(3),以及

$$\omega_2 = -\omega_1 - \omega_3$$
$$\widetilde{\omega}_2 = -\widetilde{\omega}_1 - \widetilde{\omega}_3$$

我们求得

$$\omega_1 + \omega_3 = -\omega_2, \omega_1 - \omega_3 = -\frac{\widetilde{\omega}_2}{\mathrm{i}}$$

这样把量(5)、(6)相加及由(5)减去(6)即得出周期 $2\omega_1$,$2\omega_3$. 我们看出,在判别式是负数的情形,周期

$2\omega_1, 2\omega_3$ 是共轭复数,故得出基本平行四边形是菱形.

在负数判别式的情形中,周期可用勒让德标准椭圆积分的形式表出. 为此, 必须令

$$e_2 - e_3 = \rho(\cos\psi + i\sin\psi)$$

其中 $\rho > 0, 0 < \psi < \pi$. 在这一情形中,请读者检验

$$\omega_2\sqrt{\rho} = K$$

$$\frac{\tilde{\omega}_2\sqrt{\rho}}{i} = K'$$

其中

$$k^2 = \sin^2\frac{\psi}{2}$$

3. 在实数情形下将椭圆积分化为 Jacobi 标准型

我们将研究积分

$$\int R(z,w)\,dz \qquad (1)$$

其中 R 表明自己变数的有理函数及

$$w^2 = a_0 z^4 + 4a_1 z^3 + 6a_2 z^2 + 4a_3 z + a_4 \equiv f(z)$$

这里我们假设,系数 a_i 是实数,$a_0 \neq 0$,同时,多项式 $f(z)$(没有重根)在数轴的某些区间为正,且我们将限定,z 在这样的区间内变化. 这样,w 只具实数值,所以,如果函数 $R(z,w)$ 的系数是实数,则积分(1)也将是实数. 这一情形(我们称它为实数情形)希望借助于实数变换将积分化成标准形状. 类似的变换是本节研究的对象.

第 7 章 关于椭圆积分的补充知识

首先注意,多项式分解为一次因子后再集合起来,可使多项式 $f(z)$ 具有以下形状

$$f(z) = a_0(z^2 + 2\lambda z + \mu)(z^2 + 2\rho z + \sigma)$$

其中全体系数 $a_0, \lambda, \mu, \rho, \sigma$ 仍然是实数. 假定多项式 $f(z)$ 的四个根不完全是实数,则这一分解是唯一的,因为至少二次三项式之一必须具有共轭根. 假定全体根都是实数,则需要的分解式不是唯一的. 这时我们挑选第一个二次三项式的根大于第二个三项式的根.

今凭 $\lambda = \rho$ 或 $\lambda \neq \rho$ 而可有两种情形.

若 $\lambda = \rho$,则我们令

$$z + \lambda = t$$

且 $f(z)$ 具以下形状

$$f(z) = a_0(t^2 + \alpha)(t^2 + \beta)$$

其中 α 及 β 是实数.

若 $\lambda \neq \rho$,则用下公式导入变数 t 以代替 z

$$z = \frac{pt + q}{t + 1}$$

其中 p 及 q 是待定的数. 多项式 $f(z)$ 具以下形状

$$f(z) = \frac{a_0}{(t+1)^4}\{(pt+q)^2 + 2\lambda(pt+q)(t+1) + \mu(t+1)^2\} \cdot$$
$$\{(pt+q)^2 + 2\rho(pt+q)(t+1) + \sigma(t+1)^2\}$$

我们需要大括弧内的二次三项式不包含变数 t 的一次项. 这可用以下二方程决定 p 及 q

$$\begin{cases} pq + \lambda(p+q) + \mu = 0 \\ pq + \rho(p+q) + \sigma = 0 \end{cases} \quad (2)$$

我们将证明,解这两个方程则可得出 p 及 q 的实数值. 由方程(2),得

$$p + q = -\frac{\mu - \sigma}{\lambda - \rho}$$

Jacobi 定理

$$pq = -\frac{\lambda\sigma - \mu\rho}{\lambda - \rho}$$

故 p 及 q 是二次方程

$$X^2 + \frac{\mu - \sigma}{\lambda - \rho}X - \frac{\lambda\sigma - \mu\rho}{\lambda - \rho} = 0$$

的根. 这一方程的判别式等于

$$D = \left(\frac{\mu - \sigma}{\lambda - \rho}\right)^2 + 4\frac{\lambda\sigma - \mu\rho}{\lambda - \rho} = \frac{(\mu - \sigma)^2 + 4(\lambda - \rho)(\lambda\sigma - \mu\rho)}{(\lambda - \rho)^2}$$

用 a,b 表明多项式

$$z^2 + 2\lambda z + \mu$$

的根, 而用 c,∂ 表明多项式

$$z^2 + 2\rho z + \sigma$$

的根. 则

$$\mu = ab, 2\lambda = -a - b$$
$$\sigma = c\partial, 2\rho = -c - \partial$$

故

$$D = \frac{(ab - c\partial)^2 + (c + \partial - a - b)\{(c + \partial)ab - (a + b)c\partial\}}{(\lambda - \rho)^2}$$

$$= \frac{(a - c)(a - \partial)(b - c)(b - \partial)}{(\lambda - \rho)^2}$$

若多项式 $f(z)$ 的根全为实数, 则所得的式为正数, 因为由已知条件, 数 a,b 大于 c,∂. 量 D 当 $f(z)$ 的根不全是实数时也是正数. 这样, 假定 c,∂ 是实数, 而 a,b 非实数, 则

$$(a - c)(b - c) = |a - c|^2$$
$$(a - \partial)(b - \partial) = |a - \partial|^2$$

假定全体根都不是实数, 则

$$(a - c)(b - \partial) = |a - c|^2$$
$$(a - \partial)(b - c) = |a - \partial|^2$$

这样，D 永远是正数. 可见，p,q 是实数，而我们已证明，由实系数分式的一次变换，可化我们的积分（1）成为以下形状
$$\int R[\,t,\,\sqrt{\pm(t^2+\alpha)(t^2+\beta)}\,]\mathrm{d}t$$
其中 R 表明某一个新的有理函数. 我们已假定函数 $f(z)$ 在数轴的某些区间为正
$$\pm(t^2+\alpha)(t^2+\beta)$$
也有这个性质. 故根式
$$y=\sqrt{\pm(t^2+\alpha)(t^2+\beta)}$$
只可能取以下各型

（Ⅰ）$y=\sqrt{(a^2-t^2)(b^2-t^2)}$

（Ⅱ）$y=\sqrt{(a^2-t^2)(t^2-b^2)}$

（Ⅲ）$y=\sqrt{(a^2-t^2)(b^2+t^2)}$

（Ⅳ）$y=\sqrt{(t^2-a^2)(b^2+t^2)}$

（Ⅴ）$y=\sqrt{(t^2+a^2)(t^2+b^2)}$

其中 a,b 表明正数. 在这些之中的每一个情形，化成标准型，不发生任何困难.

这里我们作为一例而研究型Ⅰ. 如是，令
$$y=\sqrt{(a^2-t^2)(b^2-t^2)}$$
且
$$a^2>b^2$$
能够适当地依照 $t^2<b^2$ 或 $t^2>a^2$ 而分为两种情形. 不等式 $b^2<t^2<a^2$ 应除外，因为由它确定的 y 的数值不是实数.

若
$$t^2<b^2$$

Jacobi 定理

则令
$$t = bx, k^2 = \frac{b^2}{a^2}$$

这就给出
$$y = ab\sqrt{(1-x^2)(1-k^2x^2)}$$

若
$$t^2 > a^2$$

则令
$$t = \frac{a}{x}, k^2 = \frac{b^2}{a^2}$$

这就给出
$$y = \frac{a^2}{x^2}\sqrt{(1-x^2)(1-k^2x^2)}$$

在两种情形中,x 都在区间 $[-1,1]$ 内变化,且以
令
$$x = \operatorname{sn}(u;k)$$
为便利. 如此 u 将有区间 $[-K,K]$.

4. 完全椭圆积分作为超几何函数

取完全椭圆积分的三角的形式
$$K = \int_0^{\frac{\pi}{2}} \frac{\mathrm{d}\varphi}{\sqrt{1-k^2\sin^2\varphi}} \qquad (1)$$

$$E = \int_0^{\frac{\pi}{2}} \sqrt{1-k^2\sin^2\varphi}\,\mathrm{d}\varphi \qquad (2)$$

且假定
$$|k^2| < 1$$

在这样的假设下,我们可以把被积分函数展成变数 k^2 的升幂级数

$$\frac{1}{\sqrt{1-k^2\sin^2\varphi}} = \sum_{r=0}^{\infty} \frac{(2r)!}{2^{2r}(r!)^2} k^{2r}\sin^{2r}\varphi$$

$$\sqrt{1-k^2\sin^2\varphi} = 1 - \sum_{r=1}^{\infty} \frac{(2r-2)!}{2^{2r-1}(r-1)!\,r!} k^{2r}\sin^{2r}\varphi$$

把这些式子积分,且注意

$$\int_0^{\frac{\pi}{2}} \sin^{2r}\varphi \cdot \mathrm{d}\varphi = \frac{1}{2}\frac{\Gamma\left(r+\frac{1}{2}\right)\Gamma\left(\frac{1}{2}\right)}{\Gamma(r+1)} = \frac{\pi}{2^{2r+1}}\frac{(2r)!}{(r!)^2}$$

则得出下边的展开式

$$K = \frac{\pi}{2}\sum_{r=0}^{\infty} \frac{(2r)!\,(2r)!}{2^{4r}(r!)^4} k^{2r}$$

$$E = \frac{\pi}{2}\left\{1 - \sum_{r=1}^{\infty} \frac{(2r-2)!\,(2r)!}{2^{4r-1}(r-1)!\,(r!)^3} k^{2r}\right\}$$

今回忆超几何级数

$$F(a,b,c;x) = 1 + \frac{a\cdot b}{c\cdot 1}x + \frac{a(a+1)b(b+1)}{c(c+1)\cdot 1\cdot 2}x^2 + \cdots$$

则不难验证,这一级数在

$$a = b = \frac{1}{2}, c = 1, x = k^2$$

时,变化为 $\dfrac{2}{\pi}K$,而在

$$a = -\frac{1}{2}, b = \frac{1}{2}, c = 1, x = k^2$$

时变化为 $\dfrac{2}{\pi}E$. 这样

$$K = \frac{\pi}{2}F\left(\frac{1}{2}, \frac{1}{2}, 1; k^2\right) \qquad (1')$$

Jacobi 定理

$$E = \frac{\pi}{2} F\left(-\frac{1}{2}, \frac{1}{2}, 1; k^2\right) \qquad (2')$$

这些式子限定于

$$|k^2| < 1$$

有名的超几何级数的变换给出椭圆积分 K,E 对于变数 k^2 平面的其他部分的式子. 不谈这些变换, 我们转到问题的另一面, 即谈与共形写像的关系.

在复数 w 平面上已知有限的领域, 令其边界为若干个圆弧构成. 令 $c_1, c_2, \cdots, c_n$ 表明这一多边形的顶点, 且 $\pi\delta_1, \pi\delta_2, \cdots, \pi\delta_n$ 为其相当的内角. 假设要将这一多角形共形写像到复变数 z 的上半平面上. 此外, 假设无限远点是顶点 c_n 的像, 把多角形其余的顶点所变到的实轴上的点, 各叫作 $\alpha_1, \alpha_2, \cdots, \alpha_{n-1}$.

在这样的情形下, 像在复变数函数论教程内所证明的, 函数 $w = w(z)$ 满足于微分方程

$$\{w, z\} = 2I(z)$$

其中

$$2I(z) = \frac{1}{2} \sum_{r=1}^{n-1} \frac{1 - \delta_r^2}{(z - a_r)^2} + \sum_{r=1}^{n-1} \frac{A_r}{z - a_r} \qquad (3)$$

且 $A_1, A_2, \cdots, A_{n-1}$ 表明用以下的关系式

$$\sum_{r=1}^{n-1} A_r = 0 \qquad (4)$$

$$\sum_{r=1}^{n-1} A_r a_r + \frac{1}{2} \sum_{r=1}^{n-1} (1 - \delta_r^2) = \frac{1}{2} (1 - \delta_n^2) \qquad (5)$$

所联结的常数, 而 $\{w, z\}$ 就是所谓 w 关于 z 的施瓦兹 (Schwarz) 导数 (或施瓦兹式), 是由等式

$$\{w, z\} = \frac{w'''}{w'} - \frac{3}{2} \left(\frac{w''}{w'}\right)^2$$

所确定的. 这样,为了求 w,我们就有三级的微分方程. 但问题的解可以化为某一二级微分方程的积分. 即方程

$$\{w,z\} = 2I(z) \qquad (6)$$

的每一解是微分方程

$$\frac{\mathrm{d}^2\Omega}{\mathrm{d}z^2} + I\Omega = 0 \qquad (7)$$

的两个线性无关的特积分之比.

二角形的情形是无足轻重的. 事实上,在这一情形中,这两顶点只有一个被在有限距离内的点表示,它可以取为点 $z=0$. 这样,就有

$$2I(z) = \frac{1}{2}\frac{1-\delta^2}{z^2} + \frac{A}{z}$$

条件(4)化成等式 $A=0$,而条件(5),容易看出,自然地满足. 我们的方程(6)将具有以下形状

$$\{w,z\} = \frac{1}{2}\frac{1-\delta^2}{z^2}$$

而方程(7)则可写为形式

$$\frac{\mathrm{d}^2\Omega}{\mathrm{d}z^2} + \frac{1}{4}\frac{1-\delta^2}{z^2}\Omega = 0$$

这一方程的通积分是

$$\Omega = C_1 z^{\frac{1+\delta}{2}} + C_2 z^{\frac{1-\delta}{2}}$$

这样,所要求的共形写像的函数将为

$$w = \frac{A_1 z^{\frac{1+\delta}{2}} + A_2 z^{\frac{1-\delta}{2}}}{B_1 z^{\frac{1+\delta}{2}} + B_2 z^{\frac{1-\delta}{2}}}$$

或

$$w = \frac{A_1 z^\delta + A_2}{B_1 z^\delta + B_2}$$

Jacobi 定理

以下的以及对于我们最有意义的情形将是具有三个顶点的多角形. 无限远点是其中之一的像. 如取 $z=0, z=1$ 为另外两个顶点的像, 则我们将有

$$2I(z) = \frac{A}{z} + \frac{B}{z-1} + \frac{1}{2}\frac{1-\delta_1^2}{z^2} + \frac{1}{2}\frac{1-\delta_2^2}{(z-1)^2}$$

同时, 条件(4)及(5)具有以下的形式

$$A + B = 0$$

$$A \cdot 0 + B \cdot 1 = \frac{1}{2}(1-\delta_3^2) - \frac{1}{2}(1-\delta_1^2) - \frac{1}{2}(1-\delta_2^2)$$

这样

$$-A = B = \frac{1}{2}(\delta_1^2 + \delta_2^2 - \delta_3^2 - 1)$$

我们得出方程

$$\frac{d^2\Omega}{dz^2} + \Omega\left\{\frac{1-\delta_1^2}{4z^2} + \frac{1-\delta_2^2}{4(z-1)^2} - \frac{\delta_1^2 + \delta_2^2 - \delta_3^2 - 1}{4z} + \frac{\delta_1^2 + \delta_2^2 - \delta_3^2 - 1}{4(z-1)}\right\} = 0$$

今设

$$\begin{cases} \delta_1^2 = (1-c)^2 \\ \delta_2^2 = (c-a-b)^2 \\ \delta_3^2 = (a-b)^2 \end{cases} \quad (8)$$

此外, 依照下公式用函数 y 代替 Ω

$$\Omega = z^{\frac{c}{2}}(z-1)^{\frac{a+b-c+1}{2}} \cdot y$$

这时对于 y 得出方程

$$z(1-z)y'' + [c - (a+b+1)z]y' - aby = 0$$

这是一个微分方程, 它被具有参数 a, b, c 的超几何函数所满足.

前边我们已看到

278

第 7 章　关于椭圆积分的补充知识

$$K = \frac{\pi}{2} F\left(\frac{1}{2}, \frac{1}{2}, 1; \lambda\right)$$

其中 $\lambda = k^2$. 同样

$$K' = \frac{\pi}{2} F\left(\frac{1}{2}, \frac{1}{2}, 1; 1 - \lambda\right)$$

故 K 是以下方程的特积分

$$\lambda(1-\lambda) y'' - (2\lambda - 1) y' - \frac{1}{4} y = 0 \qquad (9)$$

而另一特积分是 K'. 也就是说,函数

$$w \equiv \frac{\alpha \mathrm{i} K' + \beta K}{\gamma \mathrm{i} K' + \delta K} = \varphi(\lambda) \qquad (10)$$

将 w 平面上的某三角形写像为 λ 平面的上半平面. 所说的三角形的角全等于零, 这一点容易由公式 (8) 推出. 公式 (10) 可表示如下型

$$\frac{\alpha \tau + \beta}{\gamma \tau + \delta} = \varphi(\lambda)$$

并取 $\alpha = 1, \delta = 1, \beta = 0, \gamma = 0$, 则我们不难求出 τ 平面上的三角形的顶点在 $\tau = 0, \tau = 1, \tau = \infty$ 处. 我们求得第 22 节内所研究过的领域 D_2 的右边一半.

本节的最后, 我们提出请注意, 与式 (9) 等价的微分方程是勒让德已经求出来的. 就是勒让德曾证明, K, K' 满足于方程

$$\frac{\mathrm{d}}{\mathrm{d}k}\left(k k'^2 \frac{\mathrm{d}y}{\mathrm{d}k}\right) = k y$$

而这一方程与式 (9) 等价. 为了求出完全椭圆积分所满足的微分方程, 这些积分预先展为幂级数是毫无必要的. 最简单的方法是利用对参数的微分.

由公式 (2) 得

$$\frac{\mathrm{d}E}{\mathrm{d}k} = -\int_0^{\frac{\pi}{2}} \frac{k \sin^2 t}{\sqrt{1 - k^2 \sin^2 t}} \mathrm{d}t = \frac{E - K}{k}$$

Jacobi 定理

其次有

$$\frac{\mathrm{d}K}{\mathrm{d}k} = \int_0^{\frac{\pi}{2}} \frac{k\sin^2 t}{(1-k^2\sin^2 t)^{\frac{3}{2}}} \mathrm{d}t$$

这里令

$$\frac{k'^2}{1-k^2\sin^2 t} = 1 - k^2\sin^2\varphi$$

则

$$\sin t = \frac{\cos\varphi}{\sqrt{1-k^2\sin^2\varphi}}, \cos t = \frac{k'\sin\varphi}{\sqrt{1-k^2\sin^2\varphi}}$$

简单的计算以后,我们得

$$k\frac{\mathrm{d}K}{\mathrm{d}k} = \int_0^{\frac{\pi}{2}} \frac{k^2\cos^2\varphi \mathrm{d}\varphi}{k'^2\sqrt{1-k^2\sin^2\varphi}} = \frac{E}{k'^2} - K$$

由关系式

$$\frac{\mathrm{d}E}{\mathrm{d}k} = \frac{E-K}{k}$$

$$k\frac{\mathrm{d}K}{\mathrm{d}k} = \frac{E}{k'^2} - K$$

内消去 E. 这就得出等式

$$\frac{\mathrm{d}}{\mathrm{d}k}\left(kk'^2\frac{\mathrm{d}K}{\mathrm{d}k}\right) = kK$$

请作为练习,用类似的方法覆验,E 及 $E' - K'$ 是方程

$$k'^2\frac{\mathrm{d}}{\mathrm{d}k}\left(k\frac{\mathrm{d}y}{\mathrm{d}k}\right) + ky = 0$$

的解. 所得的全积分关于模数的导数的式子可以证明勒让德关系式

$$EK' + E'K - KK' = \frac{\pi}{2}$$

事实上,借助于微分,我们相信左边是常数. 要确定这

个常数,只求左边当 $k\to 0$ 时的极限就够了.

5. 按给定的模数 k 计算 h

设量 $h = e^{\pi i \tau}$ 是已知的,则可构造收敛很快的因之对于计算就很方便的西塔级数. 但在实践方面,已知的常常不是量 h 而是模数 k,因而当计算时首先发生求量 h 的问题. 在第 43 节内我们已看到,关于模数 k 及补助模数 k' 的第一种完全椭圆积分可表为超几何级数的形状. 原则上,用这些级数可求得 K, K'. 因之得出 $\tau = \dfrac{iK'}{K}$ 及 h. 但这些级数对于计算是很少适用. 维尔斯特拉斯在假设

$$\left|\frac{1-\sqrt{k'}}{1+\sqrt{k'}}\right| < 1 \qquad (1)$$

之下,指出了极方便的计算方法. 量

$$l = \frac{1-\sqrt{k'}}{1+\sqrt{k'}} \qquad (2)$$

是依赖于 $\sqrt{k'}$ 的,我们将经常地认做 $\sqrt{k'}$ 的实数部分是正的. 在实际方面最重要的情形是 $0 < k < 1$. 在这一情形中,也将有 $0 < k' < 1$,且条件(1)将必定满足. 先取公式

$$k' = \frac{\vartheta_0^2(0|\tau)}{\vartheta_3^2(0|\tau)}$$

我们遇到它并不只一次了. 根据这一公式有

$$\sqrt{k'} = \frac{\vartheta_0(0|\tau)}{\vartheta_3(0|\tau)}$$

Jacobi 定理

且

$$l = \frac{1-\sqrt{k'}}{1+\sqrt{k'}} = \frac{\vartheta_3(0|\tau) - \vartheta_0(0|\tau)}{\vartheta_3(0|\tau) + \vartheta_0(0|\tau)}$$

回想起

$$\vartheta_3(0|\tau) = 1 + 2h + 2h^4 + 2h^9 + \cdots$$
$$\vartheta_0(0|\tau) = 1 - 2h + 2h^4 - 2h^9 + \cdots$$

得出关系式

$$l = \frac{2h + 2h^9 + 2h^{25} + \cdots}{1 + 2h^4 + 2h^{16} + \cdots}$$

它可写成以下的形式

$$l^4 = \frac{\vartheta_2^4(0|4\tau)}{\vartheta_3^4(0|4\tau)} \qquad (3)$$

这一方程只在符号上与方程

$$k^2 = \frac{\vartheta_2^4(0|\tau)}{\vartheta_3^4(0|\tau)}$$

不同. 但在第 29 节内我们已见到, 由最后方程, 量 $h = e^{\pi i \tau}$ 是在复变数 $\lambda = k^2$ 平面内 (这一平面由点 $\lambda = 1$ 沿实数轴到点 $\lambda = \infty$ 作切断) 是 k^2 的正则函数.

使用这一结果到我们的方程 (3), 得出结论: 量 $h^4 = e^{4\pi i \tau}$ 在圆 $|l| < 1$ 内是 l^4 的正则函数. 故下边的展开式成立

$$h^4 = A_1 l^4 + A_2 l^8 + A_3 l^{12} + \cdots$$

或

$$h = C_1 l + C_2 l^5 + C_3 l^9 + \cdots$$

不难计算这一级数的前几项的系数. 结果具以下的形式

$$h = \frac{1}{2}l + 2\left(\frac{1}{2}l\right)^5 + 15\left(\frac{1}{2}l\right)^9 + 150\left(\frac{1}{2}l\right)^{13} + \cdots$$

把这一级数应用到实际是很方便的,因为通常只取最初的两项就够了.

6. 算术 – 几何平均值

已知两个正数 a 及 b 且令 $a > b$. 假设

$$a_1 = \frac{a+b}{2}, b_1 = \sqrt{ab}$$

$$a_2 = \frac{a_1 + b_1}{2}, b_2 = \sqrt{a_1 b_1}$$

$$\vdots$$

则由这 a 与 b 作出两个数列

$$a_1, a_2, a_3, \cdots; b_1, b_2, b_3, \cdots$$

其中的根号经常取算术值. 容易证明,当 $n \to \infty$ 时,量 a_n, b_n 趋于共同的极限. 这个极限叫作数 a, b 的算术 – 几何平均值,并用符号 $\mu(a,b)$ 表示. 高斯首先研究了它.

为了证明,我们注意,以下的不等式成立

$$a_n > b_n \tag{1}$$

$$a_{n+1} < a_n, b_{n+1} > b_n \tag{2}$$

由式(2)及(1)下列二极限值存在

$$\alpha = \lim_{n \to \infty} a_n, \beta = \lim_{n \to \infty} b_n$$

且

$$\alpha \geqslant \beta$$

由极限 α, β 的存在推出

$$\alpha = \lim_{n \to \infty} a_{n+1} = \lim_{n \to \infty} \frac{a_n + b_n}{2} = \frac{\alpha + \beta}{2}$$

Jacobi 定理

或
$$\alpha = \beta$$

现在来求量 $\mu(a,b)$. 为此目的,取表示高斯变换的基本关系式

$$\operatorname{sn}\left(u;\frac{2\sqrt{k}}{1+k}\right) = \frac{(1+k)\operatorname{sn}\left(\frac{u}{1+k};k\right)}{1+k\operatorname{sn}^2\left(\frac{u}{1+k};k\right)} \qquad (3)$$

假设

$$\operatorname{sn}\left(u;\frac{2\sqrt{k}}{1+k}\right) = \sin\varphi$$

$$\operatorname{sn}\left(\frac{u}{1+k};k\right) = \sin\psi$$

则

$$u = \int_0^\varphi \frac{\mathrm{d}t}{\sqrt{1-\dfrac{4k}{(1+k)^2}\sin^2 t}}$$

$$\frac{u}{1+k} = \int_0^\psi \frac{\mathrm{d}t}{\sqrt{1-k^2\sin^2 t}}$$

可写出

$$\frac{1}{1+k}\int_0^\varphi \frac{\mathrm{d}t}{\sqrt{1-\dfrac{4k}{(1+k)^2}\sin^2 t}} = \int_0^\psi \frac{\mathrm{d}t}{\sqrt{1-k^2\sin^2 t}} \qquad (4)$$

其中 φ 及 ψ 是以下由式(3)所推出的关系式联结的

$$\sin\varphi = \frac{(1+k)\sin\psi}{1+k\sin^2\psi}$$

研究当 $\psi = \dfrac{\pi}{2}$ 时,因此 $\varphi = \dfrac{\pi}{2}$ 时的特殊情形. 等式(4)取以下的形式

第7章 关于椭圆积分的补充知识

$$\frac{1}{1+k}\int_0^{\frac{\pi}{2}}\frac{\mathrm{d}t}{\sqrt{1-\frac{4k}{(1+k)^2}\sin^2 t}} = \int_0^{\frac{\pi}{2}}\frac{\mathrm{d}t}{\sqrt{1-k^2\sin^2 t}} \quad (5)$$

令

$$k = \frac{a_n - b_n}{a_n + b_n}$$

则

$$1 + k = \frac{a_n}{a_{n+1}}, k^2 = 1 - \frac{b_{n+1}^2}{a_{n+1}^2}, \frac{4k}{(1+k)^2} = 1 - \frac{b_n^2}{a_n^2}$$

而式(5)可写成以下的形状

$$\int_0^{\frac{\pi}{2}}\frac{\mathrm{d}t}{\sqrt{a_n^2\cos^2 t + b_n^2\sin^2 t}} = \int_0^{\frac{\pi}{2}}\frac{\mathrm{d}t}{\sqrt{a_{n+1}^2\cos^2 t + b_{n+1}^2\sin^2 t}}$$

我们将看到,量

$$\int_0^{\frac{\pi}{2}}\frac{\mathrm{d}t}{\sqrt{a_n^2\cos^2 t + b_n^2\sin^2 t}}$$

与 n 无关,这就意味着,当 $n \to \infty$ 时它等于自己的极限. 因此

$$\int_0^{\frac{\pi}{2}}\frac{\mathrm{d}t}{\sqrt{a^2\cos^2 t + b^2\sin^2 t}} = \frac{1}{\mu(a,b)}\int_0^{\frac{\pi}{2}}\frac{\mathrm{d}t}{\sqrt{\cos^2 t + \sin^2 t}}$$

即

$$\mu(a,b) = \frac{\pi}{2\int_0^{\frac{\pi}{2}}\frac{\mathrm{d}t}{\sqrt{a^2\cos^2 t + b^2\sin^2 t}}}$$

椭圆曲线的 L-级数,Birch-Swinnerton-Dyer 猜想和高斯类数问题[①]

附录 I

1. Q 上椭圆曲线

考虑一个二个变元的丢番图方程,即研究一个有理系数多项式方程 $f(x,y)=0$ 的有理解. 由丢番图的著作早就知道,这一问题的困难程度随多项式 f 类型的不同而有很大的差别. 如 f 是一个二次多项式,那么由一个给定的解 (x_0,y_0),可以找到所有的解. 其办法是对一个有理参数 t 解线性方程 $\frac{1}{u}f(x_0+u,y_0+tu)=0$(这个方法很古的时候就已为人们所零星地使用过,直到丢番图才系统地应用了它). 对三次和某些四次的多项式 f,在丢番图的工作中有一些

---

① 原题:L-Series of elliptic curves, the Birch-Swinnerton-Dyer Conjecture, and the class Number Problem of Gauss. 译自: Notices of AMS,1984(7):739-743.

附录 I 椭圆曲线的 L-级数，Birch–Swinnerton–Dyer 猜想和高斯类数问题

用来研究 $f=0$ 有理解的方法(这些方法后来在费马的工作中被更广泛地应用过)，其中较为特殊的方法是由已知解来构作新解. 对更高次的多项式，则尚未找到求解的一般方法. 设 X 是由方程 $f(x,y)=0$(或者是用其射影模型 $f(x,y,z)=0$) 定义的曲线. 庞加莱把上述求解问题按照曲线 X 的复数点集的拓扑性质(即黎曼面 $X(\mathbf{C})$ 的亏格 g)分成三大类：如 $g=0$，则有理点集 $X(\mathbf{Q})$ 在其非空时同构于 $P^1(\mathbf{Q})$；如 $g=1$，则 $X(\mathbf{Q})$ 在其非空时有一个阿贝尔群的结构(此时曲线总可以假定它变成标准的维尔斯特拉斯形式

$$y^2 = 4x^3 - ax - b \quad (a,b \in \mathbf{Z}) \tag{1}$$

而群结构如下：零元素 0 即为无穷远点；$-P=(x,-y)$，如 $P=(x,y)$；$P+Q+R=0$ 如 $P,Q,R \in X(\mathbf{Q})$ 共线)；如 $g \geq 2$，则由法尔廷斯最近的工作可知 $X(\mathbf{Q})$ 是一个有限集合(此即所谓的"莫德尔"猜想). 于是从丢番图观点看来，最有兴趣的是 $g=1$ 的情形，此时我们称 X 为椭圆曲线，并以 E 代替 X. 由莫德尔所证明的庞加莱猜想是，阿贝尔群 $E(\mathbf{Q})$ 是有限生成的，于是由阿贝尔群结构定理有

$$E(\mathbf{Q}) \cong \mathbf{Z}^r \oplus \mathscr{F} \tag{2}$$

这里，$r \geq 0$ 是某个整数，而 $\mathscr{F}$ 是某个有限阿贝尔群. 对一个给定的曲线，可经有限步运算找到 $\mathscr{F}$. 对 r 则可利用费马的递降法找到其上界，而找出独立解即可获得 r 的下界. 如果我们运气好的话，这两个以上下界正好相等. 已经知道群 $\mathscr{F}$ 可能恰好会出现下列一些情况：$\mathscr{F} \cong \mathbf{Z}/(2n-1)\mathbf{Z}, \mathbf{Z}/2n\mathbf{Z}, \mathbf{Z}/2\mathbf{Z} \times \mathbf{Z}/2n\mathbf{Z} (n \in \mathbf{N})$，而且这决定于式(1)中 $4x^3 - ax - b$ 有 0,1 或 3 个有理根(这是一个初等的结论). Mazur 的一个深刻定理

Jacobi 定理

(1977)说 $n \le 4,5,6$,而且这所有的 15 种情况都会出现无穷多次. 而对 r,由 Mestre(1983,1984)的最新的例子,可以大到 14,猜想是所有的值都可能出现.

由式(2)可知,$f(x,y) = 0$ 的有理解的个数有限与否决定于 $r = 0$ 或 $r > 0$. 实际上,对 x 的分子分母绝对值都小于 A 的解 $P(x,y)$ 的个数 $N(A)$,我们还可以得出一个渐近公式,即有

$$N(A) \sim C(\log A)^{\frac{r}{2}} \quad (A \to \infty) \quad (3)$$

其中 r 与式(2)的 r 相同,$C > 0$ 为某个常数. 事实上,在式(2)的证明中的一个部分说明,存在一个正定二次型(即所谓的"高函数")$h : E(\mathbf{Q}) \oplus \mathbf{R} \to \mathbf{R}$,使 $h(P) - \log \max\{|\operatorname{num} x(P)|, |\operatorname{den} x(P)|\}$ 有界(这种 h 当然是唯一的). 公式(3)由计算直径 $\approx (\log A)^{\frac{1}{2}}$ 的 r 维椭球内的格点数而得出,常数 C 为

$$C = \frac{\pi^{\frac{r}{2}}}{\left(\frac{r}{2}\right)!} \frac{|\mathscr{F}|}{\sqrt{R}} \quad (4)$$

这里 R(regulator)是 h 对于 $E(\mathbf{Q})/\mathscr{F}$ 的一组 $\mathbf{Z}$-基而言的 $r \times r$ 阶对称方阵的行列式(所以,当 $r = 0$ 时,$R = 1$;而当 $r = 1$ 时,$R = h(P_0)$,其中 P_0 是 $E(\mathbf{Q})/\mathscr{F}$ 的生成元). 应指出,由式(3)可得到 r 与比值 $R/|\mathscr{F}|^2$ 的初等定义,这里一点也不涉及 $E(\mathbf{Q})$ 群结构.

作为例子,我们有:

(a) 费马方程 $a^3 + b^3 = c^3$ (可令 $a = y - 9, b = 6x, c = y + 9$ 而得维尔斯特拉斯标准型:$y^2 = 4x^3 - 27$),此时 $r = 0, C = |\mathscr{F}| = 3$;

(b) $y^2 - y = x^3 - x$,此时 $r = 1, |\mathscr{F}| = 1, C = 8.846\ 491\ 6\cdots$;

附录 I 椭圆曲线的 L-级数, Birch – Swinnerton – Dyer 猜想和高斯类数问题

(c) $y^2 = 4x^3 - 28x + 25$,此时 $r = 3$,$|\mathscr{F}| = 1$,$C = 6.48553546\cdots$(参阅[2]).

2. BSD(Birch 与 Swinnerton-Dyer) 猜想

在 1960 年左右,Birch 和 Swinnerton – Dyer 为决定式(3)中的 r 和 C 提出了一个猜想. 他们的想法是这样的:如一个曲线的 r 很大(或 r 给定而 C 值很大),则它上面的有理点个数会特别多,从而式(1) mod p(p 是素数)的解数就 p 平均而言也会相对地很大,更精确地说,当式(1)作为 mod p 的同余式而言时,满足式(1)的整数对 $x, y (\bmod p)$ 的个数记为 $N(p)$,则 BSD 猜想的粗略形式是我们应有渐近公式

$$\prod_{p<x} \frac{N(p)+1}{p} \sim C_1 (\log p)^r \quad (x \to \infty) \quad (5)$$

这与式(3)类似,r 是相同的,而常数 C_1 与 C 有关.(海塞于 1933 年所证明的椭圆曲线的黎曼猜想说 $|N(p) - p| < 2\sqrt{p}$,所以至少已知在式(5)中有 $\frac{N(p)+1}{p} \to 1$)

为了更精密地叙述 BSD 猜想,应该引入 E 的 L-级数,这是一个用欧拉乘积来定义的迪利克雷级数

$$L_E(s) = \prod_p^* \frac{1}{1 + (N(p) - p)p^{-s} + p^{1-2s}} \quad \left(\operatorname{Re}(s) > \frac{3}{2}\right)$$
(6)

这里"$*$"意指对有限多个除尽 $2(a^3 - 27b^2)$ 的"坏"素数 p(此时正好式(1)模 p 为奇异的),欧拉因子应加以修改. 有猜想说,$L_E(s)$ 可以解析开拓到整个 s 平面. 如果确是这样,则在 $s = 1$ 处 L_E 有 Taylor 展开式:

Jacobi 定理

$L_E(s) = C_0(s-1)^m + \cdots$,其中 $m \geq 0$ 是某个整数,且常数 $C_0 \neq 0$. BSD 猜想即为零点 $s=1$ 的阶 m 应该等于秩 r,而且常数 C_0 应为(参见[5])

$$C_0 : = \lim_{s \to 1} \frac{L_E(s)}{(s-1)^m} = \frac{R}{|\mathscr{F}|^2} \cdot \Omega \cdot S \qquad (7)$$

这里 R 与 $\mathscr{F}$ 和以前的一样,$\Omega > 0$ 为椭圆积分

$$\int_\gamma^\infty \frac{dx}{\sqrt{4x^3 - ax - b}}$$

的一个有理数倍(它仅与"环"素数有关),其中 γ 为 $4x^3 - ax - b = 0$ 的最大实根,S 为一个整数的平方,还推测 S 应为 E 的 Tate - Шафалевич 群 Ш 的阶(但是还不知道 Ш 是否是有限群!).

距离 BSD 猜想的完全证明至今仍很遥远,虽然已经有许许多多的数值计算在支持着它(可在[2]中看到用来计算(7)中诸项的各种算法的描述).下列的部分结果则是已经知道的.

① 如 E 是一条 Weil 曲线(参见第 3 节)(一般猜想任一条椭圆曲线都是 Weil 曲线,且在任一个特殊情况下都可以个别地加以验证),那么 $L_E(1)$ 是 Ω 的有理数倍(这与式(7)是吻合的,因为如 $L_E(1) \neq 0$,则有 $r = 0, R = 1$),在某些情况下,还可以证明这个有理数是一个有理数的平方.

② 如 E 有复乘法($\mathbf{Q}$ 上的椭圆曲线有复乘法当且仅当其 j - 不变量 $\dfrac{1728 a^3}{a^3 - 27 b^2}$ 取下列 13 个整数值之一:$0, 1728, -3375, \cdots, -262\,537\,412\,640\,768\,000$),则由 $m = 0$ 可得 $r = 0$,即当 $L_E(1) \neq 0$ 时,式(1)只有有限多个有理数解.

附录Ⅰ 椭圆曲线的 L-级数,Birch-Swinnerton-Dyer 猜想和高斯类数问题

③如 E 是 Weil 曲线,则由 $m=1$ 可得 $r=1$,即当 $L_E(1)=0$ 而 $L'_E(1)\neq 0$ 时,式(1)有无穷多个有理解.

④如 E 是 Weil 曲线,而有 $L_E(1)=0$ 及 $r=1$,则 $L'_E(1)$ 是 ΩR 的一个有理数倍,而且这个有理数有时可以证明为有理数的平方.

⑤存在 $m=r=3$ 的曲线 E,例如曲线: $-139y^2 = x^3 + 10x^2 - 20x + 8$.

上述之中的结果①是初等的(平方数的论断要除外),且可由 Waldspurger 的一个结果得到. 结果②是 Coates 和 Wiles(1977 年)的一个定理. 结果③,④和⑤则由 B. Gross 与我自己宣布于[3]中的一个定理,并在下节中加以详述.

3. Heegner 点

我们称 E 为 Weil 曲线,如对某个正整数 N,存在一个在 $\mathbf{Q}$ 上定义的非平凡的映射 $\phi: X_0(N) \to E(\mathbf{C})$,这里 $X_0(N) = \mathcal{H}/\Gamma_0(N) \cup \{\text{尖点集}\}$,其中 $\mathcal{H}$ 是复上半平面,而 $\Gamma_0(N)$ 是模群

$$\left\{ \begin{pmatrix} a & b \\ c & d \end{pmatrix} \in SL_2(\mathbf{Z}) \,\middle|\, c \equiv 0 (\bmod N) \right\}$$

这样的一个映射存在当且仅当函数

$$f(z) = \sum_{n=1}^{8} a(n) e^{2\pi i n z}$$

是 $\Gamma_0(N)$ 上权为 2 的模形式,即满足

$$f\left(\frac{az+b}{cz+d}\right) = (cz+d)^2 f(z), \quad \forall \begin{pmatrix} a & b \\ c & d \end{pmatrix} \in \Gamma_0(N)$$

Jacobi 定理

而 $a(n)$ 是迪利克雷级数 $L_E(s)$ 的系数.

这些曲线之所以称为 Weil 曲线,乃是因为 Weil 在 1967 年证明了,如果关于 E 的 L – 级数及其迪利克雷特征扭曲可以解析开拓并适合函数方程的这一通常猜想成立的话,则上述的映射 ϕ 是存在的. 所有 **Q** 上的椭圆曲线可由模曲线 $X_0(N)$ 的 Jacobian 商得出的可能性,多年以前由 Taniyama 提出. 一个给定的椭圆曲线是否是 Weil 曲线,是可以用一个有限算法加以验证的(这已对上面的情况做过了),并且我们从现在开始假定我们所讨论的曲线均为 Weil 曲线(否则 L_E 有无解析开拓并不知道,从而 BSD 猜想也就没有意义了),特别可知 $L_E(s)$ 是整函数,且它在 $s=1$ 处的阶 m 的奇偶性也是已知的:m 是偶数或奇数由 L_E 的函数方程中的符号是 $+1$ 还是 -1 而定,这也可由 f 是满足

$$f\left(-\frac{1}{Nz}\right) = -Nz^2 f(z) \text{ 或 } f\left(-\frac{1}{Nz}\right) = Nz^2 f(z) \text{ 而定}.$$

假定 ϕ 存在以后,我们来考虑 E 中如下构作的点(基本上由 Heegner 首先提出的). 设 $d<0$ 是一个虚二次域 K 的判别式,再设 $(d,n)=1$,且 $d \equiv \beta^2 \pmod{4N}$,其中 β 是某个整数. 那么 $\mathscr{H}$ 中满足二次方程 $az^2 + bz + c, a \equiv 0 \pmod{N}, b \equiv \beta \pmod{zN}, c \in \mathbf{Z}, b^2 - 4ac = d$ 的点 z 所成的集合是 $\Gamma_0(N)$ 不变的且 mod $\Gamma_0(N)$ 只有有限个轨道. 如 $z_1, \cdots, z_h$ 是这些点的代表(事实上 h 即为 K 的类数),则点 $\phi(z_1), \cdots, \phi(z_h) \in E(\mathbf{C})$ 定义在 K 的某个扩域(即 K 的希尔伯特类域)上,而它们的和 P_d 则定义在 K 上. 而且在复共轭下,P_d 变为 $-\varepsilon P_d$,这里 ε 是 $L_E(s)$ 函数方程中的符号. 这样,当 $\varepsilon = -1$ 时,由 BSD 猜想可知,$E(\mathbf{Q})$ 有奇的从而正的秩,于是

附录Ⅰ 椭圆曲线的 L-级数,Birch-Swinnerton-Dyer 猜想和高斯类数问题

$2P_d \in E(\mathbf{Q})$;而当 $\varepsilon = +1$ 时,$2P_d = (x, y\sqrt{d})$,其中 x, y 为有理数,于是得出"扭曲了的"曲线

$$E^{(d)}: dy^2 = 4x^3 - ax - b \qquad (8)$$

上的一个有理点. 满足 $\beta^2 \equiv d \pmod{4N}$ 的 β 的不同选取,至多只改变 P_d 的符号,我们将在符号中取消这种依赖性,那么 Gauss 和我在第 2 节中所宣布的结果,在函数方程的符号为 -1,即 $L_E(1) = 0$ 而 $2P_d \in E(\mathbf{Q})$ 时,就会导致

$$L_{E^{(d)}}(1)L'_E(1) = c\Omega_{E^{(d)}} \cdot \Omega_E \cdot h(2P_d) \qquad (9)$$

这里 $\Omega_{E^{(d)}}$ 与 Ω_E 是在 BSD 猜想中出现的由 $E^{(d)}$ 和 E 决定的周期,h 是第 1 节中所定义的 $E(\mathbf{Q})$ 上的高函数,c 为某个非零的有理数,其中数 $\Omega_{E^{(d)}} \cdot \sqrt{|d|}$ 与 d 无关. 在 L_E 的函数方程的符号为 $+1$ 时,公式成为

$$L_E(1)L'_{E^{(d)}}(1) = c\Omega_{E^{(d)}} \cdot \Omega_E \cdot h_{E^{(d)}}(2P_d) \qquad (10)$$

这里 $h_{E^{(d)}}$ 是 $E^{(d)}(\mathbf{Q})$ 上的高函数. 实际上,上述结果已在两个方面更加一般化了:高在 $X_0(N)$ 的 Jacobian 上而不只是在它的商上计算出的,而且各个 z_j(而不仅是它们的和)的高也可被计算. 但是,因为一般地说来 $X_0(N)$ 并不是椭圆曲线,而 z_j 也不是 $\mathbf{Q}$ 上有理的,所以不阐述任意亏格的和任意数域上曲线的高理论,就无法阐明整个的结论.

我们指出由式(9)可推出第 2 节最后的结论③与④. 事实上,如 E 是一条 Weil 曲线且 $m = 1$,则函数方程的符号是 -1 且 $L'_E(1) \neq 0$. 于是在第 2 节最后所叙述的 Waldspurger 的同一定理断定我们可以找到一个 d 使 $L_{E^{(d)}}(1) \neq 0$,从而式(9)说明了 P_d 有非零高,于是它在 $E(\mathbf{Q})$ 中是无限阶的. 又从结论①知,$L_{E^{(d)}}(1)/\Omega_{E^{(d)}}$ 是有理数,这样,在这种情况下,式(9)说明了

Jacobi 定理

$L'_E(1)/\Omega_E h(P_d)$ 的有理性. 如 $E(\mathbf{Q})$ 的秩为 1,则 $h(P_d)$ 是 regulator R 的(平方)整数倍. 所以我们得到了结论④,其中有关平方的结论是把结论①应用于 $E^{(d)}$ 而得到的推论. 注意式(7)中的神秘因子 $S = |\text{III}|$ 已不见了,并被与由 $E(\mathbf{Q})$ 的 Heegner 点 P_d 生成的子群的指数的平方类似的某种东西所代替了. 最后,为了得到结论⑤,可把⑩应用于曲线 $E: y^2 = x^3 + 10x^2 - 20x + 8$(这是一条 Weil 曲线,其 $N = 37$) 和 $d = -139$. 此时我们将于第 4 节中证明 $L_E(1) \neq 0, P_d = 0$,于是式 (10) 表明 $L'_{E^{(d)}}(1)$ 等于零. 因为 $L_{E^{(d)}}(S)$ 的函数方程有符号 -1 且 $L_{E^{(d)}}(1) \neq 0$,从而对曲线 $E^{(d)}$ 有 $m = 3$(而 $r = 3$ 是初等的事实). 用这个办法可以发现,在用一个更小的数字代替 3 时,结论⑤就是一个初等的命题了;$r = 0$ 时,$L_E(1)$ 应该不等于零(否则得到 BSD 的一个反例),而且这是可在数值上加以验证的;如 $r = 1$,则我们只需验证 L_E 的函数方程有符号 -1,且 $L'_E(1)$ 非零;如 $r = 2$,则可用计算结论①中的有理数 $L'_E(1)/\Omega$ 的办法来证明 $L_E(1) = 0$,而且可用验证函数方程的符号为 $+1$ 及 $L'_E(1) \neq 0$ 的办法来证明 $m = 2$(对一个 Weil 曲线 E,可用一个快速收敛的级数来计算 L_E 及其导数在 $s = 1$ 处的值,参见[2]). 但是为了得到结论⑤,则必须证明 $L'_E(1) = 0$,此时只有用如式(9)这样的公式才行,这是因为验证一个数是零,不像验证一个数不是零那样,是不可能仅仅用数值计算来得到的.

我们还应说一下上述公式的历史. Heegner 点 P_d 是 Birch 所定义,而为 Birch 与 Stephens 从数值观点大量地研究过的,他们形成了等价于式(9)和式(10)的猜想. Gauss 则是从下降理论中来的另外一些考虑而

附录Ⅰ 椭圆曲线的 L - 级数,Birch – Swinnerton – Dyer 猜想和高斯类数问题

猜出同一类型的却是更为广泛的公式,他也看到也许经过利用模曲线 $X_0(N)$ 的局部高理论计算 Heegner 点的高以及利用模形式理论(特别"Rankin"方法)来计算 $L_E(s)L_{E^{(d)}}(s)$ 在 $s=1$ 处导数这样一种途径可以证明这些猜想. 然后他向我建议系统地从两个方面来进攻这个问题,并且协同地做下列的颇为愉快的事情:我们应该各自找一个方法分别计算公式的一个方面,即一个人负责公式的高方面,而另一个人负责 L - 级数方面(通常都是 L - 级数那方面会首先成功),并且互相通知对方,这结果的形式将建议出一个方法,用它可以将表示式在另一方面的那部分计算出来. 在这过程的最后,所欲得到的等式的两边就明显地被算出为十几个项的和,它们之中的某一些是很复杂的. 这些项很好地匹配着,从而提供了证明——但是并没有给出一点点的启示,可以说明为什么 Heegner 点的高与 L - 级数的导数之间会有关系. 当然希望事情的这种令人很不满意的状态最终将会改变.

4. 应用于高斯类数问题

在第 2 节中,由式(9),式(10)得出的三个结论之中的最后一个结论,即断定存在一个 $m=3$ 的椭圆曲线似乎是最特别和最少令人有兴趣的. 然而就是这个结果获得了最有戏剧性的应用,即导致了大约二百年前由高斯提出的一个问题的最终解决. 二元二次型的类数问题初看起来似乎是与三次方程的丢番图分析问题相距有十万八千里,然而 Goldfeld 在几年前就发现了它们之间的联系. 我们简短地回顾一下历史.

高斯在其所著的《Disquisitiones》一书中的第 303 篇论文中,对虚二次域(等价地即为正定二元二次型)的类数进行了大量的计算,并发现具有给定类数 h 的判别式序列对 h 的每一个值似乎都是有限的. 这样,使 $h(d)=1$ 的最后一个 d 应是 -163, $h=2$ 的最后一个 d 是 -427, $h=3$ 的最后一个 d 是 -907(高斯用了另一种标准化,所以他所得的数值看上去与这里的不同). 这个断言的证明在一百多年内成了一个悬案,1916 年左右,Hecke 证明了,如果 L-级数 $L_d(s) = \sum \left(\dfrac{d}{n}\right) \cdot n^{-s}$ 在 $s=1$ 附近没有零点,则

$$h(d) > C \frac{\sqrt{|d|}}{\log|d|}$$

这里 C 是一个有效常数,所以在广义黎曼猜想下,高斯问题就解决了. 之后,在 1933 年,Deuring 证明了,如果(通常的)黎曼猜想不成立,则对充分大的 $|d|$ 有 $h(d) > 1$. 这会是决定性的一步,因为很快莫德尔又证明了,如黎曼猜想不成立,则 $h(d)$ 随 $|d|$ 一起趋向无穷,而 Heilbronn(1934)证明了,如广义黎曼猜想不成立,同样的命题仍然成立. 这样连同 Hecke 的结果一起,就得出了高斯关于具有给定的 $h(d)$ 值的 d 只有有限多个这一断言的一个无条件证明. 一年以后,西格玛证明了这种形式的一个定量结果,即证明了:对任意的 $\varepsilon > 0$,当 $d \to -\infty$ 时,有 $h(d) > C(\varepsilon)|d|^{\frac{1}{2}-\varepsilon}$ 但是他的结果与 Deuring,Mordell 和 Heibronn 的一样,从根本意义上来说不是有效的,这是因为它等于如果在区间 $\left[1-\dfrac{\varepsilon}{10}, 1\right]$ 之中,没有一个 L-级数有零点,则由 Hecke

附录 I 椭圆曲线的 L-级数,Birch-Swinnerton-Dyer 猜想和高斯类数问题

定理 $h(d) > C_0(\varepsilon) |d|^{\frac{1}{2}-\varepsilon}$,其中 $C_0(\varepsilon)$ 是一个可计算的有效常数;如果对某一个判别式 d_0,$L_{d_0}(s)$ 有一个这样的零点,则对所有的 d,有 $h(d) > C_1(\varepsilon) |d|^{\frac{1}{2}-\varepsilon}$,这里 $C(\varepsilon)$ 是明显地给出的但却是依赖于 d_0 的. 这样,比方说为了决定是否有 $d < -907$ 使 $h(d) = 3$,则我们或者应该知道广义黎曼猜想成立,或者手头上有一个具体的反例;所以直到我们获得这两个信息之一以前,上面这个 $h = 3$ 的问题在某种意义上犹如西格玛这一结果并未为人所知一样,是没法解决的.

在这以后的四十年中,关于一般 h 值的问题没有进一步的进展,虽然(最有兴趣的)类数 1 的特殊情况为 Heegner(1952),Baker 及 Stark(1966) 所解决,后面两位也解决了 $h = 2$ 的情况,但他们的方法对更大的类数却是没有效力的. 最后的突破是 1975 年实现的,那时 Dorian Goldfeld 证明了一个深刻的和完全料想不到的定理,它是这样说的,如果一个具有适当解析性质以及一个在其函数方程对称点处具有充分高阶的零点的 L-函数是存在的,则我们可用它来得到当 $d \to -\infty$ 时 $h(d)$ 趋向无穷的一个有效下界. Gauss 和我所做的工作就是来产生这样一个函数.

Goldfeld 的论述是解析数论中一个长而困难的一章. 它的一个简化和很清楚的叙述由 Joseph,Oesterle 在 Bourbaki 讨论班最近一次报告中给出,我们把它推荐给有兴趣的读者(此文也包含了关于 Goldfeld 工作以及之前关于类数问题的文献). 这里我们仅简短地阐述一下一个具有三重零点的 L-函数是如何被用来得到解析信息的. 假定我们有一个 $|d|$ 很大的判别式,

Jacobi 定理

我们希望证明 $h = h(d)$ 也很大. 我们可设勒让德符号 $\left(\dfrac{d}{37}\right)$ 是 0 或 -1, 此因如有 $\left(\dfrac{d}{37}\right) = 1$, 则 37 是 $\mathbf{Q}(\sqrt{d})$ 中一个素理想的 $\mathscr{P}$ 的范, 于是 37^h 是主理想 $\mathscr{P}^h$ 的范, 即它是一个整数 $\dfrac{x + y\sqrt{d}}{2}$ ($x, y \in \mathbf{Z}, y \neq 0$) 的范, 所以有

$$37^h = \frac{x^2 + y^2|d|}{4} > \frac{|d|}{4}$$

这样我们已经得到了所希望的关于 h 的有效下界, 由 $\left(\dfrac{d}{37}\right) = 0$ 或 -1 可知 $E^{(d)}$ 的 L-级数 (这里 E 即为第 2 节⑤所提及的椭圆曲线) 在函数方程中具有负号, 从而乘积 $L(s) = L_E(s) L_{E^{(d)}}(s)$ 具有一个带正号的函数方程 (即是 $\gamma(s) \cdot L(s) = +\gamma(2-s)L(2-s)$, 其中 $\gamma(s)$ 是一个适当的 Γ-因子), 且它在 $s = 1$ 处有一个其阶至少为 4 的零点. 在另一方面, 用与得出 $\left(\dfrac{d}{37}\right) \neq 1$ 相同的方法, 可以证明对所有除不尽 d 的小素数 p, 有 $\left(\dfrac{d}{p}\right) = -1$ (即对所有 $p < \left|\dfrac{d}{4}\right|^{\frac{1}{h}}$ 的素数 p 成立着 $\left(\dfrac{d}{p}\right) = -1$, 可以扩充为 $p < \left|\dfrac{d}{4}\right|^{\frac{1}{\sqrt{2h}+1}}$, 可能要除去一个例外的 p) 这意味着对大多数小的正整数 n, 有 $\left(\dfrac{d}{n}\right) = \lambda(n)$, 这里 $\lambda(n)$ 是刘维尔函数, 即对任意的素数 $p_1, \cdots, p_r$, 定义 $\lambda(p_1 \cdots p_r) = (-1)^r$. 但 $L_{E^{(d)}}(s)$ 是 $L_E(s)$ 用 $\left(\dfrac{d}{\cdot}\right)$ 所得的 "扭曲" (即当 $L_E(s) = \sum a(n) n^{-s}$ 时, $L_{E^{(d)}}(s) = \sum \tilde{a}(n)(n)^{-s}$, 其中对每一个与 d 互素的 n 有

附录 I 椭圆曲线的 L-级数,Birch-Swinnerton-Dyer 猜想和高斯类数问题

$\tilde{a}(n) = \left(\dfrac{d}{n}\right) a(n)$). 这说明了函数 $L(s)$ 不应该与函数 $R(s) = L_E(s) L_{E,\pi}(s)$ 相差太多,这里 $L_{E,\lambda}(s) = \sum \lambda(n) a(n) n^{-s}$ ("不太多"的意思可用 $\mathbf{Q}(\sqrt{d})$ 的 Dedekind ζ - 函数的分析来精密化),函数 $R(s)$ 即为椭圆曲线 E 相应模形式 $\sum a(n) e^{2\pi i n z}$ 的统一函数,它们在模形式理论中已被广泛地研讨过. 特别的是已知它有一个半纯开拓,其所有的极点都在直线 $\mathrm{Re}\, s = 1$ 的左边,而且在 $s = 1$ 处有一个单零点. 因为 $L(s)$ 在 $s = 1$ 处有一个其阶至少为 4 的零点,所以定性地说 $L(s)$ 与 $R(s)$ 不会有相同的性质,从而这就与上面所说当 h 与 $|d|$ 相比很小时,$L(s)$ 与 $R(s)$ 应该彼此很接近的论断相矛盾. 具体的矛盾是由比较下列两个积分而得出的

$$\int_{C-i\infty}^{C+i\infty} \frac{\gamma(s) L(s)}{(s-1)^3} ds, \int_{C-i\infty}^{C+i\infty} \frac{\gamma(s) R(s)}{(s-1)^3} ds$$

(C 为任一个大于 1 的常数). 第一个积分恒为零,此因 $\mathrm{Ord}_{s=1} L(s) \geq 3$ 这一事实允许我们把积分路径从 $\mathrm{Re}\, s = C > 1$ 移至 $\mathrm{Re}\, s = 2 - C < 1$,而由于被积函数在变换 $s \to 2-s$ 下的奇函数性质,即知这一积分的值与其负值相等. 第二个积分是非零的,此因它由被积函数在 $s=1$ 的非显然残数所控制. 这个残数形如 $A\log|d| + B$,此因 $R(s)$ 与 d 无关,而 $\gamma(s)$ 形如 $|d|^s \gamma_0(s)$ 而 $\gamma_0(s)$ 与 d 无关. 另一方面再估计 $L(s)$ 与 $R(s)$ 的差,可以证明这两个积分的差是 $O(h)$. 把这两个事实放在一起,当 $|d|$ 充分大时即得到所需要的矛盾. 实际上我们已极度地简化了整个景象,而具体的解析细节在 d 为复合数时,就更为复杂得多了. 在 [4] 中所得到的最后结果是下列估计成立

Jacobi 定理

$$h(d) > C \prod_{p \mid d}\left(1 - \frac{2}{\sqrt{p}}\right)\log |d|, \forall d$$

其中 C 是一个绝对的和可以有效地计算的常数(Goldfeld 的原始结果要稍微弱一些),特别的,当 p 为素数时,有 $h(-p) > C'\log p$. C 与 C' 的较好的数值结果还没有得出,但这一定会很快地完成.

最后我们给出关于 Heegner 点 P_{-139} 在一个 conductor 37 的椭圆曲线上等于零这一事实的证明(这在第 3 节中推迟了). 对任一给定的 d 和任一个给定的 Weil 曲线上, $P_d = 0$ 是否成立,是可以在有限步计算后加以验证的. 但是现在有一个为 Gauss 所发现的非常好的办法,它基本上不需要进行什么计算. $d = -139$ 时的类数是 3,此时在第 2 节中定义的三个点 z_j(此时 $N = 37, \beta = 3$)可选为

$$\frac{-3 + i\sqrt{139}}{2 \times 37}, \frac{71 + i\sqrt{139}}{10 \times 37}, \frac{-151 + i\sqrt{139}}{10 \times 37}$$

它们满足 $37z = \dfrac{az+b}{cz+d}$,其中分别取 $\begin{pmatrix} a & b \\ c & d \end{pmatrix} =$
$\begin{pmatrix} -3 & -1 \\ 1 & 0 \end{pmatrix}, \begin{pmatrix} -77 & -31 \\ 5 & 2 \end{pmatrix}, \begin{pmatrix} 34 & -7 \\ 5 & -1 \end{pmatrix} \in SL_2(\mathbf{Z})$,而在每一种情况下 $(cz + d)^{-1}$ 的值都是 $\dfrac{3 + i\sqrt{139}}{2}$,由"判别式"函数

$$\Delta(z) = q\prod_{n=1}^{\infty}(1-q^n)^{24} \quad (q = e^{2\pi i z}, z \in \mathscr{H})$$

的熟知的变换方程

$$\Delta\left(\frac{az+b}{cz+d}\right) = (cz+d)^{12}\Delta(z)$$

可以知道,函数

附录 I 椭圆曲线的 L-级数,Birch–Swinnerton–Dyer 猜想和高斯类数问题

$$g(z) = \sqrt[12]{\frac{\Delta(z)}{\Delta(37z)}} - \frac{3+\mathrm{i}\sqrt{139}}{2}$$

$$= q^{-3} \prod_{n=1}^{\infty} \left(\frac{1-q^n}{1-q^{37n}}\right)^2 - \frac{3+\mathrm{i}\sqrt{139}}{2}$$

在 z_1, z_2, z_3 处都等于零. 从另一方面 $g(z)$ 是 $\Gamma_0(37)$-不变的,且在 $z = \infty$ 处有一个三重极点,而且没有任何其他的极点(此因在 $\mathscr{H}$ 中有 $\Delta \neq 0$),故 $g(z)$ 有且仅有这三个零点. 从而 $(z_1) + (z_2) + (z_3) - 3(\infty)$ 是 $X_0(37)$ 上的主除子. 故对任一个满足 $\phi(\infty) = 0$ 的由 $X_0(37)$ 至椭圆曲线 E 的映射有 $\phi(z_1) + \phi(z_2) + \phi(z_3) = 0 \in E(\mathbf{C})$.

5. 利用 Jacobi 椭圆函数法解偏微分方程

5.1 SK 方程和 KK 方程的 Bäcklund 变换及其精确解

山东临沂大学的际怀堂教授 2001 年利用 Jacobi 椭圆函数展开弦给出了 Sawada-Kotera(SK)方程和 Kaup-Kupershimit(KK)方程,都是五阶演化方程,可以把它们写成如下统一形式

$$q_t = q_{xxxxx} + 5qq_{xxx} + 5\gamma q_x q_{xx} + 5q^2 q_x \tag{1}$$

其中 $\gamma = 1$ 时,它就是 SK 方程;$\gamma = 5/2$ 时,它就成为 KK 方程.

1. AKNS 系统

设

Jacobi 定理

$$\psi_x = U\psi, U = \begin{pmatrix} \eta & u \\ r & -\eta \end{pmatrix} \qquad (2)$$

$$\psi_t = V\psi, V = \begin{pmatrix} A & B \\ C & -A \end{pmatrix} \qquad (3)$$

其中 $\psi = \begin{pmatrix} \psi_1 \\ \psi_2 \end{pmatrix}$; u,r 都是 x,t 的函数, η 是不依赖于 x,t 的参数. 我们的问题是如何找到合适的函数 A, B, C 使(2)和(3)的可积条件

$$U_t - V_x + [U,V] = 0 \qquad (4)$$

能够导出我们需要的非线性方程.

我们定义(2)中的 U 如下

$$U = \begin{pmatrix} 0 & -\dfrac{1}{2\eta^2}(\gamma-3) \\ -\eta^2 q & 0 \end{pmatrix} \qquad (5)$$

我们取(3)中矩阵 V 的元素为

$$A = \frac{1}{2}(\gamma-3)q_{xxx} - qq_x$$

$$B = \frac{1}{\eta^2}\Big[\Big\{\frac{1}{2}(\gamma-3)(\gamma+2)+1\Big\}q_{xx} + \frac{1}{2}(\gamma-3)q^2\Big]$$

$$C = -\eta^2[q_{xxx} + (\gamma+2)qq_{xx} + (2\gamma-1)q_x^2 + q^3] \qquad (6)$$

这时可积条件(4)就是 SK 方程和 KK 方程的统一方程. 因此, (2)和(3)给出了统一方程(1)的 AKNS 系统. 其中矩阵 U 由(5)给出, 矩阵 V 的元素由(6)给出.

5.2　SK 方程和 KK 方程的 Bäcklund 变化

下面我们构造 SK 方程和 KK 方程的统一方程(1)的 Bäcklund 变换. 首先定义函数 $\varGamma$ 如下

附录Ⅰ 椭圆曲线的 L-级数,Birch–Swinnerton–Dyer 猜想和高斯类数问题

$$\Gamma = \frac{\psi_1}{\psi_2} \qquad (7)$$

利用(5)和(6),由方程(1)的 AKNS 系统推导出下列 Riccati 方程

$$\frac{\partial \Gamma}{\partial x} = \frac{1}{2\eta^2}(\gamma - 3) + \eta^2 q \Gamma^2 \qquad (8)$$

$$\frac{\partial \Gamma}{\partial t} = 2A\Gamma + B - C\Gamma^2 \qquad (9)$$

现在构造

$$\Gamma', q' = q + f(\Gamma, \eta) \qquad (10)$$

满足同一方程(8). 设

$$\Gamma' = -\Gamma \qquad (11)$$

$$q' = q + \frac{2}{\eta^2} \frac{\partial}{\partial x}\left(\frac{1}{\Gamma}\right) \qquad (12)$$

易知 Γ', q' 满足方程(8). 由式(8),(9)和(12)消去 γ, 可得方程(1)的 Bäcklund 变换如下

$$\omega_x' + \omega_x = \frac{1}{4}(\gamma - 3)(\omega' - \omega)^2 \qquad (13)$$

$$\omega_t' - \omega_t = -2A(\omega' - \omega) - \frac{\eta^2}{2}B(\omega' - \omega)^2 + \frac{2}{\eta^2}C \qquad (14)$$

其中 $q = \omega_x, q' = \omega_x', A, B, C$ 由式(6)给出. 显然, $\gamma = 1$ 时, SK 方程

$$q_t = q_{xxxxx} + 5qq_{xxx} + 5q_x q_{xx} + 5q^2 q_x \qquad (15)$$

具有 Bäcklund 变换的空间部分如下形式

$$\omega_x' + \omega_x = -\frac{1}{2}(\omega' - \omega)^2 \qquad (16)$$

而 Bäcklund 变换的时间部分由式(14)给出(令 $\gamma = 1$). 同样, 对 $\gamma = 5/2$, KK 方程

Jacobi 定理

$$q_t = q_{xxxxx} + 5qq_{xxx} + \frac{25}{2}q_x q_{xx} + 5q^2 q_x \quad (17)$$

具有 Bäcklund 变换的空间部分如下形式

$$\omega_x' + \omega_x = -\frac{1}{8}(\omega' - \omega)^2 \quad (18)$$

而时间部分也由式(14)给出(令 $\gamma = 5/2$).

5.3 SK 方程和 KK 方程的 Jacobi 椭圆函数解和行波解

我们考虑 SK 方程和 KK 方程的更一般形式

$$q_t + \alpha q q_{xxx} + \beta q_x q_{xx} + \gamma q^2 q_x + q_{xxxxx} = 0 \quad (19)$$

其中 α, β, γ 都是任意不等于零的常数.

做行波变换

$$q(x,t) = q(\xi), \xi = k(x - \omega t) \quad (20)$$

把(20)代入(19)得

$$-\omega q' + \alpha k^2 qq''' + \beta k^2 q'q'' + \gamma q^2 q' + k^4 q^{(5)} = 0 \quad (21)$$

假设(21)的解可表示为

$$q = \sum_{j=0}^{n} a_j F^j(\xi) \quad (22)$$

其中 $F(\xi)$ 满足

$$F'^2 = A + BF^2 + CF^4 \quad (23)$$

方程(23)对于不同的 A,B,C 有着丰富的 Jacobi 椭圆函数解.

通过平衡(21)的线性项和非线性项的最高阶导数,我们得到(22)的最高阶次数为 $n = 2$. 因此,我们做如下变换

$$q = a_0 + a_1 F + a_2 F^2 \quad (24)$$

把式(24)代入非线性方程(21)并合并 F^j 的同次幂的系数,再令等式两端同次幂系数相等,则得关于

附录Ⅰ 椭圆曲线的 L-级数,Birch-Swinnerton-Dyer 猜想和高斯类数问题

a_0, a_1, a_2, ω, k 的方程组

$$a_1(B^2+12AC)k^4+a_0a_1Bk^2\alpha+2Aa_1a_2k^2\beta+a_0^2a_1\gamma-a_1\omega=0$$

$$a_2(32B^2+144AC)k^4+(a_1^2+8a_0a_2)Bk^2\alpha+$$
$$(4Aa_2^2+a_1^2B)k^2\beta+2\gamma(a_0a_1^2+a_0^2a_2)-2a_2\omega=0$$

$$60a_1BCk^4+9a_1a_2Bk^2\alpha+6a_0a_1Ck^2\alpha+$$
$$6a_1a_2Bk^2\beta+a_1^3\gamma+6a_0a_1a_2\gamma=0$$

$$480a_2BCk^4+(8a_1^2B+6a_1^2C+24a_0a_2C)k^2\alpha+$$
$$(8a_2^2B+2a_1^2C)k^2\beta+4(a_1^2a_2+a_0a_2^2)\gamma=0$$

$$120a_1C^2k^4+30a_1a_2Ck^2\alpha+10a_1a_2Ck^2\beta+5a_1a_2^2\gamma=0$$

$$720a_2C^2k^4+24a_2^2Ck^2\alpha+12a_2^2Ck^2\beta+2a_2^3\gamma=0$$
$$(25)$$

解这个方程组得

$$a_1=0, a_2=Ck^2\lambda, a_0=-\frac{120Bk^2+2\lambda Bk^2(\alpha+\beta)}{6\alpha+\lambda\gamma}$$

$$\omega=2k^4\left[8B^2+36AC+AC\beta\lambda+\frac{2B^2\gamma(60+\lambda\alpha+\lambda\beta)^2}{(\alpha+\lambda\gamma)^2}-\frac{4B^2\alpha(60+\lambda\alpha+\lambda\beta)}{6\alpha+\lambda\gamma}\right]$$
$$(26)$$

其中 λ 是下面方程的实根

$$\gamma\lambda^2+6(2\alpha+\beta)\lambda+360=0,(2\alpha+\beta)^2-40\geqslant 0$$

把(26)代入(22)得

$$q=-\frac{120Bk^2+2\lambda Bk^2(\alpha+\beta)}{6\alpha+\lambda\gamma}+C\lambda k^2F^2 \quad (27)$$

(27)表示了方程(19)的多种 Jacobi 椭圆函数解. 当 Jacobi 椭圆函数的模 $m\to 1$ 时,则有

$$\to\operatorname{sech}\xi\ \operatorname{sn}(\xi,m)\to\tanh\xi, \operatorname{dn}(\xi,m)\ \operatorname{cn}(\xi,m)\to\operatorname{sech}\xi$$
$$(28)$$

在退化情形,我们可得孤波解.

Jacobi 定理

例如当 $\begin{cases} A = m^2 - 1 \\ B = 2 - m^2 \\ C = -1 \end{cases}$ 时, 方程(23)有解 $F = \mathrm{dn}\,\xi$, 于是(27)成为(19)的 Jacobi 椭圆函数解.

$$q_1 = -\frac{120(2-m^2)k^2 + 2\lambda(2-m^2)k^2(\alpha+\beta)}{6\alpha + \lambda\gamma} - \lambda k^2 \mathrm{dn}^2 \xi$$
(29)

当 $m \to 1$ 时, (29)成为弧波解

$$q_2 = -\frac{120k^2 + 2\lambda k^2(\alpha+\beta)}{6\alpha + \lambda\gamma} - \lambda k^2 \mathrm{sech}^2 \xi \quad (30)$$

当 $\begin{cases} A = \dfrac{(1-m^2)^2}{4} \\ B = \dfrac{1+m^2}{2} \\ C = \dfrac{1}{4} \end{cases}$ 时, (23)有解 $F = \mathrm{ds}\,\xi \pm \mathrm{cs}\,\xi$, 于是(27)成为(19)的 Jacobi 椭圆函数解

$$q_3 = -\frac{[120k^2 + 2\lambda k^2(\alpha+\beta)](1+m^2)}{12\alpha + 2\lambda\gamma} +$$
$$\frac{1}{4}\lambda k^2 (2\mathrm{ds}^2\xi \pm 2\mathrm{ds}\,\xi\mathrm{cs}\,\xi + m^2 - 1) \quad (31)$$

当 $\begin{cases} A = C = \dfrac{1}{4} \\ B = \dfrac{1-2m^2}{2} \end{cases}$ 时, (23)有解 $F = m\mathrm{cd}\,\xi \pm \mathrm{i}\sqrt{1-m^2}\,\mathrm{nd}\,\xi$,

$m\mathrm{sn}\,\xi \pm \mathrm{idn}\,\xi$, $\mathrm{ns}\,\xi \pm \mathrm{cs}\,\xi$, $\sqrt{1-m^2}\,\mathrm{sc}\,\xi \pm \mathrm{dc}\,\xi$, 于是(27)成为(19)的 Jacobi 椭圆函数解

$$q_4 = -\frac{[120k^2 + 2\lambda k^2(\alpha+\beta)]}{12\alpha + 2\lambda\gamma}(1 - 2m^2) + \frac{1}{4}\lambda k^2$$
$$(2m_2\mathrm{cd}^2\xi \pm 2\mathrm{im}\sqrt{1-m^2}\,\mathrm{cd}\,\xi\mathrm{nd}\,\xi - 1) \quad (32)$$

附录 I　椭圆曲线的 L-级数, Birch-Swinnerton-Dyer 猜想和高斯类数问题

$$q_5 = -\frac{[120k^2 + 2\lambda k^2(\alpha+\beta)](1-2m^2)}{12\alpha + 2\lambda\gamma} +$$

$$\frac{1}{4}\lambda k^2(2\mathrm{cs}^2\xi \pm 2\mathrm{ns}\,\xi\mathrm{cs}\,\xi + 1) \quad (33)$$

$$q_6 = -\frac{[120k^2 + 2\lambda k^2(\alpha+\beta)](1-2m^2)}{12\alpha + 2\lambda\gamma} +$$

$$\frac{1}{4}\lambda k^2(2m_2\mathrm{sn}^2\xi \pm 2im\mathrm{sn}\,\xi\mathrm{dn}\,\xi - 1) \quad (34)$$

$$q_7 = -\frac{[120k^2 + 2\lambda k^2(\alpha+\beta)](1-2m^2)}{12\alpha + 12\lambda\gamma} +$$

$$\frac{1}{4}\lambda k^2(2\mathrm{dc}^2\xi \pm 2\sqrt{1-m^2}\,\mathrm{sc}\,\xi\mathrm{dc}\,\xi - 1) \quad (35)$$

其中 $\xi = k(x-\omega t), k, \omega, \lambda$ 满足 (26).

以上我们仅利用了 (23) 的部分 Jacobi 椭圆函数解,用 (23) 的其他解可得 (19) 更多的 Jacobi 椭圆函数解和行波解.

5.4　双椭圆方程方法及其应用

1. 双椭圆方程方法

给定的 PDE, 包含 $(n+1)$ 个自变量

$$F(u, u_t, u_{x_1}, u_{x_2} u_{x_1 x_2}, \cdots) = 0 \quad (1)$$

假设方法 (1) 有如下形式的解

$$u(x_1, x_2, x_3, \cdots, t) = f(\phi(\xi), \psi(\eta)) \quad (2)$$

其中 $\xi = \xi(x_1, x_2, x_3, \cdots, t)$, $\eta = \eta(x_1, x_2, x_3, \cdots, t)$, 而且 f 是关于 φ 和 ψ 的函数. 这里的 ϕ 和 ψ 满足下面两个椭圆方程, 分别是

$$\phi'^2(\xi) = A_1 + B_1\phi^2(\xi) + C_1\phi^4(\xi) \quad (3)$$

$$\psi'^2(\eta) = A_2 + B_2\psi^2(\eta) + C_1\psi^4(\eta) \quad (4)$$

把 (2) 代入到 (1) 中, 根据 (3) 和 (4), 可以得到关

于 $\phi^i\psi^j$ 的方程组,令方程组中 $\phi^i\psi^j$ 的系数为 0,得到微分代数方程组.求解这些方程可得到 ξ,η 和 f.利用方程(3)和(4)的解,以及(2),我们将会得到方程(1)的精确解.

接下来,我们通过解 $(n+1)$ 维 Sinh-Gordon 方程,说明所提出方法.

2. $(n+1)$ 维 Sinh-Gordon 方程

$(n+1)$ 维 Sinh-Gordon 方程写作

$$\sum_{i=1}^{n}\frac{\partial^2 u}{\partial x_i^2} - \frac{\partial^2 u}{\partial t^2} = \alpha\sinh u \tag{5}$$

其中 n 是正整数,α 是常数,有许多人已经研究了方程(5),接下来我们利用双椭圆方程方法给出其新的精确解.

为了解方程(5),令

$$\xi = \sum_{i=1}^{n} k_i x_i + k_{n+1} t, \eta = \sum_{i=1}^{n} l_i x_i + l_{n+1} t \tag{6}$$

其中 $\sum_{i=1}^{n} k_i^2 - k_{n+1}^2 = A$,$\sum_{i=1}^{n} l_i^2 - l_{n+1}^2 = B$,$\sum_{i=1}^{n} k_i l_i - k_{n+1} l_{n+1} = 0$.把(6)代入到(5)中,得到

$$Au_{\xi\xi} + Bu_{\eta\eta} = \alpha\sinh u \tag{7}$$

我们做如下变换

$$u = 2\ln\left|\frac{C\phi(\xi) + D\psi(\eta)}{1 + E\phi(\xi)\psi(\eta)}\right| \tag{8}$$

把(8)代入(7)中,再根据(3)和(4),利用 MAPLE 得到关于 $\phi^i\psi^j$ 的方程,令方程中 $\phi^i\psi^j$ 的系数为 0,我们就可以推断出下列代数方程组的未知量 A,B,C,D,E,即

$$-6\alpha C^2 D^2 + 6\alpha E^2 = 0$$

$$\alpha - 4AC^2 A_1 - 4BD^2 A_2 = 0$$

附录 I 椭圆曲线的 L-级数, Birch-Swinnerton-Dyer 猜想和高斯类数问题

$$-4BE^2C^2C_2 + \alpha E^4 - 4AE^2D^2C_1 = 0$$
$$4AC^2C_1 + 4BE^2C^2A_2 - \alpha C^4 = 0$$
$$4AE^2D^2A_1 + 4BD^2C_2 - \alpha D^4 = 0$$
$$-4AED^2B_1 + 8BDCC_2 + 8AE^2DCA_1 - 4BD^2EB_2 - 4\alpha CD^3 = 0$$
$$4\alpha E^3 - 8AED^2C_1 - 8BEC^2C_2 + 4AE^2DCB_1 + 4BE^2CDB_2 = 0$$
$$-4\alpha C^3 D + 8ACDC_1 + 8BE^2CDA_2 - 4AC^2EB_1 - 4BEC^2B_2 = 0$$
$$-8AC^2EA_1 + 4ACDB_1 + 4\alpha E + 4BDCB_2 - 8BD^2EA_2 = 0$$

(9)

在 MAPLE 的帮助下,解得

$$A = \frac{\alpha}{4} \frac{B_2 \pm 2\sqrt{\left(\frac{C_2}{A_2}\right)A_2}}{B_2\sqrt{\left(\frac{C_1}{A_1}\right)A_1} - \sqrt{\left(\frac{C_2}{A_2}\right)}B_1A_2}$$

$$B = -\frac{\alpha}{4} \frac{B_1 \pm 2\sqrt{\left(\frac{C_1}{A_1}\right)A_1}}{B_2\sqrt{\left(\frac{C_1}{A_1}\right)A_1} - \sqrt{\frac{C_2}{A_2}}B_1A_2}$$

$$C = \sqrt[4]{\frac{C_1}{A_1}}, D = \sqrt[4]{\frac{C_2}{A_2}}, E = \sqrt[4]{\frac{C_1}{A_1}}\sqrt[4]{\frac{C_2}{A_2}}$$

(10)

把(10)代入到(8)中,并且利用(3)和(4)的解,就可以得到方程(5)的精确解.

情况 1 如果 $A_i = 1, B_i = -(1 + m_i^2), C_i = m_i^2,$ ($i = 1, 2$),则方程组(3)和(4)有包含 sn,cn,dn 的解,得到

$$u_1 = 2\ln\left|\frac{\sqrt{m_1}\,\text{sn}(\xi, m_1) \pm \sqrt{m_2}\,\text{sn}(\eta, m_2)}{1 + \sqrt{m_1 m_2}\,\text{sn}(\xi, m_1)\,\text{sn}(\eta, m_2)}\right| \quad (11)$$

Jacobi 定理

$$u_2 = 2\ln\left|\frac{\sqrt{m_1}\,\mathrm{cn}(\xi,m_1)\mathrm{dn}(\eta,m_2) \pm \sqrt{m_2}\,\mathrm{cn}(\eta,m_2)\mathrm{dn}(\xi,m_1)}{\mathrm{dn}(\xi,m_1)\mathrm{dn}(\eta,m_2) + \sqrt{m_1 m_2}\,\mathrm{cn}(\xi,m_1)\mathrm{cn}(\eta,m_2)}\right|$$

(12)

其中 $m_i(0 < m_i < 1)(i=1,2)$ 表示了 Jacobi 椭圆函数的模,同时, $\xi = \sum_{i=1}^{n} k_i x_i + k_{n+1} t$, $\eta = \sum_{i=1}^{n} l_i x_i + l_{n+1} t$, 满足

$$\sum_{i=1}^{n} k_i^2 - k_{n+1}^2 = A = \frac{\alpha(1 \pm m_2)^2}{4(m_1 - m_2)(1 - m_1 m_2)}$$

$$\sum_{i=1}^{n} l_i^2 - l_{n+1}^2 = B = -\frac{\alpha(1 \pm m_1)^2}{4(m_1 - m_2)(1 - m_1 m_2)}$$

$$\sum_{i=1}^{n} k_i l_i - k_{n+1} l_{n+1} = 0 \quad (13)$$

情况 2 如果 $A_i = C_i = 1/4$, $B_i = (1-2m_i^2)/2$ $(i=1,2)$,方程组(3)和(4)有包含 $\mathrm{sn}/(1\pm\mathrm{cn})$, $\mathrm{cn}/(\sqrt{1-m_i^2}\,\mathrm{sn}\pm\mathrm{dn})$ 的解得到

$$u_3 = 2\ln\left|\frac{\mathrm{sn}(\xi,m_1)[1\pm\mathrm{cn}(\eta,m_2)] \pm \mathrm{sn}(\eta,m_2)[1\pm\mathrm{cn}(\xi,m_1)]}{[1\pm\mathrm{cn}(\xi,m_1)][1\pm\mathrm{cn}(\eta,m_2)] + \mathrm{sn}(\xi,m_1)\mathrm{sn}(\eta,m_2)}\right|$$

(14)

$$u_4 = 2\ln\left|\frac{\mathrm{cn}(\xi,m_1)[\sqrt{1-m_2^2}\,\mathrm{sn}(\eta,m_2) \pm \mathrm{dn}(\eta,m_2)] + \mathrm{cn}(\eta,m_2)[\sqrt{1-m_2^2}\,\mathrm{sn}(\xi,m_1) \pm \mathrm{dn}(\xi,m_1)]}{[1-m_1^2\,\mathrm{sn}(\xi,m_1) \pm \mathrm{dn}(\xi,m_1)][\sqrt{1-m_2^2}\,\mathrm{sn}(\eta,m_2) \pm \mathrm{dn}(\eta,m_2)] + \mathrm{cn}(\xi,m_1)\mathrm{cn}(\eta,m_2)}\right|$$

(15)

其中 $A = [\alpha(1-2m_2^2 \pm 1)]/[2(m_1^2 - m_2^2)]$, $B = -[\alpha(1-2m_1^2 \pm 1)]/[2(m_1^2 - m_2^2)]$.

情况 3 如果 $A_i = 1/4$, $B_i = (m_i^2)/2$, $C_i = m_i^2/4$ $(i=1,2)$,方程组(3)和(4)有包含 $\mathrm{sn}/(1\pm\mathrm{dn})$, $\mathrm{cn}/(\sqrt{1-m_i^2}\,\mathrm{sn}\pm\mathrm{dn})$ 的解,进而可得

$u_5 =$

附录 I 椭圆曲线的 L - 级数，Birch - Swinnerton - Dyer 猜想和高斯类数问题

$$2\ln\left|\frac{\sqrt{m_1}\operatorname{sn}(\xi,m_1)[1\pm\operatorname{dn}(\eta,m_2)]\pm\sqrt{m_2}\operatorname{sn}(\eta,m_2)\pm\sqrt{m_2}\operatorname{sn}(\eta,m_2)[1\pm\operatorname{dn}(\xi,m_1)]}{[1\pm\operatorname{dn}(\xi,m_1)][1\pm\operatorname{dn}(\eta,m_2)]+\sqrt{m_1m_2}\operatorname{sn}(\xi,m_1)\operatorname{sn}(\eta,m_2)}\right|$$
(16)

$$u_6 =$$
$$2\ln\left|\frac{\sqrt{m_1}\operatorname{cn}(\xi,m_1)[\sqrt{1-m_2^2}\pm\operatorname{dn}(\eta,m_2)]\pm\sqrt{m_2}\operatorname{cn}(\eta,m_2)][1-m_1^2\pm\operatorname{dn}(\xi,m_1)]}{[\sqrt{1-m_1^2}\pm\operatorname{dn}(\xi,m_1)][\sqrt{1-m_2^2}\pm\operatorname{dn}(\eta,m_2)]+\sqrt{m_1m_2}\operatorname{cn}(\xi,m_1)\operatorname{cn}(\eta,m_2)}\right|$$
(17)

其中
$$A = [\alpha(1+m_2)(2\mp m_2)]/[(m_1-m_2)(2+m_1m_2)]$$
$$B = -[\alpha(1+m_1)(2\mp m_1)]/[(m_1-m_2)(2+m_1m_2)]$$

情况 4 如果 $A_i = 1/4, B_i = (1+m_i^2)/2, C_i = (1-m_i^2)^2/4 (i=1,2)$，方程组 (3) 和 (4) 有包含 $\operatorname{sn}/(\operatorname{dn}\pm\operatorname{cn})$ 的解，进而可得

$$u_7 =$$
$$2\ln\left|\frac{\sqrt{1-m_1^2}\operatorname{sn}(\xi,m_1)[\operatorname{dn}(\eta,m_2)\pm\operatorname{cn}(\eta,m_2)]\pm\sqrt{1-m_2^2}\operatorname{sn}(\eta,m_2)[\operatorname{dn}(\xi,m_1)\pm\operatorname{cn}(\xi,m_1)]}{[\operatorname{dn}(\xi,m_1)\pm\operatorname{cn}(\xi,m_1)][\operatorname{dn}(\eta,m_2)\pm\operatorname{cn}(\eta,m_2)]+\sqrt{(1-m_1^2)(1-m_2^2)}\operatorname{sn}(\xi,m_2)\operatorname{sn}(\eta,m_2)}\right|$$
(18)

其中 $A = \alpha[(1+m_2^2)\pm(1-m_2^2)]/[2(m_2^2-m_1^2)], B = -\alpha[(1+m_1^2)\pm(1-m_1^2)]/[2(m_2^2-m_1^2)]$.

情况 5 如果 $A_i = C_i = (1-m_i^2)/4, B_i = (1+m_i^2)/2(i=1,2)$，方程组 (3) 和 (4) 有包含 $\operatorname{cn}/(1\pm\operatorname{sn}), \operatorname{nc}\pm\operatorname{sc}$ 的解，进而可得

$$u_8 =$$
$$2\ln\left|\frac{\operatorname{cn}(\xi,m_1)[1\pm\operatorname{sn}(\eta,m_2)]\pm\operatorname{cn}(\eta,m_2)[1\pm\operatorname{sn}(\xi,m_1)]}{[1\pm\operatorname{sn}(\xi,m_1)][1\pm\operatorname{sn}(\eta,m_2)]+\operatorname{cn}(\xi,m_1)\operatorname{cn}(\eta,m_2)}\right| \quad (19)$$

其中 $A = \alpha[(1+m_2^2)\pm(1-m_2^2)]/[2(m_2^2-m_1^2)], B = -\alpha[(1+m_1^2)\pm(1-m_1^2)]/[2(m_2^2-m_1^2)]$.

Jacobi 定理

情况 6 如果 $A_i = C_i = -(1-m_i^2)/4, B_i = (1+m_i^2)/2 (i=1,2)$,方程组(3)和(4)有包含 $\mathrm{dn}/(1 \pm m_i \mathrm{sn})$, $m_i \mathrm{sd} \pm \mathrm{nd}$ 的解,进而可得

$$u_9 = 2\ln\left|\frac{\mathrm{dn}(\xi,m_1)[1 \pm m_2 \mathrm{sn}(\eta,m_2)] \pm \mathrm{dn}(\eta,m_2)[1 \pm m_1 \mathrm{sn}(\xi,m_1)]}{[1 \pm m_1 \mathrm{sn}(\xi,m_1)][1 \pm m_2 \mathrm{sn}(\eta,m_2)] + \mathrm{dn}(\xi,m_1)\mathrm{dn}(\eta,m_2)}\right|$$

(20)

其中 $A = -\alpha[(1+m_2^2) \pm (1-m_2^2)]/[2(m_2^2-m_1^2)]$, $B = \alpha[(1+m_1^2) \pm (1-m_1^2)]/[2(m_2^2-m_1^2)]$. 当 $m_2 \to 1$ 时,解(11)变成

$$u_{10} = 2\ln\left|\frac{\sqrt{m_1}\mathrm{sn}(\xi,m_1) \pm \tanh\eta}{1 + \sqrt{m_1}\mathrm{sn}(\xi,m_1)\tanh\eta}\right|$$

(21)

其中 $A = -\alpha[(1\pm1)^2]/[4(1-m_1)^2]$, $B = \alpha[(1\pm m_1)^2]/[4(1-m_1)^2]$.

解(14)变成

$$u_{11} = 2\ln\left|\frac{\mathrm{sn}(\xi,m_1)[1 \pm \mathrm{sech}\,\eta] \pm \tanh\eta[1 \pm \mathrm{cn}(\xi,m_1)]}{[1 \pm \mathrm{cn}(\xi,m_1)][1 \pm \mathrm{sech}\,\eta] + \mathrm{sn}(\xi,m_1)\tanh\eta}\right|$$

(22)

其中 $A = -[\alpha(-1\pm1)]/[2(1-m_1)^2]$, $B = [\alpha(1-2m_1)^2 \pm 1]/[2(1-m_1)^2]$,

解(16)变成

$$u_{12} = 2\ln\left|\frac{\sqrt{m_1}\mathrm{sn}(\xi,m_1)[1 \pm \mathrm{sech}\,\eta] \pm \tanh\eta[1 \pm \mathrm{dn}(\xi,m_1)]}{[1 \pm \mathrm{dn}(\xi,m_1)][1 \pm \mathrm{sech}\,\eta] + \sqrt{m_1}\mathrm{sn}(\xi,m_1)\tanh\eta}\right|$$

(23)

其中 $A = -[\alpha(-1\pm1)(2\mp1)]/[(1-m_1)(2+m_1)]$, $B = [\alpha(1\pm m_1)(2\mp m_1)]/[(1-m_1)(2+

附录 I 椭圆曲线的 L-级数, Birch-Swinnerton-Dyer 猜想和高斯类数问题

$m_1)$].

解 (19) 变成

$$u_{13} = 2\ln\left|\frac{\operatorname{cn}(\xi,m_1)[1\pm\tanh\eta]\pm\operatorname{sech}\eta[1\pm\operatorname{sn}(\xi,m_1)]}{[1\pm\operatorname{sn}(\xi,m_1)][1\pm\tanh\eta]+\operatorname{cn}(\xi,m_1)\operatorname{sech}\eta}\right|$$

其中 $A = \alpha/(1-m_1^2)$, $B = -\alpha[(1+m_1^2)\mp(1-m_1^2)]/[2(1-m_1^2)]$.

当 $m_2 \to 0$ 时, 解 (14), (15) 变成

$$u_{14} = 2\ln\left|\frac{\operatorname{sn}(\xi,m_1)[1\pm\cos\eta]\pm\sin\eta[1\pm\operatorname{cn}(\xi,m_1)]}{[1\pm\operatorname{cn}(\xi,m_1)][1\pm\cos\eta]+\operatorname{sn}(\xi,m_1)\sin\eta}\right| \quad (25)$$

$$u_{15} = 2\ln\left|\frac{\operatorname{cn}(\xi,m_1)[\sin\eta\pm1]\pm\cos\eta[\sqrt{1-m_1^2}\operatorname{sn}(\xi,m_1)\pm\operatorname{dn}(\xi,m_1)]}{[\sqrt{1-m_1^2}\operatorname{sn}(\xi,m_1)\pm\operatorname{dn}(\xi,m_1)][\sin\eta\pm1]+\operatorname{cn}(\xi,m_1)\cos\eta}\right|$$

(26)

其中 $A = [\alpha/(1\pm1)]/2m_1^2$, $B = -[\alpha(1-2m_1^2\pm1)]/2m_1^2$.

解 (18) 变成

$$u_{16} = 2\ln\left|\frac{[\sqrt{1-m_1^2}\operatorname{sn}(\xi,m_1)][1\pm\cos\eta]\pm\sin\eta[\operatorname{dn}(\xi,m_1)\pm\operatorname{cn}(\xi,m_1)]}{[\operatorname{dn}(\xi,m_1)\pm\operatorname{cn}(\xi,m_1)][1\pm\cos\eta]+\sqrt{1-m_1^2}\operatorname{sn}(\xi,m_1)\sin\eta}\right|$$

(27)

其中 $A = -[\alpha/(1\pm1)]/2m_1^2$, $B = \alpha[(1+m_1^2)\pm(1-m_1^2)]/2m_1^2$.

解 (19) 变成

$$u_{17} = 2\ln\left|\frac{\operatorname{cn}(\xi,m_1)[1\pm\sin\eta]\pm\cos\eta[1\pm\operatorname{sn}(\xi,m_1)]}{[1\pm\operatorname{sn}(\xi,m_1)][1\pm\sin\eta]+\operatorname{cn}(\xi,m_1)\cos\eta}\right|$$

(28)

Jacobi 定理

其中 $A = -[\alpha/(1 \pm 1)]/2m_1^2, B = \alpha[(1 + m_1^2) \pm (1 - m_1^2)]/2m_1^2$.

当 $m_1 \to 0$ 时,解(22)变成

$$u_{18} = 2\ln\left|\frac{\sin\xi(1 \pm \operatorname{sech}\eta) \pm \tanh\eta(1 \pm \cos\xi)}{(1 + \cos\xi)(1 \pm \operatorname{sech}\eta) + \sin\xi\tanh\eta}\right|$$

其中 $A = -[\alpha/(-1 \pm 1)]/2, B = \alpha[(1 \pm 1)]/2$.

备注1 当 $m_1 \to 1$ 时,有 $\operatorname{sn}(\xi, m_1) \to \tanh\xi$, $\operatorname{cn}(\xi, m_1) \to \operatorname{sech}\xi$, $\operatorname{dn}(\xi, m_1) \to \operatorname{sech}\xi$;当 $m_1 \to 0$ 时,有 $\operatorname{sn}(\xi, m_1) \to \sin\xi$, $\operatorname{cn}(\xi, m_1) \to \cos\xi$, $\operatorname{dn}(\xi, m_1) \to 1$. 我们能够获得类似的解(21) ~ (29), $0 < m_2 < 1$.

备注2 当 $A_1 = 1/4, B_1 = (1-2m_1^2)/2, C_1 = 1/4, A_2 = 1/4, B_2 = -1/2, C_2 = 1/4$, (3)和(4)分别有解 $[\operatorname{sn}(\xi,m_1)]/[1 \pm \operatorname{cn}(\xi,m_1)], \tanh\eta/[1 \pm \operatorname{sech}\eta]$,把(10)代入到(8)中,我们也能获得解(22).

备注3 当 $A_1 = 1/4, B_1 = 1/2, C_1 = 1/4, A_2 = 1/4, B_2 = -1/2, C_2 = 1/4$ 时,(3)和(4)分别有解 $\sin\xi/[1 \pm \cos\xi], \tanh\eta/[1 \pm \operatorname{sech}\eta]$,把(10)代入到(8)中,我们也能获得解(29).

例 考虑下面的 Sinh-Gordon 方程

$$u_{xt} = \alpha\sin h(u) \tag{30}$$

令 $\xi = k_1 x + \omega_1 t, \eta = k_2 x + \omega_2 t$,可以得到

$$k_1\omega_1 u_{\xi\xi} + (k_1\omega_2 + k_2\omega_1)u_{\xi\eta} + k_2\omega_2 u_{\eta\eta} = \alpha\sin h(u)$$

由方程(5)的解,可以得到下面的解

$$u = 2\ln\left|\frac{\sqrt{m_1}\operatorname{sn}(\xi,m_1) \pm \sqrt{m_2}\operatorname{sn}(\eta,m_2)}{1 + \sqrt{m_1 m_2}\operatorname{sn}(\xi,m_1)\operatorname{sn}(\eta,m_2)}\right| \tag{31}$$

$$u = 2\ln\left|\frac{\sqrt{m_1}\operatorname{cn}(\xi,m_1)\operatorname{dn}(\eta,m_2) \pm \sqrt{m_2}\operatorname{dn}(\xi,m_1)\operatorname{cn}(\eta,m_2)}{\operatorname{dn}(\xi,m_1)\operatorname{dn}(\eta,m_2) + \sqrt{m_1 m_2}\operatorname{cn}(\xi,m_1)\operatorname{cn}(\eta,m_2)}\right| \tag{32}$$

附录 I 椭圆曲线的 L - 级数,Birch – Swinnerton – Dyer 猜想和高斯类数问题

其中
$$\xi = [k(1 \pm m_2)]/(1 \pm m_1)x + [\alpha(1 \pm m_2)(1 \pm m_1)]/4k(m_1 - m_2)(1 - m_1 m_2)t$$
$$\eta = kx - \alpha(1 \pm m_1)^2/[4k(m_1 - m_2)(1 - m_1 m_2)]t$$
k 是一个非零常数.

$$u = 2\ln\left|\frac{\sqrt{m_1}\,\mathrm{sn}(\xi,m_1) \pm \tanh \eta}{1 + \sqrt{m_1}\,\mathrm{sn}(\xi,m_1)\tanh \eta}\right| \quad (33)$$

其中
$$\xi = [k(1 \pm 1)]/(1 \pm m_1)x - [\alpha(1 \pm 1)(1 \pm m_1)]/[4k(1-m_1)^2]t$$
$$\eta = kx + \alpha(1 + m_1)^2/[4k(1-m_1)^2]t$$
$$u = 2\ln\left|\frac{\mathrm{sn}(\xi,m_1)[1 \pm \mathrm{sech}\,\eta] \pm \tanh \eta[1 \pm \mathrm{cn}(\xi,m_1)]}{[1 \pm \mathrm{cn}(\xi,m_1)][1 \pm \mathrm{sech}\,\eta] + \mathrm{sn}(\xi,m_1)\tanh \eta}\right|$$
$$(34)$$

其中
$$\xi = k\sqrt{[(-1 \pm 1)/(1-2m_1^2 \pm 1)]}\,x - [\alpha\sqrt{[(-1 \pm 1)/(1-2m_1^2 \pm 1)]}/[2k(1-m_1^2)]]t$$
$$\eta = kx + [\alpha(1-2m_1^2 \pm 1)]/[2k(1-m_1^2)]t$$
$$u = 2\ln\left|\frac{\mathrm{sn}(\xi,m_1)[1 \pm \cos \eta] \pm \sin \eta[1 \pm \mathrm{cn}(\xi,m_1)]}{[1\,\mathrm{cn}(\xi,m_1)][1 \pm \cos \eta] + \mathrm{sn}(\xi,m_1)\sin \eta}\right|$$
$$(35)$$

$$u = 2\ln\left|\frac{\mathrm{cn}(\xi,m_1)[\sin \eta \pm 1] \pm \cos \eta[\sqrt{1-m_1^2}\,\mathrm{sn}(\xi,m_1) \pm \mathrm{dn}(\xi,m_1)]}{[\sqrt{1-m_1^2}\,\mathrm{sn}(\xi,m_1) \pm \mathrm{dn}(\xi,m_1)][\sin \eta \pm 1] + \mathrm{cn}(\xi,m_1)\cos \eta}\right|$$
$$(36)$$

其中

Jacobi 定理

$$\xi = k\sqrt{[(-1\pm1)/(1-2m_1^2\pm1)]x} - [\alpha\sqrt{[(1\pm1)/(1-2m_1^2\pm1)]}x]/(2km_1^2)t$$
$$\eta = kx - [\alpha(1-2m_1^2\pm1)]/(2km_1^2)t$$

我们所提出的双椭圆方程法给出了更多的关于 $(n+1)$ 维 Sinh-Gordon 方程的新解. 这些解包括对数函数、Jacobi 椭圆函数、三角函数、双曲函数,以及它们的组合,这意味着这些非线性波的相互作用. 相对于其他 Jacobi 椭圆函数法,可以获得更多的非线性偏微分方程的精确解.

5.5　KdV 方程的新相互作用解

众所周知,Wronskian 技巧是发现许多有 Hirota 双线性形式的完全可积非线性发展方程的具体解的一种强有力的工具. Wronskian 表达式的优点是该类型的解能够直接代入孤子双线性方程或双线性 Bäcklund 变换中进行验证,因此许多 Wronskian 技巧得到了推广发展. 构造 Wronskian 解的关键是选取合适的函数 $\phi_i(1\leq i\leq N)$,使之构成 Wronskian 行列式. 通常,这些函数 $\phi_i(1\leq i\leq N)$ 满足待定的线性偏微分方程组,我们称之为线性 Wronskian 条件方程组. 本节对孤子方程的非线性 Wronskian 条件方程组做了初步探索.

例如,我们考虑标准形式的 KdV 方程

$$u_t - 6uu_x + u_{xxx} = 0 \quad (1)$$

Freeman 和 Nimmo 首先给出了 KdV 方程(1)的 Wronskian 解

$$u = -2\partial_x^2 \ln W(\phi_1, \phi_2, \cdots, \phi_N) \quad (2)$$

其中, $\phi_i(1\leq i\leq N)$ 满足线性 Wronskian 条件方程组

$$-\phi_{i,xx} = k_i^2 \phi_i, \phi_{i,t} = -4\phi_{i,xxx}, 1\leq i\leq N \quad (3)$$

后来,Sirianunpiboon 等扩展了线性 Wronskian 条件方程组(3)

$$-\phi_{i,xx} = \sum_{j=1}^{i} \lambda_{ij}\phi_j, \phi_{i,t} = -4\phi_{i,xxx}, 1 \leqslant i \leqslant N \quad (4)$$

近来,更进一步地扩展了线性 Wronskian 条件方程组(3)

$$-\phi_{i,xx} = \sum_{j=1}^{N} \lambda_{ij}\phi_j, \phi_{i,t} = -4\phi_{i,xxx} + \xi\phi_i, 1 \leqslant i \leqslant N \quad (5)$$

并产生了复合解.

另一方面,Matveev 发现了 KdV 方程(1)的一类重要广义 Wronskian 解,称作正孤子

$$u = -2\partial_x^2 \ln W(\phi, \partial_k \phi, \cdots, \partial_k^n \phi), \partial_k^i = \frac{\partial^i}{\partial k^i}, 1 \leqslant i \leqslant n \quad (6)$$

其中函数 ϕ 也满足线性 Wronskian 条件方程组

$$-\phi_{xx} = k^2 \phi, \phi_t = -4\phi_{xxx} \quad (7)$$

更进一步,Ma 在变换:

$$\psi_{i+1} = \frac{1}{i!}\frac{\partial^i \phi}{\partial k^i}, \alpha_{i+1} = \frac{1}{i!}\frac{\partial^i \alpha}{\partial k^i}, i \geqslant 0 \quad (8)$$

下推广线性 Wronskian 条件方程组(7)为

$$-\phi_{xx} = \alpha(k)\phi, \phi_t = -4\phi_{xxx} \quad (9)$$

函数 $\psi_{i+1}, 1 \leqslant i \leqslant n+1$ 满足线性 Wronskian 条件方程组

$$-\psi_{1,xx} = \alpha_1 \psi_1$$
$$-\psi_{2,xx} = \alpha_2 \psi_1 + \alpha_1 \psi_2$$
$$\vdots$$
$$-\psi_{n+1,xx} = \alpha_{n+1}\psi_1 + \alpha_n\psi_2 + \cdots + \alpha_1\psi_{n+1}$$

Jacobi 定理

$$-\psi_{i,t} = -4\psi_{i,xxx}, 1 \leq i \leq n+1 \quad (10)$$

Ma 指出线性 Wronskian 条件方程组(10)是条件(4)的一种特殊情况. 最后, Ma 给出了如下的等价解

$$u = -2\partial_x^2 \ln W(\psi_1, \psi_2, \cdots, \psi_{n+1})$$
$$= -2\partial_x^2 \ln W(\phi, \partial_k \phi, \cdots, \partial_k^n \phi)$$

显然,上面所有的 Wronskian 条件方程组(3)~(10)都是线性偏微分方程组. 给出了一种 Wronskian 形式展开法,利用这一方法构造了 KdV 方程(1)的一些新形式的相互作用解. 此种方法并不要求函数 ϕ_i 满足上面的线性偏微分方程组(3)~(10)或任意的其他线性组合.

为了阐述 Wronskian 形式展开法,首先选择如下形式的函数 ϕ_1 和 ϕ_2

$$\phi_1 = \sin(kx + 4k^3 t + \gamma_1), \phi_2 = \sinh(kx - 4k^3 t + \gamma_2)$$
$$(11)$$

其中 k, γ_1 和 γ_2 是三个任意常量.

很容易看出,(11)中的函数 ϕ_1 和 ϕ_2 满足线性 Wronskian 条件方程组(8),因而利用广义 Wronskian 技巧,可得 KdV 方程(1)的一个正孤子和一个负孤子之间 Wronskian 相互作用解

$$u = -2\partial_x^2 \ln W(\phi_1, \phi_2) = -2\partial_x^2 \ln W(\sin\xi_+, \sinh\xi_-)$$
$$= \frac{4k^2(\sinh^2\xi_- - \sin^2\xi_+)}{(\sin\xi_+ \cosh\xi_- - \sinh\xi_- \cos\xi_+)^2} \quad (12)$$

其中, $\xi_+ = kx + 4k^3 t + \gamma_1, \xi_- = kx - 4k^3 t + \gamma_2$.

然而,如果我们选取如下形式的函数 ϕ_1 和 ϕ_2

$$\phi_1 = \text{sn }\xi_1, \phi_2 = \sinh\xi_2, \xi_i = k_i x + l_i t + \gamma_i, i = 1, 2$$
$$(13)$$

其中 $\text{sn }\xi_1 = \text{sn}(\xi_1, m)$ 是模数为 m 的 Jacobi 椭圆函数,

附录Ⅰ 椭圆曲线的 L - 级数, Birch – Swinnerton – Dyer 猜想和高斯类数问题

继而:有

$$u' = -2\partial_x^2 \ln W(\phi_1, \phi_2) = -2\partial_x^2 \ln W(\operatorname{sn}\xi_1, \sinh\xi_2)$$

$$= \frac{g}{(k_2 \operatorname{sn}\xi_1 \cosh\xi_2 - k_1 \sinh\xi_2 \operatorname{cn}\xi_1 \operatorname{dn}\xi_1)^2}$$

$$g = 8m^2 k_1^3 k_2 \operatorname{sn}^3 \xi_1 \operatorname{cn}\xi_1 \operatorname{dn}\xi_1 \sinh\xi_2 \cosh\xi_2 + 4m^2 k_1^2 k_2^2 \operatorname{sn}^4 \xi_1$$
$$- 4m^4 k_1^4 \operatorname{sn}^6 \xi_1 \sinh^2 \xi_2 + 2k_1^2 (k_1^2 + m^2 k_1^2 + k_2^2) \sinh^2 \xi_2 -$$
$$12 m^2 k_1^4 \operatorname{sn}^2 \xi_1 \sinh^2 \xi_2 - 2k_2^2 (k_1^2 + m^2 k_1^2 + k_2^2) \operatorname{sn}^2 \xi_1 +$$
$$2m^2 k_1^2 (3k_1^2 + 3m^2 k_1^2 - k_2^2) \operatorname{sn}^4 \xi_1 \sinh^2 \xi_2$$

$$\xi_i = k_i x + l_i t + \gamma_i, i = 1,2 \qquad (14)$$

u' 并不是 KdV 方程(1)的一个解. 原因是式(13)中 Jacobi 椭圆函数 $\operatorname{sn}\xi_1$ 并不满足任意的线性偏微分方程组(3)~(10),或者是任意的其他线性组合.

尽管上面式(14)中的 u' 不是 KdV 方程的一个解,但仍可利用它的形式和结构,即可以假设 KdV 方程(1)具有与 u' 相对应的 Wronskian 形式解

$$u = \frac{g}{(k_2 \operatorname{sn}\xi_1 \cosh\xi_2 - k_1 \sinh\xi_2 \operatorname{cn}\xi_1 \operatorname{dn}\xi_1)^2}$$

$$g = 8a_1 m^2 k_1^3 k_2 \operatorname{sn}^3 \xi_1 \operatorname{cn}\xi_1 \operatorname{dn}\xi_1 \sinh\xi_2 \cosh\xi_2 +$$
$$4a_2 m^2 k_1^2 k_2^2 \operatorname{sn}^4 \xi_1 + 2a_3 k_1^2 (k_1^2 + m^2 k_1^2 + k_2^2) \sinh^2 \xi_2 -$$
$$4a_4 m^4 k_1^4 \operatorname{sn}^6 \xi_1 \sinh^2 \xi_2 - 12 a_5 m^2 k_1^4 \operatorname{sn}^2 \xi_1 \sinh^2 \xi_2 -$$
$$2a_6 k_2^2 (k_1^2 + m^2 k_1^2 + k_2^2) \operatorname{sn}^2 \xi_1 + 2a_7 m^2 k_1^2 (3k_1^2 +$$
$$3m^2 k_1^2 - k_2^2) \operatorname{sn}^4 \xi_1 \sinh^2 \xi_2$$

$$\xi_i = k_i x + l_i t + \gamma_i, i = 1,2 \qquad (15)$$

其中 $a_i, i=1,\cdots,7$ 和 $k_i, l_i, i=1,2$ 是需要确定的未知数,$\gamma_i, i=1,2$ 是任意常数.

这样假设的目的是:在各项系数经过适当的调整之后,使得式(15)中的 u 是 KdV 方程的解.

现在把式(15)代入式(1),令所有约化后的方程

Jacobi 定理

的同次幂系数为零,则得到一个含有未知数 k_i, l_i, a_i 的代数方程组.利用消元法解此代数方程组,可确定这些未知数.最后,将 k_i, l_i, a_i 的值代入式(15),就能获得 KdV 方程(1)的 Jacobi 椭圆函数和双曲函数之间的新形式的相互作用解

$$u_1 = \frac{4k_1^2 g}{(\sqrt{1-m^2}\,\mathrm{sn}\,\xi_1 \cosh\xi_2 - \sinh\xi_2 \mathrm{cn}\,\xi_1 \mathrm{dn}\,\xi_1)^2}$$

$$g = (m^2 - 1)\mathrm{sn}^2\xi_1 + (2m^2 - 2m^4)\mathrm{sn}^4\xi_1 + \sinh^2\xi_2 - 2m^2\mathrm{sn}^2\xi_1 \sinh^2\xi_2 + m^2\mathrm{sn}^4\xi_1 \sinh^2\xi_2$$

$$\xi_1 = k_1(x + 4k_1^2 t + 16m^2 k_1^2 t) + \gamma_1$$

$$\xi_2 = k_1\sqrt{1-m^2}(x - 4k_1^2 t + 16m^2 k_1^2 t) + \gamma_2 \quad (16)$$

相似地,如果在 Wronskian 形式展开法中,取

$$\phi_1 = \mathrm{sn}\,\xi_1,\ \phi_2 = \cosh\xi_2$$

并利用上述步骤,可得

$$u_2 = \frac{4k_1^2 g}{(\sqrt{1-m^2}\,\mathrm{sn}\,\xi_1 \sinh\xi_2 - \cosh\xi_2 \mathrm{cn}\,\xi_1 \mathrm{dn}\,\xi_1)^2} \quad (17)$$

$$g = (1 - m^2)\mathrm{sn}^2\xi_1 + (2m^4 - 2m^2)\mathrm{sn}^2\xi_1 + \cosh^2\xi_2 - 2m^2\mathrm{sn}^2\xi_1 \cosh^2\xi_2 + m^2\mathrm{sn}^4\xi_1 \cosh^2\xi_2$$

$$\xi_1 = k_1(x + 4k_1^2 t + 16m^2 k_1^2 t) + \gamma_1$$

$$\xi_2 = k_1\sqrt{1-m^2}(x - 4k_1^2 t + 16m^2 k_1^2 t) + \gamma_2$$

若选取如下的函数 ϕ_1 和 ϕ_2

$$\varphi_1 = \mathrm{sn}\,\xi_1,\ \varphi_2 = \sin\xi_2$$

可得 Jacobi 椭圆函数和三角函数之间的相互作用解

$$u_3 = \frac{4m^2 k_1^2 g}{(\sqrt{1-m^2}\,\mathrm{sn}\,\xi_1 \cos\xi_2 - \sin\xi_2 \mathrm{cn}\,\xi_1 \mathrm{dn}\,\xi_1)^2}$$

$$g = (m^2 - 1)\mathrm{sn}^2\xi_1 + (2 - 2m^2)\mathrm{sn}^4\xi_1 + \sin^2\xi_2 - 2\mathrm{sn}^2\xi_1 \sin^2\xi_2 + m^2\mathrm{sn}^4\xi_1 \sin^2\xi_2$$

附录 I 椭圆曲线的 L - 级数, Birch - Swinnerton - Dyer 猜想和高斯类数问题

$$\xi_1 = k_1(x + 4m^2k_1^2t + 16k_1^3t) + \gamma_1$$
$$\xi_2 = k_1\sqrt{1-m^2}(x - 4m^2k_1^2t + 16k_1^3t) - \gamma_2 \quad (18)$$

若取

$$\phi_1 = \operatorname{sn}\xi_1, \phi_2 = \cos\xi_2$$

计算得

$$u_4 = \frac{4m^2k_1^2 g}{(\sqrt{1-m^2}\operatorname{sn}\xi_1\sin\xi_2 + \cos\xi_2\operatorname{cn}\xi_1\operatorname{dn}\xi_1)^2}$$

$$g = (m^2-1)\operatorname{sn}^2\xi_1 + (2-2m^2)\operatorname{sn}^4\xi_1 + \cos^2\xi_2 - 2\operatorname{sn}^2\xi_1\cos^2\xi_2 + m^2\operatorname{sn}^4\xi_1\cos^2\xi_2$$

$$\xi_1 = k_1(x + 4m^2k_1^2t + 16k_1^3t) + \gamma_1$$
$$\xi_2 = k_1\sqrt{1-m^2}(x - 4m^2k_1^2t + 16k_1^3t) - \gamma_2 \quad (19)$$

假设

$$\phi_1 = \operatorname{cn}\xi_1, \phi_2 = \sinh\xi_2$$

可得

$$u_5 = \frac{4k_1^2 g}{(\operatorname{cn}\xi_1\cosh\xi_2 + \sinh\xi_2\operatorname{sn}\xi_1\operatorname{dn}\xi_1)^2}$$

$$g = (m^2-1)\operatorname{cn}^2\xi_1 - 2m^2\operatorname{cn}^4\xi_1 + (1-2m^2+m^4)\sinh^2\xi_2 + (2m^2-2m^4)\operatorname{cn}^2\xi_1\sinh^2\xi_2 + (m^4-m^2)\operatorname{cn}^4\xi_1\sinh^2\xi_2$$

$$\xi_1 = k_1(x + 4k_1^2t - 20m^2k_1^2t) + \gamma_1$$
$$\xi_2 = k_1(x - 4k_1^2t - 12m^2k_1^2t) - \gamma_2 \quad (20)$$

令

$$\phi_1 = \operatorname{cn}\xi_1, \phi_2 = \sin\xi_2$$

则有

$$u_6 = \frac{4m^2k_1^2 g}{(\operatorname{cn}\xi_1\cos\xi_2 + \sin\xi_2\operatorname{sn}\xi_1\operatorname{dn}\xi_2)^2}$$

$$g = \operatorname{cn}^2\xi_1 - 2\operatorname{cn}^4\xi_1 + (m^2-1)\sin\xi_2 + (2-2m^2)\operatorname{cn}^2\xi_1\sin^2\xi_2 + m^2\operatorname{cn}^4\xi_1\sin^2\xi_2$$

Jacobi 定理

$$\xi_1 = k_1(x + 16k_1^2 t - 20m^2 k_1^2 t) + \gamma_1$$
$$\xi_2 = k_1(x + 16k_1^2 t - 12m^2 k_1^2 t) - \gamma_2 \quad (21)$$

选取
$$\phi_1 = \mathrm{dn}\,\xi_1,\ \phi_2 = \sinh \xi_2$$

得
$$u_7 = \frac{-4k_1^2 g}{m^2(\mathrm{dn}\,\xi_1 \cosh \xi_2 + m\sinh \xi_2 \mathrm{cn}\,\xi_1 \mathrm{sn}\,\xi_1)^2}$$
$$g = (m^4 - m^2)\mathrm{dn}^2 \xi_1 + 2m^2 \mathrm{dn}^4 \xi_1 - (1 - m^2)^2 \sinh^2 \xi_2 +$$
$$(2 - 2m^2)\mathrm{dn}^2 \xi_1 \sinh^2 \xi_2 + (m^2 - 1)\mathrm{dn}^4 \xi_1 \sinh^2 \xi_2$$
$$\xi_1 = k_1(x + 4m^2 k_1^2 t - 20k_1^2 t) + \gamma_1$$
$$\xi_2 = mk_1(x - 4m^2 k_1^2 t - 12k_1^2 t) - \gamma_2$$

一般地，如果取函数 ϕ_1,ϕ_2 的形式为
$$\phi_1 = \mathrm{sn}(\xi_1, m_1),\ \phi_2 = \mathrm{cn}(\xi_2, m_2)$$

则获得两个不同模数 m_1 和 m_2 的 Jacobi 椭圆函数之间的相互作用解

$$u_8 = \frac{4k_1^2 g}{\sqrt{1 - m_1^2}(\mathrm{sn}(\xi_1,m_1)\mathrm{sn}(\xi_2,m_2)\mathrm{dn}(\xi_2,m_2) + \mathrm{cn}(\xi_2,m_1)\mathrm{cn}(\xi_1,m_1)\mathrm{dn}(\xi_1,m_1))^2}$$
$$g = 2(-m_1^2 + m_2^2(1 - m_1^2)^2(1 - m_2^2))\mathrm{sn}^2(\xi_1, m_1) \cdot$$
$$\mathrm{cn}^2(\xi_2, m_2) + m_2^2(1 - m_1^2)(m_1^2 + m_2^2 - m_1^2 m_2^2) \cdot$$
$$\mathrm{sn}^2(\xi_1, m_1)\mathrm{cn}^4(\xi_2, m_2) + m_1^2(m_1^2 + m_2^2 - m_1^2 m_2^2) \cdot$$
$$\mathrm{sn}^4(\xi_1, m_1)\mathrm{cn}^2(\xi_2, m_2) + (m_1^2 + m_2^2 - m_1^2 m_2^2) \cdot$$
$$\mathrm{cn}^2(\xi_2, m_2) - 2m_2^2(1 - m_1^2)\mathrm{cn}^4(\xi_2, m_2) - (1 - m_1^2) \cdot$$
$$(1 - m_2^2)(m_1^2 + m_2^2 - m_1^2 m_2^2)\mathrm{sn}^2(\xi_1, m_1) +$$
$$2m_1^2(1 - m_1^2)(1 - m_2^2)\mathrm{sn}^4(\xi_1, m_1)$$
$$\xi_1 = k_1(x + 4k_1^2(4 + m_1^2 - 3m_2^2 + 3m_1^2 m_2^2)t) + \gamma_1$$
$$\xi_2 = k_1\sqrt{1 - m_1^2}(x + 4k_1^2(4 - m_1^2 - 5m_2^2 + 5m_1^2 m_2^2)t) + \gamma_2$$
$$(23)$$

附录 I 椭圆曲线的 L - 级数,Birch - Swinnerton - Dyer 猜想和高斯类数问题

事实上,在该方法中,可以取其他类型的函数得到其他类型的相互作用解,也可以通过在 Wronskian 表达式中选取特殊函数而获得高阶的 Wronskian 形式解. 但阶数越高,运用消元法解非法性代数方程组时困难就越大. 特别地,通过 Wronskian 形式展开法,能够容易地获得许多行波解. 例如,选择函数

$$\phi_1 = b_1 + b_2 \operatorname{sn} \xi$$

得到几个行波解,其中两个如下

$$u_9 = \frac{k^2(1-m^2)}{1-\operatorname{sn}\xi}$$

$$\xi = k(x - 5m^2k^2t + k^2t) + \gamma \tag{24}$$

$$u_{10} = \frac{2k^2\sqrt{m}(1+m^2-2m)\operatorname{sn}\xi}{(1+\sqrt{m}\operatorname{sn}\xi)^2}$$

$$\xi = k(x + m^2k^2t - 18mk^2t + k^2t) + \gamma \tag{25}$$

若取

$$\phi_1 = \operatorname{sn}\xi, \phi_2 = \operatorname{cn}\xi \operatorname{dn}\xi$$

得

$$u_{11} = \frac{32m^2k^2\operatorname{sn}^2\xi(1-(1+m^2)\operatorname{sn}^2\xi + m^2\operatorname{sn}^4\xi)}{(\operatorname{sn}^2\xi\operatorname{dn}^2\xi + m^2\operatorname{sn}^2\xi\operatorname{cn}^2\xi + \operatorname{cn}^2\xi\operatorname{dn}^2\xi)^2}$$

$$\xi = k(x + 16m^2k^2t + 16k^2t) + \gamma \tag{26}$$

6. 非线性演化方程的双周期解

山东临沂大学的际怀堂教授 2012 年改进了 Jacobi 椭圆函数展开法,sine-Gordon 方程法,第一种和第二种椭圆方程法,并且这些方法获得非线性演化方程的双周期解.

Jacobi 定理

6.1 改进的 Jacobi 椭圆函数展开法及其应用

近年,Jacobi 椭圆函数展开法在非线性演化方程的求解中得到了广泛的应用,它不仅能获得非线性演化方程的双周期解,而且还能得到非线性演化方程的孤波解和三角函数周期解. 我们对这一方法做出改进,得到了非线性演化方程更多形式的 Jacobi 椭圆函数解. 该方法也是一种数学机械化方法,其主要步骤为:

给定一个非线性演化方程,比如具有两个独立变量 x,t

$$H(u,u_t,u_x,u_{xt},u_{tt},u_{xx},\cdots)=0 \qquad (1)$$

做行波变换 $\xi = k(x-ct)$,这里 k 和 c 分别表示波数和波速,方程(1)化为

$$G(u,u',u'',\cdots)=0 \qquad (2)$$

我们假设方程(2)的解可表示为如下形式

$$u(x,t)=u(\xi)=\sum_{j=1}^{\infty}F^{j-1}(a_jF+b_j\sqrt{1-F^2})+a_0 \qquad (3)$$

其中 F 满足椭圆方程

$$F'^2=(1-F^2)(1-m^2F^2) \qquad (4)$$

这里 $F' = \mathrm{d}F(\xi)/\mathrm{d}\xi, m(0<m<1)$ 表示 Jacobi 椭圆函数的模数.

我们知道,$\mathrm{sn}\,\xi = \mathrm{sn}(\xi,m)$ 和 $\mathrm{cd}\,\xi = \dfrac{\mathrm{cn}\,\xi}{\mathrm{dn}\,\xi}$ 都是方程(4)的解. 如果 $F = \mathrm{sn}\,\xi$,则(3)变成

$$u(x,t)=u(\xi)=\sum_{j=1}^{n}\mathrm{sn}^{j-1}\xi(a_j\mathrm{sn}\,\xi+b_j\mathrm{cn}\,\xi)+a_0 \qquad (5)$$

如果 $F = \mathrm{cd}\,\xi$,则(3)成为

附录 I 椭圆曲线的 L-级数, Birch–Swinnerton–Dyer 猜想和高斯类数问题

$$u(x,t) = u(\xi)$$
$$= \sum_{j=1}^{n} \mathrm{cd}^{j-1}\xi(a_j \mathrm{cd}\,\xi + b_j\sqrt{1-m^2}\,\mathrm{sd}\,\xi) + a_0$$
(6)

如果 $b_j = 0(j=1,2,\cdots,n)$, 则 (1.5) 和 (1.6) 就分别成为 Jacobi 椭圆正弦函数和 $\mathrm{cd}\,\xi$ 展开法; 如果 $m \to 1$, 则 $\mathrm{sn}\,\xi \to \tanh\xi$, $\mathrm{cn}\,\xi \to \mathrm{sech}\,\xi$, (5) 就退化为

$$u(x,t) = u(\xi) = \sum_{j=1}^{n} \tanh^{j-1}\xi(a_j \tanh\xi + b_j \mathrm{sech}\,\xi) + a_0$$
(7)

如果 $m \to 0$, 则 $\mathrm{sn}\,\xi \to \sin\xi$, $\mathrm{cn}\,\xi \to \cos\xi$. 这时, (5) 就退化为

$$u(x,t) = u(\xi) = \sum_{j=1}^{n} \sin^{j-1}\xi(a_j \sin\xi + b_j \cos\xi) + a_0$$
(8)

因此, tanh 函数法, sine-consine 法和 Jacobi 椭圆正弦函数法都是我们的特殊情况. 如果把方程(4)分别换成下面的椭圆方程

$$F'^2 = (1-F^2)(1-m^2+m^2F^2), 有解 \mathrm{cn}\,\xi$$
$$F'^2 = (1-F^2)(F^2+m^2-1), 有解 \mathrm{dn}\,\xi$$
$$F'^2 = (1-F^2)(m^2-F^2), 有解 \mathrm{ns}\,\xi, \mathrm{dc}\,\xi$$
$$F'^2 = (1-F^2)(m^2F^2-F^2-m^3), 有解 \mathrm{nc}\,\xi$$
$$F'^2 = (1-F^2)(F^2-m^2F^2-1), 有解 \mathrm{nd}\,\xi$$
$$F'^2 = (1+F^2)(F^2-m^2F^2+1), 有解 \mathrm{sc}\,\xi$$
$$F'^2 = (1+m^2F^2)(1+m^2F^2-F^2), 有解 \mathrm{sd}\,\xi$$
$$F'^2 = (1+F^2)(F^2+1-m^2), 有解 \mathrm{cs}\,\xi$$
$$F'^2 = (F^2+m^2)(F^2+m^2-1), 有解 \mathrm{ds}\,\xi$$

则得其他 Jacobi 椭圆函数展开法. 因此, 我们的方法具

有普遍的意义. 我们按以下步骤进行

步骤 1：通过平衡方程(2)中的非线性项与最高阶导数项而确定式(3)中的 n；

步骤 2：把式(3)和(4)代入所给的方程(2)，并收集 F^j 和 $F^{j-1}\sqrt{1-F^2}$ 的同次幂的系数，令这些系数为零，得到关于 $a_0, a_j, b_j (i=1,2,\cdots,n)$ 和 k, c 的代数方程组；

步骤 3：解步骤 2 中所得的代数方程组，得到未知量 $a_0, a_j, b_j (i=1,2,\cdots,n)$ 和 k, c；

步骤 4：利用方程(4)的解，把这些解和所求得的 $a_0, a_i, b_i, (j=1,2,\cdots,n)$ 以及 k, c 代入(3)就得到所给方程(1)的双周期解(包括孤波解和有理函数解).

下面通过具体的例子来说明我们方法的应用.

例 组合 KdV 和 mKdV 方程[212]

$$u_t + (p+qu)uu_x + ru_{xxx} = 0 \qquad (9)$$

做行波变换 $u=u(\xi), \xi=k(x-ct)$，方程(9)化为

$$-cu' + puu' + qu^2 u' + rk^2 u''' = 0 \qquad (10)$$

平衡 u''' 和 $u^2 u'$ 可得 $n=1$，平衡 u''' 和 uu' 得 $n=2$. 因此，我们选取下面的变换式

$$u = a_0 + a_1 F + a_2 F^2 + b_1 \sqrt{1-F^2} + b_2 F \sqrt{1-F^2} \qquad (11)$$

把(11)和(4)代入(10)，并收集 F^j 和 $F^{j-1}\sqrt{1-F^2}$ 的同次幂的系数，令这些系数为零，得到关于 $a_0, a_j, b_j (j=1,2)$ 和 k, c 的代数方程组

$$\frac{1}{3}q(a_2^3 - 3a_2 b_2^2) = 0 \qquad (12a)$$

$$q(a_1 a_2^2 - 2a_2 b_1 b_2 - a_1 b_2^2) = 0 \qquad (12b)$$

附录 I 椭圆曲线的 L–级数, Birch–Swinnerton–Dyer 猜想和高斯类数问题

$$\frac{1}{3}q(3a_2^2 b_2 - b_2^3) = 0 \qquad (12\text{c})$$

$$q(a_1^2 a_2 + a_0 a_2^2 - a_2 b_1^2 - 2a_1 b_1 b_2 - a_0 b_2^2 + a_2 b_2^2) +$$
$$\frac{1}{2}p(a_2^2 - b_2^2) + 6rk^2 a_2 m^2 = 0$$
$$(12\text{d})$$

$$q(a_2^2 b_1 + 2a_1 a_2 b_2 - b_1 b_2^2) = 0 \qquad (12\text{e})$$

$$\frac{1}{3}q(a_1^3 + 6a_0 a_1 a_2 - 3a_1 b_1^2 - 6a_0 b_1 b_2 + 6a_2 b_1 b_2 +$$
$$3a_1 b_2^2) + p(a_1 a_2 - b_1 b_2) + 2rk^2 a_1 m^2 = 0$$
$$(12\text{f})$$

$$\frac{1}{3}q(6a_1 a_2 b_1 + 3a_1^2 b_2 + 6a_0 a_2 b_2 - 3b_1^2 b_2 + b_2^3) +$$
$$pa_2 b_2 + 6rk^2 m^2 b_2 = 0$$
$$(12\text{g})$$

$$q(a_0 a_1^2 + a_0^2 a_2 - a_0 b_1^2 + a_2 b_1^2 + 2a_1 b_1 b_2 + a_0 b_2^2) +$$
$$\frac{1}{2}p(a_1^2 + 2a_0 a_2 - b_1^2 + b_2^2) - 4rk^2 a_2 (1 + m^2) - ca_2 = 0$$
$$(12\text{h})$$

$$\frac{1}{3}q(3a_1^2 b_1 + 6a_0 a_2 b_1 - b_1^3 + 6a_0 a_1 b_2 + 3b_1 b_2^2) +$$
$$2b_1 m^2 rk^2 + p(a_2 b_1 + a_1 b_2) = 0$$
$$(12\text{i})$$

$$q(a_0^2 a_1 + a_1 b_1^2 + 2a_0 b_1 b_2) + p(a_0 a_1 + b_1 b_2) -$$
$$a_1 (1 + m^2) rk^2 - ca_1 = 0$$
$$(12\text{j})$$

$$q(2a_0 a_1 b_1 + a_0^2 b_2 + b_1^2 b_2) + p(a_1 b_1 + a_0 b_2) -$$
$$b_2 (4 + m^2) rk^2 - cb_2 = 0 \qquad (12\text{k})$$

Jacobi 定理

$$\frac{1}{3}q(3a_0b_1 + b_1^3) + pa_0b_1 - b_1rk^2 - cb_1 = 0 \quad (121)$$

应用吴代数消元法,解之得：

1. $q = 0, p \neq 0$（这时式(3)中 $n = 2$）：

（1） $\quad b_2 = a_1 = b_1 = 0, a_2 = -\dfrac{12}{p}rk^2m^2$

$$a_0 = \frac{c + 4rk^2(1 + m^2)}{p} \quad (13)$$

（2） $\quad a_1 = b_1 = 0, a_2 = -\dfrac{6}{p}rk^2m^2$

$$b_2 = \pm\frac{6\mathrm{i}}{p}rk^2m^2(\mathrm{i} = \sqrt{-1}), a_0 = \frac{c + rk^2(4 + m^2)}{p}$$

$$(14)$$

2. $q \neq 0$（这时式(3)中 $n = 1$）：

（1） $a_2 = b_2 = b_1 = 0, a_1 = \begin{cases} \pm\sqrt{\dfrac{-6r}{q}}km(qr < 0) \\ \pm\mathrm{i}\sqrt{\dfrac{6r}{q}}km(qr > 0) \end{cases}$,

$$a_0 = -\frac{p}{2q}, c = \frac{-p^2 - 4qrk^2(1 + m^2)}{4q} \quad (15)$$

（2） $a_1 = a_2 = b_2 = 0, b_1 = \begin{cases} \pm\sqrt{\dfrac{6r}{q}}km(qr > 0) \\ \pm\mathrm{i}\sqrt{\dfrac{-6r}{q}}km(qr < 0) \end{cases}$

$$a_0 = -\frac{p}{2q}, c = \frac{-p^2 + 4qrk^2(2m^2 - 1)}{4q} \quad (16)$$

（3） $a_2 = b_2 = 0, a_0 = -\dfrac{p}{2q}, b_1 = \begin{cases} \pm\sqrt{\dfrac{3r}{2q}}km(qr > 0) \\ \pm\mathrm{i}\sqrt{\dfrac{-3r}{2q}}km(qr < 0) \end{cases}$

附录Ⅰ　椭圆曲线的 L-级数，Birch-Swinnerton-Dyer 猜想和高斯类数问题

$$a_1 = \begin{cases} \pm\sqrt{\dfrac{-3r}{2q}}km\,(qr<0) \\ \pm i\sqrt{\dfrac{3r}{2q}}km\,(qr>0) \end{cases}, c = \dfrac{-p^2+2qrk^2(m^2-2)}{4q}$$

(17)

把(13)~(17)代入式(11)，并利用(4)的解，得到方程(9)的双周期解.

1. $q=0, p\neq 0$：

(1) $u_1 = \dfrac{c+4rk^2(1+m^2)}{p} - \dfrac{12}{p}rk^2m^2\,\mathrm{sn}^2[k(x-ct)]$

(18)

$u_2 = \dfrac{c+4rk^2(1+m^2)}{p} - \dfrac{12}{p}rk^2m^2\,\mathrm{cd}^2[k(x-ct)]$

(19)

(2) $u_3 = \dfrac{c+rk^2(4+m^2)}{p} - \dfrac{6}{p}rk^2m^2\,\mathrm{sn}^2[k(x-ct)] \pm$

$\dfrac{6\mathrm{i}}{p}rk^2m^2\,\mathrm{sn}[k(x-ct)]\,\mathrm{cn}[k(x-ct)]$ (20)

$u_4 = \dfrac{c+rk^2(4+m^2)}{p} - \dfrac{6}{p}rk^2m^2\,\mathrm{cd}^2[k(x-ct)] \pm$

$\dfrac{6\mathrm{i}}{p}rk^2m^2\sqrt{1-m^2}\,\mathrm{cd}[k(x-ct)]\,\mathrm{sd}[k(x-ct)]$ (21)

如果 $m\to 1$，则(18)和(20)就成为方程(9)的孤波解

$u_5 = \dfrac{c+8rk^2}{p} - \dfrac{12}{p}rk^2\tanh^2[k(x-ct)]$ (22)

$u_6 = \dfrac{c+5rk^2}{p} - \dfrac{6}{p}rk^2\tanh^2[k(x-ct)] \pm$

$\dfrac{6\mathrm{i}}{p}rk^2\tanh[k(x-ct)]\,\mathrm{sech}[k(x-ct)]$ (23)

2. $q\neq 0$

Jacobi 定理

(1)
$$u_7 = -\frac{p}{2q} \pm \sqrt{\frac{-6r}{q}} km\,\text{sn}\left\{k\left[x + \frac{p^2 + 4qrk^2(1+m^2)}{4q}t\right]\right\} \quad (24)$$

$$u_8 = -\frac{p}{2q} \pm \sqrt{\frac{-6r}{q}} km\,\text{cd}\left\{k\left[x + \frac{p^2 + 4qrk^2(1+m^2)}{4q}t\right]\right\} \quad (25)$$

如果 $m \to 1$,则(24)就成为方程(9)的冲击波解

$$u_9 = -\frac{p}{2q} \pm \sqrt{\frac{-6r}{q}} k\tanh\left[k\left(x + \frac{p^2 + 8qrk^2}{4q}t\right)\right] \quad (26)$$

(2)
$$u_{10} = -\frac{p}{2q} \pm \sqrt{\frac{6r}{q}} km\,\text{cn}\left\{k\left[x + \frac{p^2 - 4qrk^2(2m^2-1)}{4q}t\right]\right\} \quad (27)$$

$$u_{11} = -\frac{p}{2q} \pm \sqrt{\frac{6r(1-m^2)}{q}} km\,\text{sd}\left\{\left[x + \frac{p^2 - 4qrk^2(2m^2-1)}{4q}t\right]\right\} \quad (28)$$

(3)
$$u_{12} = -\frac{p}{2q} \pm i\sqrt{\frac{3r}{2q}} km\,\text{sn}\left\{k\left[x + \frac{p^2 - 2qrk^2(m^2-2)}{4q}t\right]\right\}$$
$$\pm \sqrt{\frac{3r}{2q}} km\,\text{cn}\left\{k\left[x + \frac{p^2 - 2qrk^2(m^2-2)}{4q}t\right]\right\} \quad (29)$$

$$u_{13} = -\frac{p}{2q} \pm i\sqrt{\frac{3r}{2q}} km\,\text{cd}\left\{k\left[x + \frac{p^2 - 2qrk^2(m^2-2)}{4q}t\right]\right\}$$
$$\pm \sqrt{\frac{3r(1-m^2)}{2q}} km\,\text{sd}\left\{k\left[x + \frac{p^2 - 2qrk^2(m^2-2)}{4q}t\right]\right\} \quad (30)$$

如果 $m \to 1$,则(27)和(29)就成为方程(9)的孤波解

$$u_{14} = -\frac{p}{2q} \pm \sqrt{\frac{6r}{q}} k\operatorname{sech}\left[k\left(x + \frac{p^2 - 4qrk^2}{4q}t\right)\right] \quad (31)$$

$$u_{15} = -\frac{p}{2q} \pm i\sqrt{\frac{3r}{2q}} k\tanh\left[k\left(x + \frac{p^2 + 2qrk^2}{4q}t\right)\right]$$

$$\pm \sqrt{\frac{3r}{2q}} k\operatorname{sech}\left[k\left(x + \frac{p^2 + 2qrk^2}{4q}t\right)\right] \quad (32)$$

注1:在式(24)中,要求 $qr<0$. 而在(27)中,要求 $qr>0$. 这里,我们省略了其他情况下要求的条件. 例如,在(28)中要求 $qr>0$.

注2:如果 $m \to 0$,则 $\operatorname{sn}\xi \to \sin\xi$,$\operatorname{cn}\xi \to \cos\xi$,$\operatorname{dn}\xi \to 1$. 这时,我们可得方程的三角函数周期解,从略.

6.2　sine-Gordon 方程法及其应用

对于著名的 sine-Gordon 方程

$$\frac{\partial^2 u}{\partial x^2} - \frac{\partial^2 u}{\partial t^2} = \alpha^2 \sin(u) \quad (1)$$

它已出现在非线性科学的许多分支中,其中 α 是常数. 做行波变换 $u(x,t) = u(\xi)$ 和 $\xi = k(x-vt)$,这个方程被约化成常微分方程

$$\frac{d^2 u}{d\xi^2} = \frac{\alpha^2}{k^2(1-v^2)} \sin(u) \quad (2)$$

其中 k 和 v 分别表示行波的波数和速度(常数).

将方程(2)两边乘以 $\dfrac{du}{d\xi}$ 得到

$$\left(\frac{d}{d\xi}\left(\frac{1}{2}u\right)\right)^2 = \frac{\alpha^2}{k^2(1-v^2)} \sin^2\left(\frac{1}{2}u\right) + C \quad (3)$$

带有常数 C. 令变换

$$C = 0, \quad \frac{1}{2}u = \omega, \quad \frac{\alpha^2}{k^2(1-v^2)} = a^2 \quad (4)$$

Jacobi 定理

我们把方程(3)写成(为方便起见令 $a=1$)

$$\frac{d\omega}{d\xi} = \sin\omega \qquad (5)$$

有解

$$\sin[\omega(\xi)] = \operatorname{sech}(\xi), \cos[\omega(\xi)] = \tanh(\xi) \qquad (6)$$

通过方程(5)的解(6),就得到了寻找非线性方程的孤波解的变换[107]. 显然方程(5)是方程(3)(或(2))的特殊情况. 但使用(5)仅仅得到孤波解. 现在我们使用(4)的一般形式(2)或(3)来寻找 Jacobi 椭圆函数解(双周期解). 为了方便使用方程(2),我们把方程(2)改写成下面形式

$$\frac{d^2\omega}{d\xi^2} = -\frac{1}{2}\sin 2\omega \qquad (7)$$

在变换 $\alpha = -1, U = 2\omega$ 下,方程(7)的另一种等价形式是

$$\left(\frac{d\omega}{d\xi}\right)^2 = -\sin^2\omega + c \qquad (8)$$

其中 c 是积分常数.

解方程(7),我们得到了它的解如下

$$\sin[\omega(\xi)] = m\operatorname{sn}(\xi;m) \qquad (9a)$$
$$\cos[\omega(\xi)] = \operatorname{dn}(\xi;m) \qquad (9b)$$

其中 m 是 Jacobi 椭圆函数的模,且函数 $\operatorname{sn}(\xi,m)$, 和 $\operatorname{dn}(\xi,m)$ 有性质 $\frac{d\operatorname{sn}(\xi;m)}{d\xi} = \operatorname{cn}(\xi;m)\operatorname{dn}(\xi;m)$, $\frac{d\operatorname{dn}(\xi;m)}{d\xi} = -m^2\operatorname{sn}(\xi;m)\operatorname{cn}(\xi;m)$, $\operatorname{sn}^2(\xi;m) + m^2\operatorname{dn}^2(\xi;m) = 1$.

将方程(9(a),9(b))代入方程(8),我们发现 c 一定满足

$$c = m^2$$

下面基于方程(7)和(8)首先给出这个算法的步骤,然后给出一类非线性演化方程的双周期解.

6.2.1 机械化算法

基于方程(7)和(8),现在陈教授建立算法如下:

对于给定非线性偏微分方程或方程组(PDEs),比方说对于两个变量 x,t

$$F(u, u_t, u_x, u_{xx}, u_{xt}, u_{tt}, \cdots) = 0 \quad (11)$$

我们寻找形式 $u(x,t) = u(\xi), \xi = k(x - \lambda t)$ 的行波解. 引进新的变量 $\omega = \omega(\xi)$,假定方程(11)有下面形式的解

$$u(\omega) = u(\omega(\xi))$$
$$= A_0 + \sum_{i=1}^{n} \sin^{i-1} \omega (A_i \sin \omega + B_i \cos \omega) \quad (12)$$

其中 $\omega = \omega(\xi)$ 满足(7)(或(8)和(10)),而 $A_i(i=1,2,\cdots,n), B_j(j=1,2,\cdots,n)$ 是待定的常数.

这里我们定义多项式函数的阶为 $D(u(\omega)) = n$,因此我们有

$$D(u^p(\omega))\left(\left(\frac{\mathrm{d}^s u(\omega)}{\mathrm{d}\xi^s}\right)^q\right) = np + q(n+s) \quad (13)$$

所以我们通过平衡最高阶线性项和非线性项来确定 n.

此算法概括如下:

步骤 1:用行波变换 $u(x,t) = u(\xi), \xi = k(x - \lambda t)$ 约化所给非线性偏微分方程为常微分方程.

步骤 2:通过平衡最高阶数性项和非线性项来确定方程(12)中 n 的值.

步骤 3:将方程(12)和已知的 n 代入约化的常微分方程,并获得关于 ω 的三角函数多项式.

步骤 4:令 $\sin^j\omega\cos^i\omega$ ($i=0,1;j=0,1,2,\cdots$) 所有系数等于零,我们得到了一系列关于 k,λ,A_j ($j=0,1,2,\cdots,n$) 和 B_j ($j=1,2,\cdots,n$) 的代数方程组.

步骤 5:在 Maple 和吴代数消元法的帮助下,解步骤 4 得到的方程组,最后得到所给非线性方程(组)的双周期解如下:

$$u(\xi) = u(\omega(\xi)) = A_0 + \sum_{i=1}^{n} \sin^{i-1}\omega [A_i \sin\omega + B_i \cos\omega]$$

$$= A_0 + \sum_{i=1}^{n} m^{i-1} \operatorname{sn}^{i-1}(\xi;m)[A_i m \operatorname{sn}(\xi;m) + B_i \operatorname{dn}(\xi;m)] \quad (14)$$

这里面用到 $u(x,t) = u(\xi)$,$\xi = k(x - \lambda t)$ 和 ω 的解(9).

注记 1:因为当 $m \to 1$,$\operatorname{sn}(\xi;m) \to \tanh\xi$,$\operatorname{dn}(\xi;m) \to \operatorname{sech}\xi$. 因此 $m \to 1$,解(14)退化为解

$$u(\xi) = A_0 + \sum_{i=1}^{n} \tanh^{i-1}(\xi)[A_i \tanh(\xi) + B_i \operatorname{sech}(\xi)] \quad (15)$$

注记 2:从方程(15)我们得知 sine-cosine 方法是我们方法的特殊情况. 进一步,我们知道 $\operatorname{dn}(\xi;m) = \operatorname{cn}(m\xi;m^{-1})$,从方程(14)我们得知:(1) 当 $B_i = 0$,方程(14)类似 sn-函数法;(2) 当 $A_i = 0$,方程(14)类似于 cn-函数法. 但是当 $A_i B_i \neq 0$,我们能够获得新的双周期解.

注记 3:我们的方法是应用变换(12)获得周期解的间接方法,而且标方程(7)或(8)其解是已知的. 在

解方程的过程中,Jacobi 椭圆函数是不出现的. 借助于 Mathematica 或 Maple,我们的方法可以在计算机上完成.

6.2.2 方法的应用

我们把上面方法应用到非线性演化方程上去来说明我们的方法.

例 考虑非线性演化方程

$$u_{tt} + au_{xx} + bu + cu^2 + du^3 = 0 \quad (16)$$

其中 a,b,c,d 是常数,而 $d \neq 0$. Duffing 方程,sin-Gordon 方程,ϕ^4 方程和 Klein-Gordon 方程都是方程(16)的特殊情况. 因此都获得了相应的 Jacobi 椭圆函数解.

首先我们做行波变换

$$u = \phi(\xi), \xi = \lambda(x + kt) \quad (17)$$

因此方程(16)被约化成常数微分方程

$$\lambda^2(k^2 + a)\frac{d^2\phi}{d\xi^2} + b\phi + c\phi^2 + d\phi^3 = 0 \quad (18)$$

按照上面的步骤 2,假定方程(18)具有下面形式的解

$$\phi = A_0 + A_1 \sin\omega + A_2 \cos\omega \quad (19)$$

而新变量 ω 满足目标方程(7)或(8). 将方程(19)及目标方程(7)或(8)代入方程(18),借助于 Mathematica 或 Maple,我们有

$$\lambda^2(k^2 + a)\frac{d^2\phi}{d\xi^2} + b\phi + c\phi^2 + d\phi^3$$
$$= c(A_0^2 + A_2^2) + bA_0 + d(A_0^3 + 3A_0A_2^2) + [-\lambda^2(k^2 + a)(m^2 + 1)A_1 + bA_1 + 2cA_0A_1 + d(3A_1A_0^2 + 3A_1A_2^2)] \cdot \sin\omega + [-m^2\lambda^2(k^2 + a)A_2 + bA_2 + 2cA_0A_2 + d(A_2^3 + 3A_0^2A_2)]\cos\omega + (2cA_1A_2 + 6dA_0A_1A_2)\sin\omega\cos\omega +$$

Jacobi 定理

$$[c(A_1^2 + A_2^2) + d(3A_0A_1^2 - 3A_0A_2^2)]\sin^2\omega + [2\lambda^2(k^2 + a)A_2 + d(3A_1^2A_2 - A_2^3)]\sin^2\omega\cos\omega + [2\lambda^2(k^2 + \alpha)A_1 + d(A_1^3 - 3A_1A_2^2)]\sin^3\omega$$
$$= 0 \tag{20}$$

令 $\cos^j\sin^i\omega$ 的系数等于零,得到了关于未知函数 $A_0, A_1, A_2, \lambda, k$ 的方程组

$$c(A_0^2 + A_2^2) + bA_0 + d(A_0^3 + 3A_0A_2^2) = 0 \tag{21a}$$

$$-\lambda^2(k^2+a)(m^2+1)A_1 + bA_1 + 2cA_0A_1 + d(3A_1A_0^2 + 3A_1A_2^2) = 0 \tag{21b}$$

$$-m^2\lambda^2(k^2+a)A_2 + bA_2 + 2cA_0A_2 + d(A_2^3 + 3A_0^2A_2) = 0 \tag{21c}$$

$$2cA_1A_2 + 6dA_0A_1A_2 = 0 \tag{21d}$$

$$c(A_1^2 - A_2^2) + d(3A_0A_1^2 - 3A_0A_2^2) = 0 \tag{21e}$$

$$2\lambda^2(k^2+a)A_2 + d(3A_1^2A_2 - A_2^3) = 0 \tag{21f}$$

$$2\lambda^2(k^2+a)A_1 + d(A_1^3 - 3A_1A_2^2) = 0 \tag{21g}$$

用吴代数消元法解关于 A_0, A_1, A_2, λ 的超定方程组(21)我们得到

情况 1

$$c \neq 0, b = \frac{2c^2}{9d}, d(k^2 + a) > 0$$

$$A_0 = -\frac{c}{3d}, A_1 = \pm \frac{c}{3d}i\sqrt{\frac{2}{m^2+1}},$$

$$A_2 = 0, \lambda = \pm \frac{c}{3\sqrt{d(k^2+a)(m^2+1)}}$$

情况 2

$$c \neq 0, b = \frac{2c^2}{9d}, d(k^2+a) < 0$$

附录 I　椭圆曲线的 L-级数,Birch–Swinnerton–Dyer 猜想和高斯类数问题

$$A_0 = -\frac{c}{3d}, A_1 = 0, A_2 = \pm \frac{c}{3d}\sqrt{\frac{2}{2-m^2}},$$

$$\lambda = \pm \frac{c}{3\sqrt{d(k^2+a)(2-m^2)}}$$

情况 3

$$c \neq 0, b = \frac{2c^2}{9d}, d(k^2+a) < 0, i^2 = -1$$

$$A_0 = -\frac{c}{3d}, A_1 = \pm \frac{c}{3d\sqrt{2m^2-1}}, A_2 = \pm \frac{ic}{3d\sqrt{2m^2-1}}$$

情况 4

$$c = 0, b(k^2+a) < 0, bd < 0$$

$$A_0 = A_1 = 0, A_2 = \pm \sqrt{\frac{2b}{d(m^2-2)}},$$

$$\lambda = \pm \sqrt{\frac{b}{(k^2+a)(m^2-2)}}$$

情况 5

$$c = 0, b(k^2+a) > 0, bd < 0$$

$$A_0 = A_2 = 0, A_1 = \pm \sqrt{\frac{-b}{(m^2+1)d}},$$

$$\lambda = \pm \sqrt{\frac{b}{(k^2+a)(m^2+1)}}$$

情况 6

$$c \neq 0, b(k^2+a) < 0, bd < 0, i^2 = -1$$

$$A_0 = 0, A_1 = \pm i\sqrt{\frac{b}{2m^2-1}}d,$$

$$A_2 = \pm \sqrt{\frac{b}{2m^2-1}}d, \lambda = \pm \sqrt{\frac{b}{2m^2-1}(k^2+a)}$$

Jacobi 定理

所以按照方程(2.19)和情况 1~6, 我们获得了下面的 Jacobi 椭圆函数解.

(Ⅰ)

$$c \neq 0, b = \frac{2c^2}{9d}, d(k^2 + \alpha) > 0, i^2 = -1$$

$$u_1(x,t) = -\frac{c}{3d} \pm m \frac{c}{3d} i \sqrt{\frac{2}{m^2 + 1}} \operatorname{sn}(\xi, m)$$

其中

$$\xi = \pm \frac{c}{3\sqrt{d(k^2 + a)(m^2 + 1)}}(x + kt)$$

当 $m \to 1$, $u_1(x,t)$ 变成 $u = -\frac{c}{3d} \pm m \frac{c}{3d} i \tanh \xi$.

(Ⅱ)

$$c \neq 0, b = \frac{2c^2}{9d}, d(k^2 + a) < 0$$

$$u_2(x,t) = -\frac{c}{3d} \pm \frac{c}{3d} \sqrt{\frac{2}{2 - m^2}} \operatorname{dn}(\xi; m)$$

其中

$$\xi = \pm \frac{c}{3\sqrt{d(k^2 + a)(m^2 + 1)}}(x + kt)$$

(Ⅲ)

$$c \neq 0, b = \frac{2c^2}{9d}, d(k^2 + a) < 0, i^2 = -1$$

$$u_3(x,t) = -\frac{c}{3d} \pm m \frac{c}{3d\sqrt{2m^2 - 1}} \operatorname{sn}(\xi, m) \pm \frac{ic}{3d\sqrt{2m^2 - 1}} \operatorname{dn}(\xi, m)$$

其中

附录 Ⅰ 椭圆曲线的 L-级数，Birch-Swinnerton-Dyer 猜想和高斯类数问题

$$\xi = \pm \frac{c}{3\sqrt{d(k^2+a)(2-m^2)}}(x+kt)$$

（Ⅳ）

$$c=0, b(k^2+a)<0, bd<0$$

$$u_4(x,t) = \pm \sqrt{\frac{2b}{d(m^2-2)}} \operatorname{dn}(\xi,m)$$

其中

$$\xi = \pm \sqrt{\frac{b}{(k^2+a)(m^2-2)}}(x+kt)$$

（Ⅴ）

$$c=0, b(k^2+a)>0, bd<0$$

$$u_5(x,t) = \pm \sqrt{\frac{-b}{(m^2+1)d}} m\operatorname{sn}(\xi,m)$$

其中

$$\xi = \pm \sqrt{\frac{b}{(k^2+a)(m^2+1)}}(x+kt)$$

（Ⅵ）

$$c\neq 0, b(k^2+a)<0, bd<0, i^2=-1$$

$$u_6(x,t) = \pm i\sqrt{\frac{b}{2m^2-1}} dm\operatorname{sn}(\xi,m) \pm$$

$$\sqrt{\frac{b}{2m^2-1}} d\operatorname{dn}(\xi,m)$$

其中

$$\xi = \pm \sqrt{\frac{b}{2m^2-1}(k^2+a)}(x+kt)$$

6.3 第一种椭圆方程法及其应用

前面,我们对 Jacobi 椭圆函数展开法进行了改进,下面,我们进一步把前面的椭圆方程推广成更一般的形式,即第一种椭圆方程.首先,我们给出第一种椭圆方程更多的 Jacobi 椭圆函数解,再利用第一种椭圆方程的这些解来获得非线性演化方程的双周期解.关于第一种椭圆方程,我们有如下定理

定理 3.1 设第一种椭圆方程可写作

$$\phi'^2 = A + B\phi^2 + C\phi^4 \qquad (1)$$

其中 $\phi' = \mathrm{d}\phi(\xi)/\mathrm{d}\xi, \xi = \xi(x,y,z,t)$,而 A,B,C 都是常数.则它有以下形式的解:

情况 1:当 $\begin{cases} A = 1 \\ B = -(1+m^2), \\ C = m^2 \end{cases}$ 则(3.1)有解 $\phi(\xi) = \mathrm{sn}\,\xi, \mathrm{cd}\,\xi = \dfrac{\mathrm{cd}\,\xi}{\mathrm{dn}\,\xi}.$

情况 2:当 $\begin{cases} A = 1 - m^2 \\ B = 2m^2 - 1, \\ C = -m^2 \end{cases}$ 则(3.1)有解 $\phi(\xi) = \mathrm{cn}\,\xi.$

情况 3:当 $\begin{cases} A = m^2 - 1 \\ B = 2 - m^2, \\ C = -m^2 \end{cases}$ 则(3.1)有解 $\phi(\xi) = \mathrm{dn}\,\xi.$

情况 4:当 $\begin{cases} A = m^2 \\ B = -(1+m^2), \\ C = 1 \end{cases}$ 则(3.1)有解 $\phi(\xi) = \mathrm{ns}\,\xi = \dfrac{1}{\mathrm{sn}\,\xi}, \mathrm{dc}\,\xi = \dfrac{\mathrm{dn}\,\xi}{\mathrm{cn}\,\xi}.$

附录 I 椭圆曲线的 L-级数, Birch-Swinnerton-Dyer 猜想 和高斯类数问题

情况 5：当 $\begin{cases} A = -m^2 \\ B = 2m^2 - 1 \\ C = 1 - m^2 \end{cases}$，则（1）有解 $\phi(\xi) = \operatorname{nc} \xi = \dfrac{1}{\operatorname{cn} \xi}$.

情况 6：当 $\begin{cases} A = -1 \\ B = 2 - m^2 \\ C = m^2 - 1 \end{cases}$，则（1）有解 $\phi(\xi) = \operatorname{nd} \xi = \dfrac{1}{\operatorname{dn} \xi}$.

情况 7：当 $\begin{cases} A = 1 \\ B = 2 - m^2 \\ C = 1 - m^2 \end{cases}$，则（1）有解 $\phi(\xi) = \operatorname{sc} \xi = \dfrac{\operatorname{sn} \xi}{\operatorname{cn} \xi}$.

情况 8：当 $\begin{cases} A = 1 \\ B = 2m^2 - 1 \\ C = -m^2(1-m^2) \end{cases}$，则（1）有解 $\phi(\xi) = \operatorname{sd} \xi = \dfrac{\operatorname{sn} \xi}{\operatorname{dn} \xi}$.

情况 9：当 $\begin{cases} A = 1 - m^2 \\ B = 2 - m^2 \\ C = 1 \end{cases}$，则（1）有解 $\phi(\xi) = \operatorname{cs} \xi = \dfrac{\operatorname{cn} \xi}{\operatorname{sn} \xi}$.

情况 10：当 $\begin{cases} A = -m^2(1-m^2) \\ B = m^2 - 1 \\ C = 1 \end{cases}$，则（1）有解

Jacobi 定理

$$\phi(\xi) = \operatorname{ds} \xi = \frac{\operatorname{dn} \xi}{\operatorname{sn} \xi}.$$

情况 11：当 $\begin{cases} A = \dfrac{m^2}{4} \\ B = \dfrac{m^2-2}{2} \\ C = \dfrac{1}{4} \end{cases}$，则（1）有解 $\phi(\xi) = \operatorname{ns} \xi \pm$

$\operatorname{ds} \xi, \operatorname{dc} \xi \pm \sqrt{1-m^2}\, \operatorname{nc} \xi.$

情况 12：当 $\begin{cases} A = \dfrac{m^2}{4} \\ B = \dfrac{m^2-2}{2} \\ C = \dfrac{m^2}{4} \end{cases}$，则（1）有解 $\phi(\xi) = \operatorname{sn} \xi \pm$

$i\operatorname{cn} \xi, i\sqrt{1-m^2}\,\operatorname{sd} \xi \pm \operatorname{cd} \xi, \dfrac{\operatorname{dn} \xi}{i\sqrt{1-m^2}\,\operatorname{sn} \xi \pm \operatorname{cn} \xi}.$

情况 13：当 $\begin{cases} A = \dfrac{1}{4} \\ B = \dfrac{1-2m^2}{2} \\ C = \dfrac{1}{4} \end{cases}$，则（1）有解 $\phi(\xi) = m\operatorname{cd} \xi \pm$

$i\sqrt{1-m^2}\,\operatorname{nd} \xi, m\operatorname{sn} \xi \pm i\operatorname{dn} \xi, \operatorname{ns} \xi \pm \operatorname{cs} \xi, \sqrt{1-m^2}\,\operatorname{sc} \xi \pm \operatorname{dc} \xi,$

$\dfrac{\operatorname{dn} \xi}{m\operatorname{cn} \xi \pm i\sqrt{1-m^2}}, \dfrac{\operatorname{sn} \xi}{1 \pm \operatorname{cn} \xi}, \dfrac{\operatorname{cn} \xi}{\sqrt{1-m^2}\,\operatorname{sn} \xi \pm \operatorname{dn} \xi}.$

附录 I 椭圆曲线的 L-级数，Birch–Swinnerton–Dyer 猜想和高斯类数问题

情况 14：当 $\begin{cases} A = \dfrac{m^2-1}{4} \\ B = \dfrac{1+m^2}{2} \\ C = \dfrac{m^2-1}{4} \end{cases}$，则 (1) 有解 $\phi(\xi) =$

$m\operatorname{sd}\xi \pm \operatorname{nd}\xi, \dfrac{\operatorname{dn}\xi}{1 \pm m\operatorname{sn}\xi}.$

情况 15：当 $\begin{cases} A = \dfrac{1-m^2}{4} \\ B = \dfrac{1+m^2}{2} \\ C = \dfrac{1-m^2}{4} \end{cases}$，则 (1) 有解 $\phi(\xi) = \operatorname{nc}\xi \pm$

$\operatorname{sc}\xi, \dfrac{\operatorname{cn}\xi}{1 \pm \operatorname{sn}\xi}.$

情况 16：当 $\begin{cases} A = -\dfrac{1-m^2}{4} \\ B = \dfrac{1+m^2}{2} \\ C = -\dfrac{1}{4} \end{cases}$，则 (1) 有解 $\phi(\xi) =$

$m\operatorname{cn}\xi \pm \operatorname{dn}\xi.$

情况 17：当 $\begin{cases} A = \dfrac{1-m^2}{4} \\ B = \dfrac{1+m^2}{2} \\ C = \dfrac{1}{4} \end{cases}$，则 (1) 有解 $\phi(\xi) = \operatorname{ds}\xi \pm$

$\operatorname{cs}\xi.$

Jacobi 定理

情况 18：当 $\begin{cases} A = \dfrac{1}{4} \\ B = \dfrac{m^2 - 2}{2} \\ C = \dfrac{m^2}{4} \end{cases}$，则（1）有解 $\phi(\xi) =$

$\dfrac{\operatorname{sn} \xi}{1 \pm \operatorname{dn} \xi}, \dfrac{\operatorname{cn} \xi}{\sqrt{1 - m^2} \pm \operatorname{dn} \xi}.$

情况 19：当 $\begin{cases} A = \dfrac{1}{4} \\ B = \dfrac{m^2 + 1}{2} \\ C = \dfrac{(1 - m^2)^2}{4} \end{cases}$，则（1）有解 $\phi(\xi) =$

$\dfrac{\operatorname{sn} \xi}{\operatorname{dn} \xi \pm \operatorname{cn} \xi}.$

证明 把各种情况所得解直接代入方程（1），经计算就可得到证明．

根据定理 3.1，我们有第一种椭圆方程法的步骤如下：

给定一个非线性演化方程，它是 $u(x,y,z,t)$ 及其偏导数的函数，而 $u(x,y,z,t)$ 又是独立变量 x,y,z,t 的函数，即具有如下形式

$$H(u, u_t, u_x, u_y, u_z, u_{xt}, u_{yt}, u_{zt}, u_{tt}, u_{xx}, \cdots) = 0 \quad (2)$$

我们假设方程（2）的解可表示为如下形式

$$u(x,y,z,t) = a_0(x,y,z,t) + \sum_{j=1}^{n} \left[a_j(x,y,z,t) \phi^j(\xi) + b_j(x,y,z,t) \phi^{-j}(\xi) \right] \quad (3)$$

其中 $\xi = \xi(x,y,z,t)$ 是 x,y,z,t 的函数．

我们按以下步骤进行:

步骤1:通过平衡方程(2)的线性项与非线性项的最高阶导数而确定式(3)中的 n;

步骤2:把式(3)和(1)代入所给的方程(2),并收集 ϕ 及其导数的同次幂的系数,令这些系数为零,得到关于 $a_0(x,y,z,t), a_i(x,y,z,t), b_i(x,y,z,t)$ ($i=1,2,\cdots,n$) 和 ξ 的微分方程组;

步骤3:解步骤2中所得的微分方程组,得到未知量 $a_0(x,y,z,t), a_i(xy,z,t), b_i(x,y,z,t)$ ($i=1,2,\cdots,n$) 和 ξ;

步骤4:利用定理3.1,即方程(1)的解,把这些解和所求得的 $a_0(x,y,z,t), a_i(xy,z,t), b_i(x,y,z,t)$ ($i=1,2,\cdots,n$) 以及 ξ 代入(3)就得到所给方程(2)的双周期解.

下面通过具体的例子来说明我们方法的应用.

例 考虑 Caudrey-Dodd-Gibbon-Kawada 方程
$$u_t = (u_{xxxx} + 30uu_{xx} + 60u^3)_x = 0 \quad (4)$$

做行波变换 $u(x,t) = u(\xi), \xi = k(x - ct)$,方程化为
$$-cu' + (k^4 u^{(4)} + 30k^2 uu'' + 60u^3)' = 0 \quad (5)$$

平衡 $u^{(5)}$ 和 $(uu'')'$,得下面的变换式
$$u = a_0 + a_1\phi + a_2\phi^2 \quad (6)$$

把(6)和(1)代入方程(5)可得下面的方程组
$$120k^4 a_2 C^2 + 180k^2 a_2^2 C + 60a_2^3 = 0$$
$$180 a_1 a_2^2 + 240 a_1 a_2 k^2 C + 24 a_1 k^4 C = 0$$
$$180 a_1^2 a_2 + 180 a_0 a_2^2 + 120 a_2^2 k^2 B + 60 a_1^2 k^2 C +$$
$$180 a_0 a_2 k^2 C + 120 a_2 k^4 BC = 0$$
$$60 a_1^3 + 360 a_0 a_1 a_2 + 150 a_1 a_2 k^2 B + 60 a_0 a_1 k^2 C +$$

Jacobi 定理

$$20a_1 k^4 C = 0$$

$$180a_0 a_1^2 + 180a_0^2 a_2 - a_2 c + 60Aa_2^2 k^2 + 30a_1^2 k^2 B +$$

$$120a_0 a_2 k^2 B + a_2 (16B^2 + 72AC) k^4 = 0$$

$$180a_0^2 a_1 - a_1 c + 60Aa_1 a_2 k^2 = 0 \qquad (7)$$

应用吴消元法,解之得

$$a_1 = 0, a_2 = -2k^2 C, a_0 = -\frac{2}{3}k^2 B$$

$$c = k^4 (16B^2 - 48AC) \qquad (8)$$

把(8)代入(6)得到

$$u = -\frac{2}{3}k^2 B - 2k^2 C\phi^2 \qquad (9)$$

上式表示了方程(4)的各种形式的 Jacobi 椭圆函数解(包括孤波解,当 $m \to 1$ 时).

利用(1)的特解,我们得到方程(4)的双周期解如下

$$u_1 = \frac{2}{3}k^2 (1 + m^2) - 2k^2 m^2 \operatorname{sn}^2 [kx -$$

$$16k^5 (m^4 - m^2 + 1)t] \qquad (10)$$

$$u_2 = -\frac{2}{3}k^2 (2m^2 - 1) + 2k^2 m^2 \operatorname{sn}^2 [kx -$$

$$16k^5 (m^4 - m^2 + 1)t] \qquad (11)$$

$$u_3 = -\frac{2}{3}k^2 (2 - m^2) + 2k^2 \operatorname{dn}^2 [kx -$$

$$16k^5 (m^4 - m^2 + 1)t] \qquad (12)$$

$$u_4 = \frac{2}{3}k^2 (1 + m^2) - 2k^2 \operatorname{ns}^2 [kx -$$

$$16k^5 (m^4 - m^2 + 1)t] \qquad (13)$$

$$u_5 = -\frac{2}{3}k^2 (2m^2 - 1) - 2k^2 (1 - m^2) \operatorname{nc}^2$$

附录 I 椭圆曲线的 L-级数, Birch-Swinnerton-Dyer 猜想和高斯类数问题

$$[kx - 16k^5(m^4 - m^2 + 1)t] \qquad (14)$$

$$u_6 = -\frac{2}{3}k^2(2 - m^2) - 2k^2(m^2 - 1)\operatorname{nd}^2$$
$$[kx - 16k^5(m^4 - m^2 + 1)t] \qquad (15)$$

$$u_7 = -\frac{2}{3}k^2(2 - m^2) - 2k^2(1 - m^2)\operatorname{sc}^2$$
$$[kx - 16k^5(m^4 - m^2 + 1)t] \qquad (16)$$

$$u_8 = -\frac{2}{3}k^2(2m^2 - 1) - 2k^2m^2(m^2 - 1)\operatorname{sd}^2$$
$$[kx - 16k^5(m^4 - m^2 + 1)t] \qquad (17)$$

$$u_9 = -\frac{2}{3}k^2(2 - m^2) - 2k^2\operatorname{cs}^2[kx - 16k^5(m^4 - m^2 + 1)t] \qquad (18)$$

$$u_{10} = \frac{2}{3}k^2(1 + m^2) - 2k^2m^2\operatorname{cd}^2[kx - 16k^5(m^4 - m^2 + 1)t] \qquad (19)$$

$$u_{11} = -\frac{2}{3}k^2(2m^2 - 1) - 2k^2\operatorname{ds}^2$$
$$[kx - 16k^5(m^4 - m^2 + 1)t] \qquad (20)$$

$$u_{12} = \frac{2}{3}k^2(1 + m^2) - 2k^2\operatorname{dc}^2[kx - 16k^5(m^4 - m^2 + 1)t] \qquad (21)$$

当 $m \to 1$ 时,则得到方程(4)的孤波解

$$u_{13} = \frac{4}{3}k^2 - 2k^2\tanh^2[k(x - 16k^4t)] \qquad (22)$$

$$u_{14} = -\frac{2}{3}k^2 + 2k^2\operatorname{sech}^2[k(x - 16k^4t)] \qquad (23)$$

什么是椭圆亏格?

椭圆亏格是一种特殊类型的亏格,它是在处理与量子场论相关的问题中发展起来的工具. 我们首先定义亏格的一般概念,进而讨论 Hirzebruch(希策布鲁赫)的乘法亏格的理论,椭圆亏格能够很好的用这种理论来阐述.

1. 亏　格

一个乘法亏格,或者简称为亏格,是一个对应规则,将每个闭定向光滑流形 M^n 对应到一个有单位元的交换 **Q**-代数交换 Λ 中的一个元素 $\varphi(M)$,并且满足如下条件:

(1) $\varphi(M^n \cup N^n) = \varphi(M^n) + \varphi(N^n)$
这里 $M^n \cup N^n$ 是两个维数为 n 的闭的定向流形的不交并.

(2) $\varphi(M^n \times V^m) = \varphi(M^n)\varphi(V^m)$.

(3) 如果 $M^n = \partial W^{n+1}$ 是一个紧的定向流形 W^{n+1} 的定向边界,则 $\varphi(M^n) = 0$.

附录Ⅱ 什么是椭圆亏格?

性质(1)和(3)蕴含着如果 M^n 和 N^n 是协边的——我们称 M^n 和 N^n 是协边的,如果存在一个紧的定向流形 W^{n+1},使得 $\partial W^{n+1} = M^n \cup (-N^n)$,其中 $-N^n$ 表示 N^n 带有相反的定向——则 $\varphi(M^n) = \varphi(N^n)$. 换句话说,$\varphi(M^n)$ 仅依赖于 M^n 在定向协边环 Ω_*^{SO} 中所代表的等价类,而且我们可以把 φ 看成一个环同态

$$\varphi : \Omega_*^{SO} \to \Lambda$$

Ω_*^{SO} 的结构是相当复杂的. 然而,$\Omega_*^{SO} \otimes \mathbf{Q}$ 是由复投影空间 $\mathbf{C}P^{2k}$ 所代表的协边类生成的多项式环 $\mathbf{Q}[[\mathbf{C}P^2], [\mathbf{C}P^4][\mathbf{C}P^6], \cdots]$. 这意味着亏格在维数不能被4整除的流形上取值为零,并且亏格被它在 $\mathbf{C}P^{2k}$ 上的取值完全决定. 形式幂级数

$$g(u) = u + \frac{\varphi(\mathbf{C}P^2)}{3} u^3 + \frac{\varphi(\mathbf{C}P^4)}{5} u^5 + \cdots \in \Lambda[[u]]$$

被称为 φ 的对数. 它满足

$$g(-u) = -g(u), g(u) = u + o(u)$$

并且完全决定 φ. 相反的,每个这样的级数都是某个乘法亏格的对数.

也许最为大家所熟知的亏格的例子是维数为 $n = 4m$ 的闭的定向流形 M^n 的符号差 $\sigma(M^n)$. 它可以用 de Rham(德拉姆)上同调 $H_{DR}^*(M^n)$ 如下定义:如果 α 和 β 是 M^{4m} 上的闭的 $2m$-形式,则公式

$$\langle \alpha, \beta \rangle = \int_M \alpha \wedge \beta$$

在有限维向量空间 $H_{DR}^{2m}(M^n)$ 上定义了一个非奇异的对称双线性型. 这个双线性型的指标根据定义就是 M^{4m} 的符号差. 由 Poincaré(庞加莱)对偶可知 σ 是一个协边不变量. 它可以看做对数是

Jacobi 定理

$$g(u) = u + \frac{u^3}{3} + \frac{u^5}{5} + \cdots = \tanh^{-1}(u)$$

的亏格.

另一个亏格的重要例子是 $\hat{A}$-亏格,它的对数为 $g(u) = 2\sinh^{-1}(\frac{u}{2})$. $\hat{A}$-亏格与代数几何中的算术亏格有重要联系.

2. 希策布鲁赫的公式

上世纪 50 年代初,希策布鲁赫发现了一个用另外的协边不变量——Pontrjagin(庞特里亚金)数——来表示乘法亏格的漂亮方法. 如果 M^n 是一个黎曼流形,则庞特里亚金类 $p_i \in H_{DR}^{4i}(M^n)$ 可以由一个闭的 $4i$-形式 ρ_i 来表示,这里 ρ_i 可以由 M^n 的曲率张量来定义.[①] 如果 $n = 4m$ 并且 $\omega = (i_1, i_2, \cdots, i_s)$ 是 m 的一个分割,则庞特里亚金数 $p_\omega[M^n]$ 可定义为

$$p_\omega[M^n] = \int_M \rho_{i_1} \wedge \rho_{i_2} \wedge \cdots \wedge \rho_{i_s}$$

R. Thom(托姆)的先驱性工作表明 Ω_n^{SO} 到 Λ 的任何同态都是庞特里亚金数在 Λ 上的线性组合. 特别的,这个可以应用到乘法亏格. 设 φ 是对数为 $g(u)$ 的亏格,并且设 $s(u) \in \Lambda[[u]]$ 为 $g(u)$ 的(形式)反函数,即 $g(s(u)) = u$. 这个级数有类似于 $g(u)$ 的性质

---

① 此处的曲率张量是该黎曼度量的 Levi-Civita 联络所决定的曲率. 关于如何由曲率张量来定义示性类,可参见 R. Bott 的者 *Lectures on characteristic classes and foliations*, p.136. ——译者注

附录Ⅱ 什么是椭圆亏格?

$$s(-u) = -s(u), s(u) = u + o(u)$$

考虑乘积

$$\prod_{i=1}^{N} \frac{u_i}{s(u_i)}$$

其中 $u_1, u_2, \cdots, u_N$ 是一些权为 2 的形式变量(假设 N 很大). 由于此表达式关于 $u_1, u_2, \cdots, u_N$ 是对称的,并且不含 u_i 的奇数次幂,①故该乘积可以用 $u_1^2, \cdots, u_N^2$ 的初等对称多项式来表示. 用 p_i 来替代第 i 个初等对称多项式并且设 $K_m(p_1, p_2, \cdots, p_m)$ 是代入后的结果中属于 $H_{DR}^{4m}(M)$ 的那一部分. 希策布鲁赫的定理说

$$\varphi(M^{4m}) = K_m(p_1, p_2, \cdots, p_m)[M^{4m}]$$

3. 严 格 乘 性

像任何亏格一样,符号差满足 $\sigma(M^n \times N^k) = \sigma(M^n)\sigma(N^k)$. 实际上,根据陈省身,希策布鲁赫和 J. P. Serre(塞尔)的一个定理,有一个更强形式的乘性成立. 设 G 是一个紧的连通李群,且设 E 是闭的定向流形 B 上的一个主 G-丛. 设 G 光滑作用在一个闭的定向流形 V 上,则我们可以得到 B 上的纤维是 V 的配丛 $E \times_G V$. 假设 $E \times_G V$ 的定向是与 B 和 V 的定向相协调的,则我们有

$$\sigma(E \times_G V) = \sigma(B)\sigma(V)$$

它经常被称为符号差的严格乘性. 作为一个例子,考虑 B

---

① 由于 $s(-u_i) = -s(u_i)$,则 $s(u_i) = u_i + \sum_{t=1}^{+\infty} a_{2t+1} u_i^{2t+1}$,故 $\frac{u_i}{s(u_i)} = \frac{1}{1 + \sum a_{2t+1} u_i^{2t}}$ 只含 u_i 的偶数次幂. ——译者注

上的复维数为 k 的复向量丛 ξ,并且设 $\mathbf{C}P(\xi)$ 是相应的射影配丛. 在每一点 $b \in B$, $\mathbf{C}P(\xi_b) \cong \mathbf{C}P^{k-1}$,严格乘性蕴含着

$$\sigma(\mathbf{C}P(\xi)) = \sigma(B)\sigma(\mathbf{C}P^{k-1})$$

特别的,如果 k 是偶数,则由于维数原因 $\sigma(\mathbf{C}P(\xi)) = 0$.

4. 椭圆亏格

一个乘法亏格 φ 称为椭圆亏格,如果它在形如 $\mathbf{C}P(\xi)$ 的流形上取值为零,其中 ξ 是一个闭的定向流形 B 上的一个偶数维复向量丛."椭圆"这个名称来源于下面这个定理,其中涉及椭圆积分:

定理 1 一个亏格 φ 是椭圆的,当且仅当存在常数 $\delta, \epsilon \in \Lambda$,使得其对数 $g(u)$ 满足

$$g(u) = \int_0^u \frac{\mathrm{d}t}{\sqrt{1 - 2\delta t^2 + \epsilon t^4}}$$

注意到对于 $\Lambda = \mathbf{C}$ 并且 $\delta^2 \neq \epsilon \neq 0$(亦即,平方根下的多项式有 4 个不同的根),$g^{-1}(u)$ 是一个奇的椭圆函数 s 在零点的展开. 当 $\delta^2 = \epsilon$ 或者 $\epsilon = 0$ 时,这个椭圆亏格被称为退化的. 两个主要的例子是符号差($\delta = \epsilon = 1$)和 $\hat{A}$ - 亏格($\delta = -\frac{1}{8}, \epsilon = 0$).

投影空间 $\mathbf{C}P^{k-1}$(k 偶)是 spin - 流形的一个例子. 一个流形 V^n 是一个 spin - 流形,如果它的切丛的结构群可以化约到 $SO(n)$ 的二重覆叠群 spin(n).[①]等价地,V^n 是 spin - 流形,如果对于 V^n 的任何一个三角

---

① $\pi_1(SO(n)) = \mathbf{Z}_2, n \geqslant 3$. ——译者注

部分,它的切丛在二维骨架上可以被平凡化. 下面这个定理等价于 R. Bott(博特) 和 C. Taubes 的刚性定理:

定理 2 设 G 是一个紧的连通李群, E 是闭的定向流形 B 上的一个主 G-丛, 并且 V 是一个有光滑 G-作用的闭的 spin-流形. 则对于任何椭圆亏格 φ, 我们有

$$\varphi(E \times_G V) = \varphi(B)\varphi(V)$$

5. 模 性

考虑一个参数是 $\delta, \epsilon \in \mathbf{C}$ 的 $\mathbf{C}$ 上的非退化椭圆亏格 φ. 熟知, Jacobi 四次曲线

$$Y^2 = X^4 - 2\delta X^2 + \epsilon$$

能够被上半平面 $H = \{\tau \in \mathbf{C} | \mathrm{Im}(\tau) > 0\}$ 的点所参数化. 在这个参数化下, δ 和 ϵ 变成了 H 上的 Möbius(麦比乌斯) 变换群的某个子群 $\varGamma_0(2)$ 的 level 2 的模形式. 由于 $\varphi(M^{4m})$ 的值是 δ 和 ϵ 的多项式, 它们本身也就是模形式, 故我们可以把 φ 看成 $\varGamma_0(2)$ 的模形式环 $\varLambda = M_*(\varGamma_0(2))$ 上的椭圆亏格.

6. 回 路 空 间

E. Witten(威腾) 用 M 上的自由回路空间 CM 上的椭圆算子给了椭圆亏格一个漂亮的解释, 其中 CM 就是光滑映射 $S^1 \to M$ 所组成的无限维流形. 这些算子在量子场论中起了重要的作用. 这些算子的数学理论

Jacobi 定理

正处于发展阶段,但是指标理论在这些算子上的猜测性的推广已经得到了一些非常了不起的见解. CM 上的 Dirac(狄拉克)算子与 CM 上的一个自然的 S^1-作用是交换的,并且它的指标是 S^1 的一个无限维表示. 威腾证明了这个表示的特征能够很自然地等同于 M 的取值在 $M_*(\Gamma_0(2))$ 中的椭圆亏格.

参 考 文 献

[1] 潭琳.不变量理论导引(第一卷)[M].杭州:浙江大学出版社,1994.

[2] 林东岱.代数学基本与有限域[M].北京:高等教育出版社,2006.

[3] 克莱因.古今数学思想[M].北京大学数学系数学史翻译组,译.上海:上海科学技术出版社,1979.

[4] 齐格尔.多复变数解析函数[M].龚升,译.北京:科学出版社,1960.

[5] 阿希泽尔.椭圆函数论纲要[M].刘书琴,纪璇,译.北京:商务印书馆,1976.

[6] 肖攸安.椭圆曲线密码体系研究[M].武汉:华中科技大学出版社,2006.

[7] ANDREAS E.椭圆曲线及其在密码学中的应用——导引[M].吴铤,董早武,王明强,译.北京:科学出版社,2007.

[8] DARREL H,ALFRED M,SCOTT V.椭圆曲线密码导论[M].张焕国,等,译.北京:电子工业出版社,2005.

[9] 肖如良.超椭圆曲线密码体制的理论与实现[M].北京:经济管理出版社,2006.

[10] 王学理,裴定一.椭圆与超椭圆曲线公钥密码的

理论与实现[M].北京:科学出版社,2006.

[11] 祝跃飞,张亚娟.椭圆曲线公钥密码导引[M].北京:科学出版社,2006.

[12] 丹尼尔·拉佩兹.科学技术百科全书[M].北京:科学出版社,1980.

[13] 加藤和也,黑川倍重,斋藤毅.数论Ⅰ-Fermat的梦想和类域论[M].胥鸣伟,印林生,译.北京:高等教育出版社,2009.

[14] 裴定一.模形式和三元二次型[M].上海:上海科学技术出版社,1994.

[15] 黎景辉,蓝以中.二阶矩阵群的表示与自守形式[M].北京:北京大学出版社,1990.

[16] 黎景辉,赵春来.模曲线导引[M].北京:北京大学出版社,2002.

[17] 潘承洞,潘承彪.模形式导引[M].北京:北京大学出版社,2002.

[18] FRED D,JERRY S. A First Course in Modular Forms[M].北京:世界图书出版公司,2007.

[19] 李文卿.数论及其应用[M].北京:北京大学出版社,2001.

[20] 叶扬波.模形式与迹公式[M].北京:北京大学出版社,2001.

[21] 格列菲斯.代数曲线[M].北京:北京大学出版社,1985.

[22] 陆洪文,李云峰.模形式讲义[M].北京:北京大学出版社,1999.

[23] RICHARD S.经典密码学与现代密码学[M].

叶阮健,管英,张长富,译.北京:清华大学出版社,2005.

[24] 拉甫伦捷夫,沙巴特.复变函数论方法(下册)[M].施拜杯,夏定中,译.北京:高等教育出版社,1957.

编辑手记

  在过去的三十多年,相关领域的数学家一致期望Langlands纲领中的一个基本引理会被证明是精确的.在法国巴黎大学工作的Sud和美国普林斯顿高等研究所(IAS)工作的越南数学家Ngo Bao chau(1972年出生于越南河内)证明了这一引理,2009年相关领域的数学家验证了他的证明,这一结果被《时代》杂志列为2009年度十大科学发现的第7项.足见代数数论在当代数学中的主流地位.而椭圆函数与模函数又是代数数论与代数几何发展的源头,尽管它古典且在当代中国与解析数论相比之下是小众的.

  陈丹青说:"生命就是跑题跑不停才有趣,生命就是追求自身的小格局、小趣味、小怪癖,生命就是不断发现偏好,培养偏好,发展偏好……"

编辑手记

数学工作室有三个基本的小偏好,一个是平面几何,一个是数学奥林匹克,最重要的一个便是数论.从初等数论、解析数论、超越数论、几何数论、组合数论直到代数数论,代数数论中基础教程已出版并拟出版高木贞治(日)、冯克勤教授、潘承洞、潘承彪教授的讲义,专著方面已出版了陆洪文先生的著作.

作家王蒙说:"到处都是垃圾,也是文坛小康繁荣的表现,作品多了,垃圾自然会多.十七年文学中,我们总共才出了二百多部小说,现在每年都有七百到一千部小说亮相,如果按照百分之六十来算垃圾当然会很多."文坛上的垃圾与精品纠缠在一起分辨起来很费劲.而数学类图书中的垃圾大多出现在应试类图书中.因为造垃圾背后的动机是利益,非应试类数学书因其无用所以自然也没利益.所以没人愿意造,充其量也就到二流作品为止了.

有人说,钱钟书当年访问意大利,出口背诵的是意大利二流诗人的作品,令东道主大惊,心想:"二流诗人的作品他都能背,一流诗人的肯定不在话下".岂知,钱只会背这几首而已.(王佩语)

但二流作品与垃圾相比至少它是开卷有益的.它的弊端在于不能像大师作品那样深入浅出.略显高深,而且由于非大师作品所以印量小.价格自然会高一些,对读者来讲性价比不太高,但在大师缺位的今天只能退而求其次.

欧美传媒业有一个罕见现象,出版晦涩难懂的学术期刊堪比开动印钞机.《科学学科学刊》的全年订阅费就要花掉一家大学图书馆的 20 269 美元.

2006 年,由于担心价格过高会影响内容获取,爱思唯尔旗下的数学杂志《拓扑学》的编委会集体辞职.德国斯普林格出版集团旗下的数学杂志《K—理论》的

Jacobi 定理

编委会也于 2007 年离职.

希望本书不至于读者因其高定价望而却步.因为它是对当前千篇一律的图书市场的一种反动,是对统一出版模式的破坏.

1978 年,德裔美国学者路易·斯奈德在其《德国民族主义根源》一书中,用了整整一章的篇幅阐述了格林兄弟所写的《格林童话》对德国民族性格形成的负面作用.这种对同一模式的追求,就是最危险的.

多样性在今天的中国十分重要也十分稀缺.内忧外患,但它却是中国社会最多样化的时期,包括教科书都风格各异.中年后才开始文学写作的画家木心说:

有的书,读了便成文盲.

凡倡言雅俗共赏者,结果都落得俗不可耐.

其他学科的书雅俗可能做到.但数学书难,难就难在它有自己的一套符号系统.Jacobi 虽然由于天花只活了 47 岁,但他创造出来的这套庞大的理论体系绝不是我们这些凡夫俗子可以轻而易举读懂的,所以它就是雅的东西.在今天出版这些 19 世纪的精致理论,一是表示对数学传统的尊重,二是对数学爱好者进行阅读安慰.

在中国协和医科大学学了 8 年获临床医学博士学位的作家冯唐说:"医学从来就不是纯粹的科学,医学从来就应该是:To cure sometimes, to alleviate more often, to comfort always(偶尔治愈,常常缓解,总能安慰.)"

数学虽是纯粹的科学,但作用也不过如此吧!

刘培杰
2017 年 5 月 10 日
于哈工大